제3판

일반화학 실험

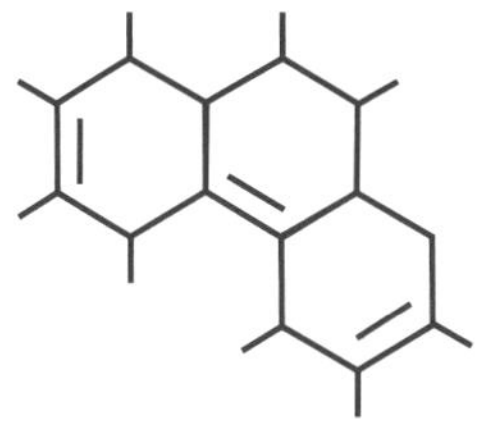

Laboratory Experiment for GENERAL CHEMISTRY

박영동 지음

자유아카데미

주기율표 Periodic Table of the Elements

원소 기호 → C　6 ← 원자 번호
영어명 → Carbon
한글명 → 탄소
원자량 → 12.011

금속 (Metal)
준금속 (Semimetal)
비금속 (Nonmetal)

주기 \ 족	1A 1	2A 2	3B 3	4B 4	5B 5	6B 6	7B 7	8B 8	8B 9	8B 10	1B 11	2B 12	3A 13	4A 14	5A 15	6A 16	7A 17	8A 18
1	H 1 Hydrogen 수소 1.007																	He 2 Helium 헬륨 4.0026
2	Li 3 Lithium 리튬 6.941	Be 4 Beryllium 베릴륨 9.0122											B 5 Boron 붕소 10.811	C 6 Carbon 탄소 12.011	N 7 Nitrogen 질소 14.0067	O 8 Oxygen 산소 15.9994	F 9 Fluorine 플루오린 18.9984	Ne 10 Neon 네온 20.1797
3	Na 11 Sodium 소듐(나트륨) 22.9898	Mg 12 Magnesium 마그네슘 24.305											Al 13 Aluminium 알루미늄 26.9815	Si 14 Silicon 규소 28.0855	P 15 Phosphorus 인 30.9738	S 16 Sulfur 황 32.0650	Cl 17 Chlorine 염소 35.4533	Ar 18 Argon 아르곤 39.948
4	K 19 Potassium 포타슘(칼륨) 39.0983	Ca 20 Calcium 칼슘 40.078	Sc 21 Scandium 스칸듐 44.9559	Ti 22 Titanium 타이타늄 47.867	V 23 Vanadium 바나듐 50.9415	Cr 24 Chromium 크로뮴 51.9961	Mn 25 Manganese 망가니즈 54.938	Fe 26 Iron 철 55.845	Co 27 Cobalt 코발트 58.9332	Ni 28 Nickel 니켈 58.6934	Cu 29 Copper 구리 63.546	Zn 30 Zinc 아연 65.409	Ga 31 Gallium 갈륨 69.723	Ge 32 Germanium 저마늄 72.64	As 33 Arsenic 비소 74.9216	Se 34 Selenium 셀레늄 78.96	Br 35 Bromine 브로민 79.904	Kr 36 Krypton 크립톤 83.798
5	Rb 37 Rubidium 루비듐 85.4678	Sr 38 Strontium 스트론튬 87.62	Y 39 Yttrium 이트륨 88.9059	Zr 40 Zirconium 지르코늄 91.224	Nb 41 Niobium 나이오븀 92.9064	Mo 42 Molybdenum 몰리브데넘 95.94	Tc 43 Technetium 테크네튬 98.9063	Ru 44 Ruthenium 루테늄 101.07	Rh 45 Rhodium 로듐 102.9055	Pd 46 Palladium 팔라듐 106.42	Ag 47 Silver 은 107.8682	Cd 48 Cadmium 카드뮴 112.411	In 49 Indium 인듐 114.818	Sn 50 Tin 주석 118.71	Sb 51 Antimony 안티모니 121.76	Te 52 Tellurium 텔루륨 127.6	I 53 Iodine 아이오딘 126.9045	Xe 54 Xenon 제논 131.293
6	Cs 55 Cesium 세슘 132.9055	Ba 56 Barium 바륨 137.327		Hf 72 Hafnium 하프늄 178.49	Ta 73 Tantalum 탄탈럼 180.9479	W 74 Tungsten 텅스텐 183.84	Re 75 Rhenium 레늄 186.207	Os 76 Osmium 오스뮴 190.23	Ir 77 Iridium 이리듐 192.217	Pt 78 Platinum 백금 195.078	Au 79 Gold 금 196.9666	Hg 80 Mercury 수은 200.59	Tl 81 Thallium 탈륨 204.3833	Pb 82 Lead 납 207.2	Bi 83 Bismuth 비스무트 208.9804	Po 84 Polonium 폴로늄 208.9824	At 85 Astatine 아스타틴 209.9871	Rn 86 Radon 라돈 222.0176
7	Fr 87 Francium 프랑슘 223.0197	Ra 88 Radium 라듐 226.0254		Rf 104 Rutherfordium 러더포듐 261.1088	Db 105 Dubnium 더브늄 262.1142	Sg 106 Seaborgium 시보귬 266.1219	Bh 107 Bohrium 보륨 264.1247	Hs 108 Hassium 하슘 269.13	Mt 109 Meitnerium 마이트너륨 268.1388	Ds 110 Darmstadtium 다름스타튬 271.15	Rg 111 Roentgenium 뢴트게늄 272.1535	Cn 112 Copernicium 코페르니슘 (277)	Nh 113 Nihonium 니호늄 (284.18)	Fl 114 Flerovium 플레로븀 (289.19)	Mc 115 Moscovium 모스코븀 (288.19)	Lv 116 Livermorium 리버모륨 (293)	Ts 117 Tennessine 테네신 (294)	Og 118 Oganesson 오가네손 (294)

	주기															
란타넘족 (Lanthanides)	6	La 57 Lanthanum 란타넘 138.9055	Ce 58 Cerium 세륨 140.116	Pr 59 Praseodymium 프라세오디뮴 140.9077	Nd 60 Neodymium 네오디뮴 144.24	Pm 61 Promethium 프로메튬 146.9151	Sm 62 Samarium 사마륨 150.36	Eu 63 Europium 유로퓸 151.964	Gd 64 Gadolinium 가돌리늄 157.25	Tb 65 Terbium 터븀 22.9898	Dy 66 Dysprosium 디스프로슘 162.5	Ho 67 Holmium 홀뮴 164.93	Er 68 Erbium 어븀 167.259	Tm 69 Thulium 툴륨 168.9342	Yb 70 Ytterbium 이터븀 173.04	Lu 71 Lutetium 루테튬 174.967
악티늄족 (Actinides)	7	Ac 89 Actinium 악티늄 227.0278	Th 90 Thorium 토륨 232.0381	Pa 91 Protactinium 프로트악티늄 231.0359	U 92 Uranium 우라늄 238.0289	Np 93 Neptunium 넵투늄 237.0482	Pu 94 Plutonium 플루토늄 244.0642	Am 95 Americium 아메리슘 243.0614	Cm 96 Curium 퀴륨 247.0703	Bk 97 Berkelium 버클륨 247.0703	Cf 98 Californium 캘리포늄 251.0796	Es 99 Einsteinium 아인슈타이늄 252.083	Fm 100 Fermium 페르뮴 257.0951	Md 101 Mendelevium 멘델레븀 258.0984	No 102 Nobelium 노벨륨 259.101	Lr 103 Lawrencium 로렌슘 262.1097

머리말

자연이 매우 다양한 것과 마찬가지로 자연을 바라보는 시각 또한 매우 다양하다. 자연과학의 한 분야인 화학은 화학자들이 자연을 바라보는 매우 흥미로운 체계이다. 이 체계의 주된 관심사는 물질의 성질과 그 변화이다. 화학의 역사가 매우 길고 그 현상들을 설명하는 이론들이 학술적인 체계로 이루어져 있으나 또한 매우 현실적이다. 화학은 사회의 요청에 부응하려고 부단한 노력을 해왔다. 식량문제에 봉착한 중세에 비료를 만들어 인류를 기아에서 구해내었고, 질병으로부터의 해결을 위하여 새로운 약품들을 합성하였다. 초순수 물질들을 만들 수 있는 기술들을 개발하여 반도체 시대를 여는 데 결정적인 기여를 하였으며, 생명체의 비밀을 간직한 DNA의 구조를 밝혀내었다. 생활에 필수적으로 되어버린 리튬 이온 전지, 새로운 백신 개발로 그 풍부한 가능성을 보여 준 유전자 가위 등도 인류의 복지에 이바지하고자 하는 화학자들의 소망과 정열 및 부단한 노력으로 이룩된 성과이다. 이와 같은 선인들의 모범은 새로운 시대를 여는 후진 화학자들에게 등불이 되었으며, 다른 학문으로 인류의 공영에 기여하려는 모든 이들에게도 화학의 개념은 역시 매우 유용하다. 이러한 화학의 특징 때문에 화학은 중심 과학이라는 명칭을 얻었다. 따라서 화학을 전공하려는 학생뿐만 아니라 대부분의 이학, 공학, 의생물학, 약학 등의 폭넓은 분야에서 화학 및 화학실험 교육을 받게 된다.

화학은 매우 현실적인 학문이지만 자연 현상을 설명하기 위하여 많은 기초를 물리학에 두고 있다. 따라서 좋은 화학자가 되려면 단단한 물리학적 개념이 필수적이며 또한 다양한 자연현상을 파악하기 위해서는 생명현상에 대한 적절한 기초를 습득하는 것이 매우 유용하다. 생명현상에 대한 화학의 적용은 이제는 필수적이며, 많은 화학자들이 생명체로부터 새로운 화학을 배우고 있다. 또한 컴퓨터는 화학 반응을 제어하고 예측하는 데 매우 유용한 도구로 쓰이고 있어, 이를 사용하는 환경에도 스스로를 노출하여 볼 필요가 있다. 현대의 화학실험실은 정교한 화학현상을 이용한 분석 기기들로 전자과학의 집합체가 되고 있으므로 적절하게 이를 사용하고 그 한계를 알아야 한다. 이론화학 역시 많은 진보가 이루어져 이제는 이론화학자들이 아닌 과학자들도 이들이 발전시킨 열매를 제법 일상처럼 사용하고 있다.

화학은 본질적으로 실험과학이다. 따라서 화학을 익히는 가장 자연스러운 방법은 실험을 통하는 것이다. 일반화학실험은 이러한 화학의 맛을 보여 줄 수 있는 실험이 되어야 한다는 것이 우리들의 신념이다. 학생들도 실험실에서 자신의 실험 능력, 인내, 안전하게 실험을 수행하는 방법을 익히고, 발전시킬 수 있어야 할 것이다.

memo

이러한 신념에서 출발하여 『일반화학실험』은 지속적으로 개정되어 왔다. 그동안 이 책을 사용해 온 많은 학생들과 조교 선생님들의 비판과 조언은 항상 이 책의 발전에 반영되어 왔다. 새로운 방향에 대한 교수님들의 여러 조언도 감사드린다. 이 실험책은 아직도 미완성이다. 과학은 아직도 발전해 가기 때문이다. 여러분들의 조언이 이 책을 발전시켜 갈 수 있으리라 믿는다.

2025년 2월

박영동 교수

차례

memo

화학실험 안내

일반화학실험의 목적

1. 실험에서 사용하는 기술과 측정 장비들을 익숙하게 한다.
2. 실험을 통하여 화학의 개념과 원리를 익힌다.
3. 측정값을 분석하는 방법을 익힌다.
4. 실험에서 얻은 여러 가지 결과들을 분석하여 결론을 이끌어 내는 방법을 익힌다.

실험 준비

모든 실험은 적절한 준비가 되어 있는 학생이라면 주어진 시간 내에 마칠 수 있도록 계획되어 있다. 학생들은 적절한 준비를 위하여 실험실에 들어오기 전에 다음과 같이 준비해야 한다.

1. 예비 노트 작성

실험의 원활한 진행을 위하여 학생들은 예비 노트를 실험책에 주어진 양식에 따라 직접 메모해 오도록 한다. 참고 문헌이나 기타 필요한 자료를 참고하여 실험에서 요구하는 질문에 대한 답변도 준비해 와야 한다. 예비 노트는 각 실험마다 만들어져 있다.

2. 준비물의 점검

- 실험 시 주의 사항
  - 본인이 수강 신청한 시간과 실험 반에서 실험해야 한다. 실험의 출석은 다른 어떤 것으로도 대체할 수 없다.
  - 실험에 대한 보강은 특별한 사유가 있을 때 출석할 수 없는 사유에 관한 증빙 서류를 제출하여 담당 조교들의 승인을 얻은 후에만 가능하다. 승인을 얻은 학생은 지정된 시간과 실험 반에서 실험할 수 있다.
  - 실험 중에는 요약해 온 예비 노트의 실험 절차를 따라 실험을 진행하되 실험 중 일어나는 모든 과정을 주의 깊게 관찰하고, 그 관찰과 결과를 예비 노트의 주어진 여백에 기록하도록 한다. 실험이 끝나면 예비 노트의 결과에 의하여 실험 보고서를 작성하여 제출한다.

- 실험 보고서의 작성
  - 실험 보고서는 주어진 양식에 따라 작성하되 실험에서 관찰된 사실에 따라 작성한다. 또한 보고서에는 실험 결과와 결과에 대한 토론이 있어야 한다. 실험 보고서는 실험이 끝난 후 작성하여 정해진 기간 내에 제출하도록 한다.

memo

- 성적

- 성적은 실험에 대한 예비 노트, 실험 보고서 및 실험 전반에 관한 태도에 의해 결정된다. 실험의 성적은 예비 노트 및 관찰이 20%를 차지하고, 나머지 50%는 실험 결과와 실험 보고서에 의해 산정된다. 태도는 실험 전반에 관한 점수이며, 전체 총점의 30%에 해당한다.
- 실험 시간에 5분 이내로 지각하거나 실험복을 착용하지 않고 실험에 임하는 경우, 과도한 유리 기구의 파손이나 부주의로 기기를 손상하는 경우 등은 태도 점수의 감점 요인들 중의 예이다.
- 보호 안경을 쓰지 않거나, 발등이나 다리가 노출된 복장으로는 실험실에 들어올 수 없다. 또한 실험에 5분 이상 지각한 경우에도 실험실에 들어올 수 없다. 이와 같은 이유로 실험을 하지 못한 경우 해당 실험은 0점을 받게 된다.
- 실험 중에 보호 안경을 쓰지 않거나 실험실에서 위험한 행동을 하는 경우에는 실험실에서 퇴실 조치되며, 이 경우 해당 실험은 결석으로 간주되고 추가로 태도 점수가 감점된다. 보호 안경을 쓰지 않고 실험하는 학생을 주의 조치하지 않으면 지도 선생님은 경고를 받게 된다.
- 전체 총점의 60% 미만은 실험 성적이 주어지지 않는다. 3회나 그 이상의 실험 시간 결석은 F학점에 해당한다.
- 부득이 실험을 할 수 없게 된 경우 사전에 실험 지도 선생님의 허락을 얻어 다른 실험 반에서 할 수 있다.

실험실에서의 안전 수칙

1. 실험실 내에서는 항상 조교의 지시를 따라 정숙한 몸가짐으로 타인에게 방해가 되지 않도록 행동해야 한다.
2. 소화기, 비상 샤워, 눈 세척액, 구급약 등이 놓여 있는 장소와 사용법을 숙지한다.
3. 실험 중에는 모든 시간 동안 보호 안경을 착용해야 한다.
4. 실험실 내에서는 실험복을 착용하여야 하며, 발등을 덮는 신발을 착용해야 한다.
5. 지시 없이 시약의 맛을 보거나 냄새를 맡아서는 안 된다.
6. 폐시약은 회수통을 이용해야 하고, 싱크나 휴지통에 버려서는 안 된다.
7. 깨어진 유리 기구는 따로 모아 정해진 절차에 따라 폐기한다.
8. 독성이 있거나 냄새가 심한 기체가 발생하는 실험은 후드 내에서 실험해야 한다.
9. 담당 조교의 지시 없이는 시약장이나 다른 기구를 만지지 않도록 한다.
10. 머리카락이 시약이나 기구에 닫지 않도록 단정하게 해야 한다.
11. 콘택트렌즈는 화학실험실에서 착용하지 않도록 한다. 이는 용매를 흡수하기 때문이며 만일의 경우 시약이 눈에 들어갔을 때 신속히 씻어내기 어렵기 때문이다.
12. 실험실에서는 당연히 금연이다.
13. 실험실 내에서는 먹거나 마시지 않는다.
14. 입으로 피펫을 빨아서는 안 된다.
15. 깨진 유리 기구는 사용하지 않는다.

16. 실험실은 실험 중이라도 정돈된 상태로 유지하도록 한다.
17. 실험 중에는 핸드폰의 사용을 금한다.

실험실에서의 사고 발생의 경우 응급 처치

- 화재가 발생하였을 때

큰 소리로 “불이야”하고 분명하게 외친다. 버너, 전기 등의 열원을 모두 끄고, 인화성 물질을 먼 곳으로 옮기며, 화학 화재용 소화기를 사용하여 소화 작업을 한다. 물에 잘 섞이지 않는 유기 용매에 불이 붙었을 경우 물을 사용해서는 안 된다. 1분 내에 진화되지 않으면 화재 경보기를 작동시키고 질서 있게 대피한다.

- 옷에 불이 붙었을 때

당황하지 말고 담요나 실험복을 덮어 불을 끈다. 물에 섞이지 않는 유기 용매에 의한 경우가 아닐 경우에는 비상 샤워를 사용할 수도 있다.

- 불에 의한 화상

물로 씻지 말고 우선 연고를 바른 후에 적절한 치료를 받는다.

- 시약에 의한 화상

즉시 다량의 깨끗한 찬물로 씻는다. 산에 의한 화상일 경우에는 묽은 탄산수소 소듐(탄산수소 나트륨) 용액으로, 염기성 시약에 의한 화상일 경우에는 묽은 아세트산 용액으로 씻은 후 적절한 치료를 받는다.

- 눈에 시약이 들어갔을 때

즉시 준비되어 있는 다량의 깨끗한 물로 세척한 후 반드시 의사의 검진을 받도록 한다.

- 시약을 마셨을 경우

즉시 손가락으로 목젖을 눌러 토하도록 하고 의사의 응급 처치를 받도록 한다.

- 유독한 기체를 흡입하였을 경우

즉시 통풍이 잘 되는 곳으로 옮기고, 앉거나 누워서 깊게 호흡을 한다. 다량의 기체를 흡입하였을 경우에는 즉시 의사의 치료를 받는다.

- 베었을 때

에탄올로 소독하고, 거름종이 또는 깨끗한 수건을 사용하여 지혈이 되도록 한다.

- 폭발이 발생하였을 때

일단 실험실에서 모든 학생을 대피시키고, 화재가 발생하였을 경우에는 방독면을 착용하고 화학 화재용 소화기를 사용하여 소화한다. 실험실의 통풍이 잘 되도록 조처하고, 유독성 기체가 없음을 확인한 후 뒤처리한다.

memo

memo

● 화학실험실 폐기물 처리 절차

1. 강산, 강염기는 중화하여 폐수용 싱크에 버린다.
2. Cd, As, CN, Hg, Pb, Cr 등이 함유된 폐기물은 지정된 수거통에 회수한다.
3. 액체 폐기물은 유기 용매인 경우 할로젠화물과 분리하여 수거한다.
4. 깨어진 초자(유리 기구)는 분리(테플론 마개, 꼭지(cock), 테플론 테입 등)한 후 수거한다.
5. 오폐수는 지정된 하수구로 버린다.

화학실험에 사용되는 기본 기구들

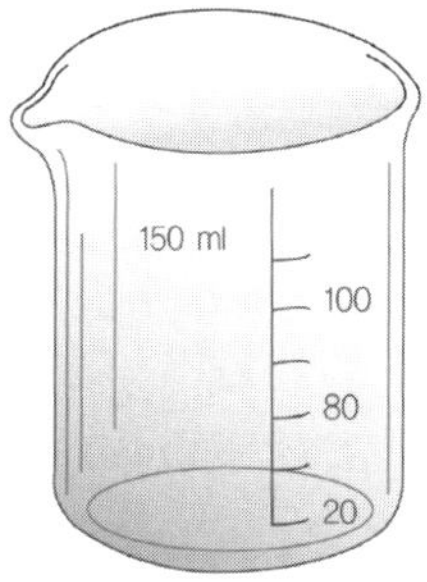

비커(beaker)

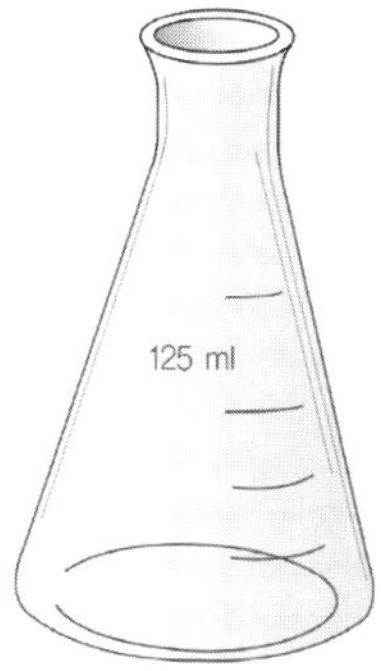

삼각 플라스크
(erlenmeyer flask)

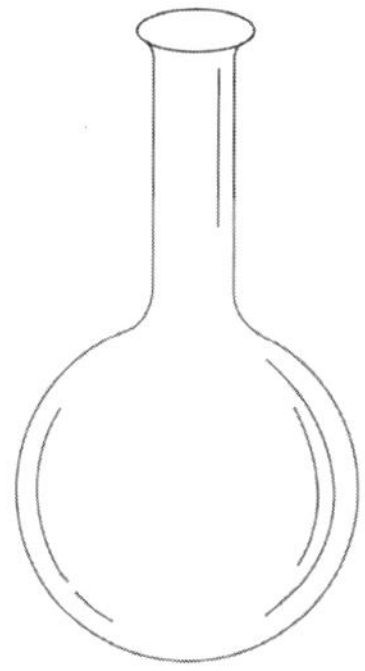

둥근바닥 플라스크
(round-bottomed flask)

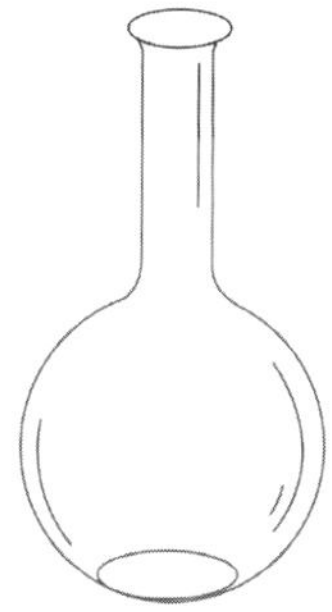

넓적바닥 플라스크
(flat-bottomed flask)

시계접시
(watch glass)

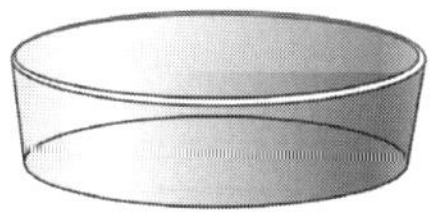

페트리 접시
(petri dish)

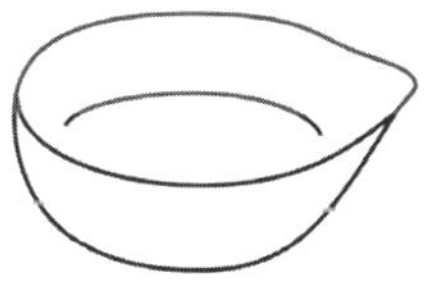

증발접시
(evaporating dish)

원심분리관
(centrifugal tube)

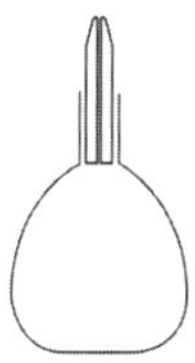

비중병
(pycnometer)

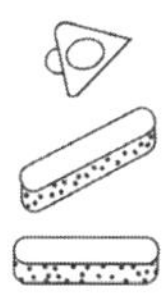

자석젓개막대
(magnetic stirring bar)

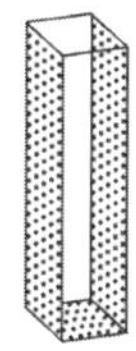

분광셀
(spectrometric cell)

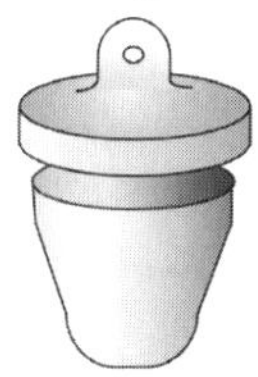

도가니와 덮개
(crucible and cover)

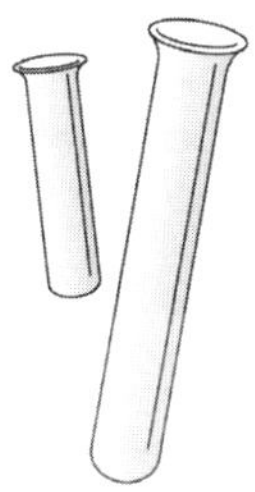

시험관
(test tube)

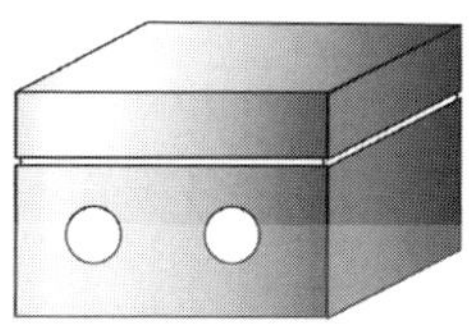

가열판/자석젓개
(hot plate/magnetic stirrer)

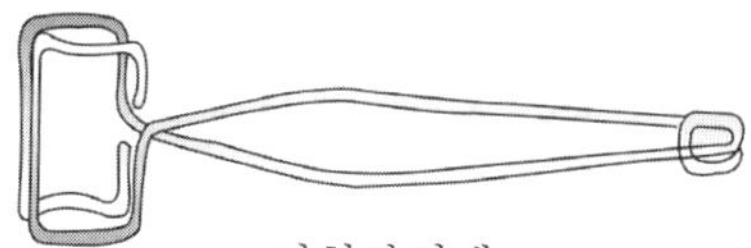

시험관집게
(test tube holder)

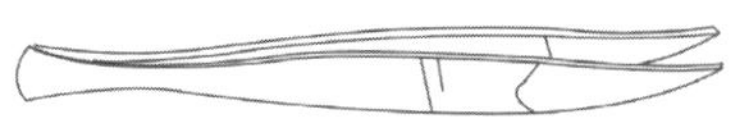

핀셋
(tweezers)

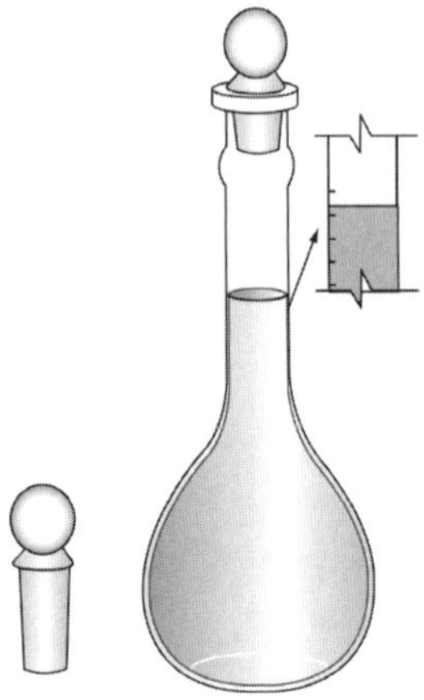

부피 측정용 플라스크
(volumetric flask)

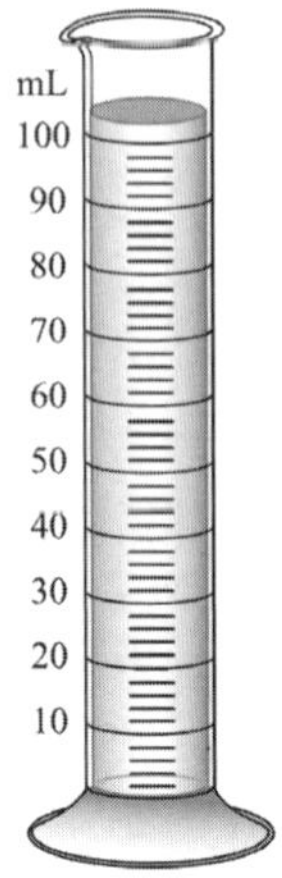

눈금실린더
(graduated cylinder)

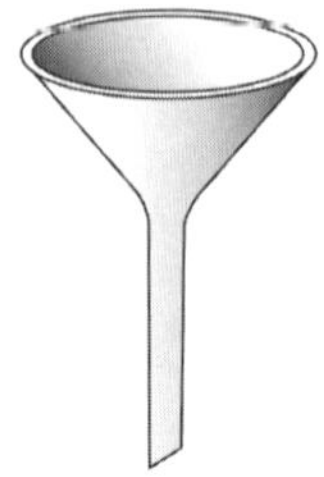

깔때기(funnel)

사발과 막자
(mortar and pestle)

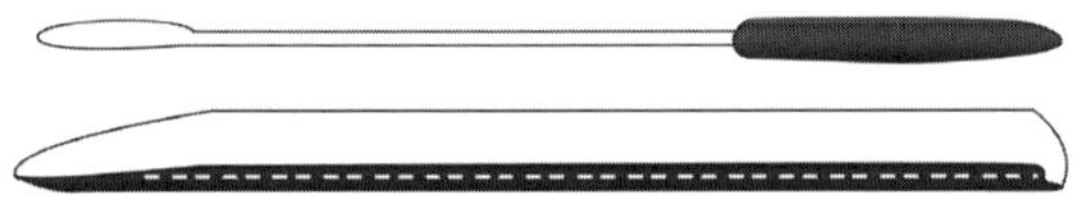

약주걱(spatula)

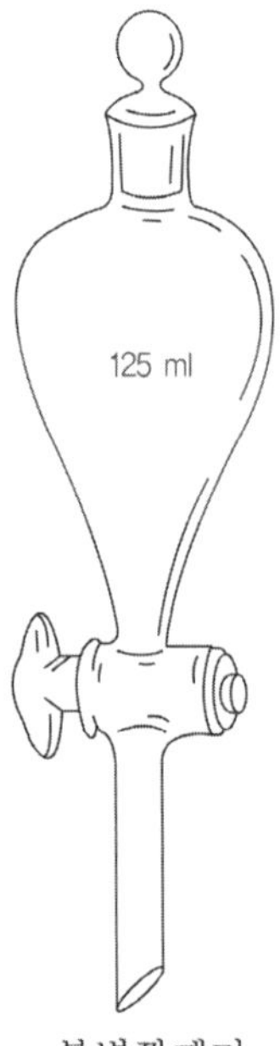

분별깔때기
(separatory funnel)

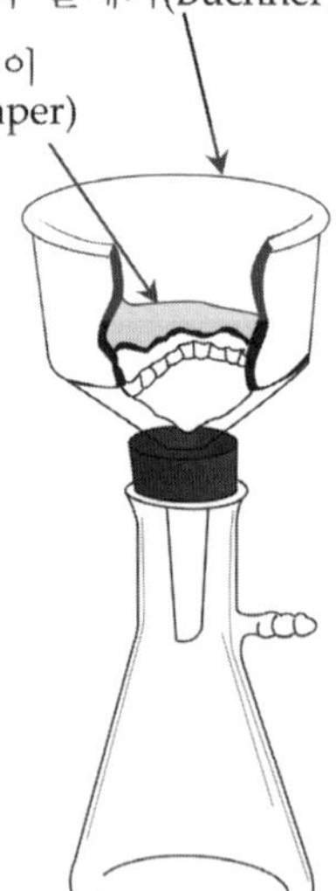

감압 플라스크(suction flask)

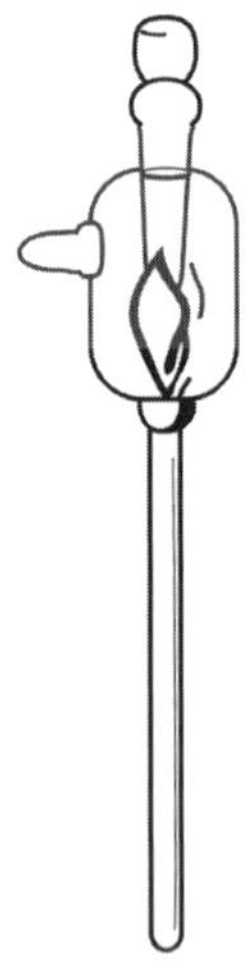

아스피레이터
(aspirator)

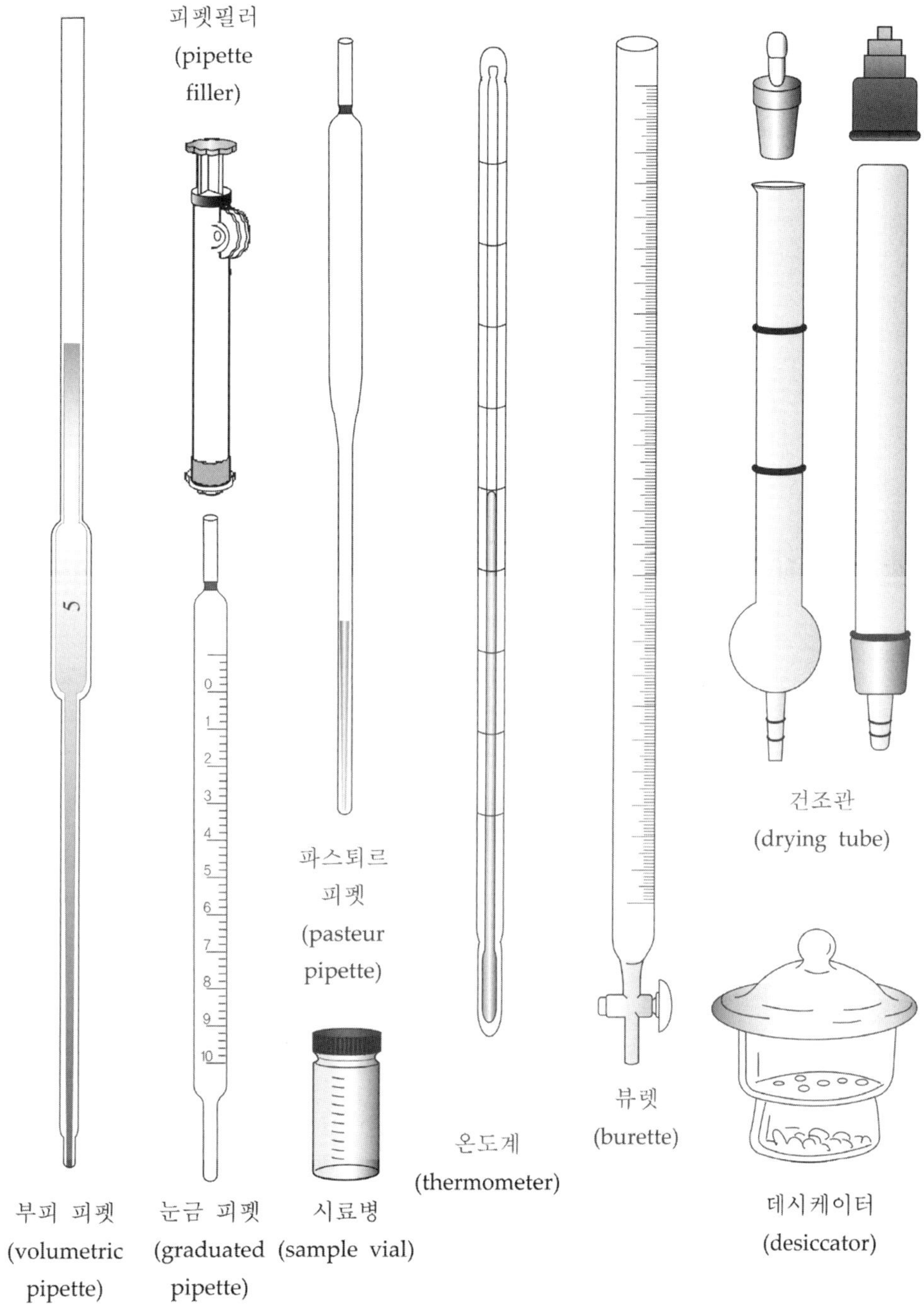
피펫필러
(pipette
filler)
파스퇴르
피펫
(pasteur
pipette)
온도계
(thermometer)
뷰렛
(burette)
건조관
(drying tube)
데시케이터
(desiccator)
부피 피펫
(volumetric
pipette)
눈금 피펫
(graduated
pipette)
시료병
(sample vial)

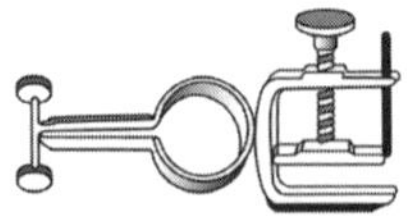

핀치 클램프
(pinch clamps)

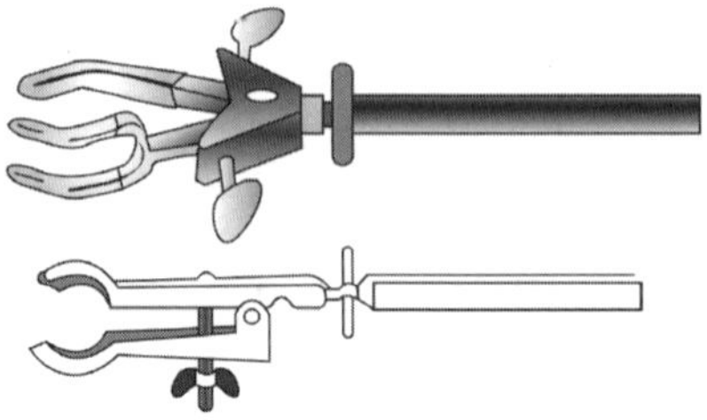

클램프(clamps)

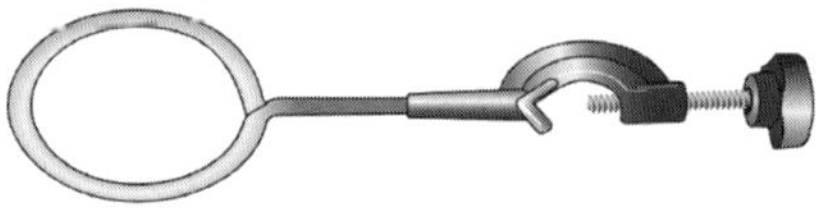

링 클램프
(ring clamp)

시험관용 솔
(test tube brush)

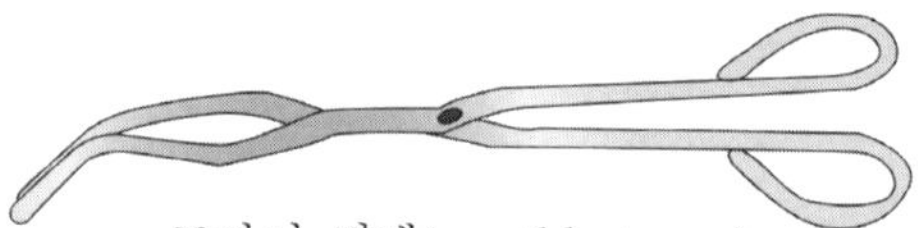

도가니 집게(crucible tongs)

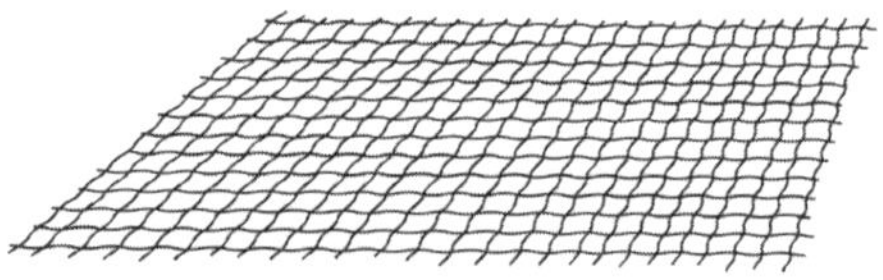

쇠그물
(wire gauze)

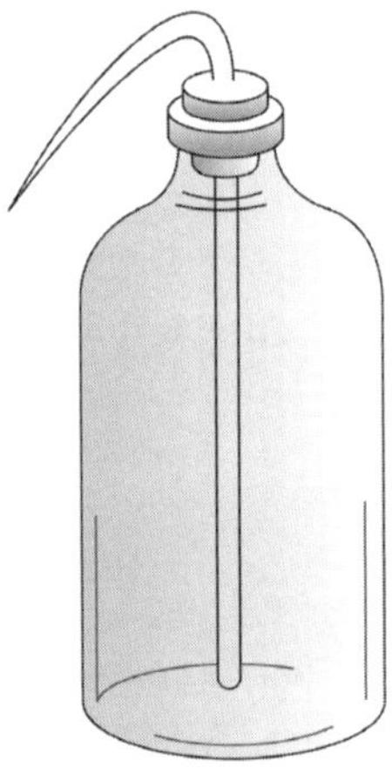

씻기병
(washing bottle)

삼각줄(triangular file)

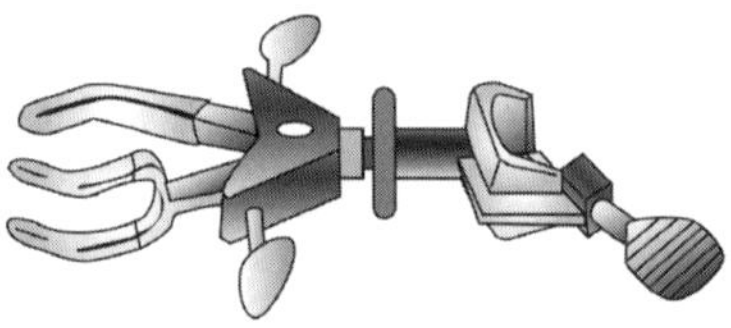

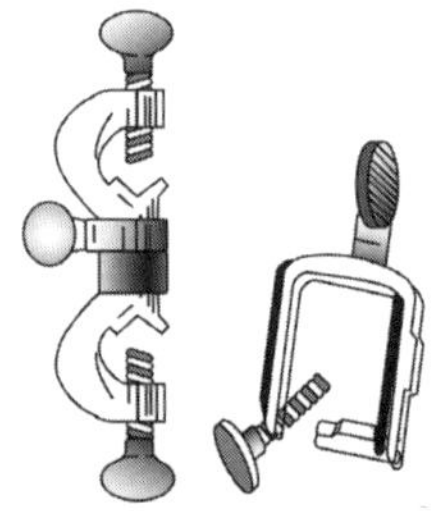

클램프 홀더(clamp holder)

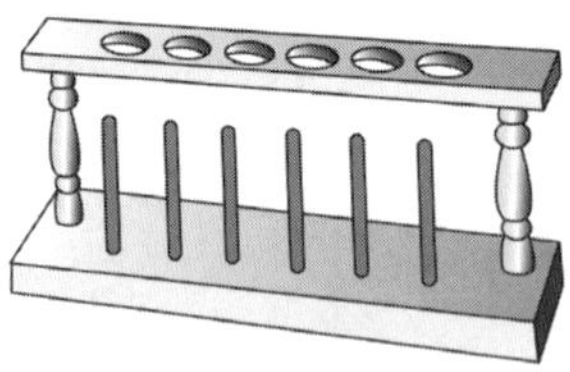

시험관대
(test tube rack)

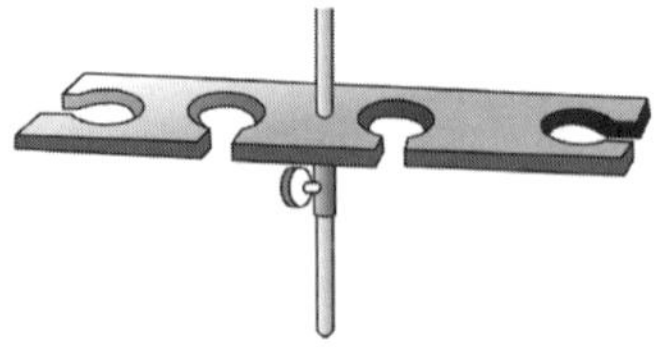

깔때기 스탠드
(funnel rack)

제 1 장

유리기구

- 실험 1-1 유리 공작

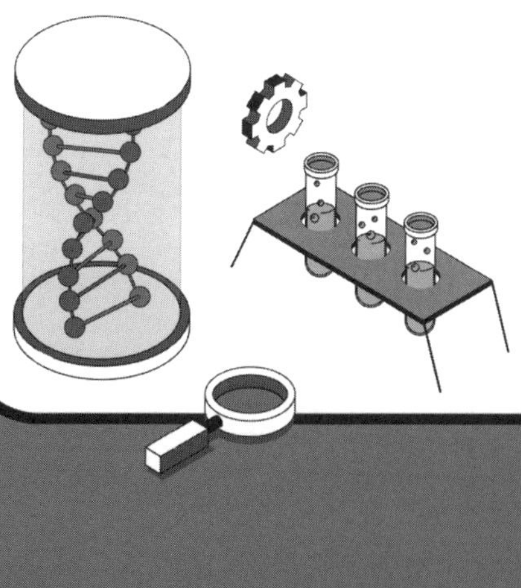

실험 1-1 유리 공작

실험 목적 및 개요

유리는 화학 약품에 대한 우수한 내성 및 그 투명성으로 용기 내의 반응을 쉽게 눈으로 관찰할 수 있기 때문에, 실험실에서는 유리 기구를 많이 사용한다. 이번 실험에서는 불로 유리를 다루는 법을 익히고, 화학실험 중에 사용할 간단한 유리 기구를 제작하도록 한다. 화학실험에서 쓰이는 간단한 유리 장치는 스스로 편리한 대로 만들어서 사용한다. 이 실험에서는 유리관을 자르고 구부리고 가늘게 뽑는 일, 자른 부분을 불꽃으로 다듬는 등의 몇 가지 기본적인 유리 공작을 해 보기로 한다.

원리

유리

유리 제조술은 이미 3500년 전에 근동 아시아(서유럽에 가까운 지역으로서 터키, 이란, 이라크, 시리아, 이스라엘 등)에서 시작되었다. 그것은 가장 오래된 가내 공업품의 하나이지만, 그 기원은 야금술의 경우와 마찬가지로 불분명하다. 둘 다 필요한 화학 반응을 일으키고 진행하기 위해 높은 온도에서 목탄 연료를 쓰는 가마와 쉽게 용융되지 않은 재료로 만들어진 용기(내화 용기)가 요구된다. 유리 제조술의 초기에는 고체 유리 덩어리를 조각해서 원하는 형태를 만들었다. 그 후에는 녹인 유리를 모래로 만든 틀 위에 연속적인 층으로 부어 모양을 만들었다. B.C. 1세기경에 출현한 것으로 보이는 유리 세공 기술(glassblowing)의 개발은 이후 큰 진보를 가져왔다. 긴 철제 튜브를 용해된 유리에 담그고 그 튜브를 돌릴 때 튜브의 한 끝에 점도가 큰 공 모양의 물질이 쌓이게 된다. 철제 튜브 속으로 바람을 불어넣으면 부드러운 유리가 둥근 공 모양으로 커져 이를 원하는 형태로 만들어 잘라낸다. 로마 제국의 기술자들은 유리 세공술을 고도로 발전시켰지만, 그 문명의 쇠퇴에 따라 유럽의 베네치아 사람들이 1000년 뒤에 유리 만드는 기술을 재발견할 때까지 퇴화되었다.

유리는 매우 다양한 조성을 가진 무정형의 고체이다. “유리”라는 용어는 보통 금속 산화물과 함께 섞여 있는 실리카(silica)로부터 형성된 물질이라는, 제한적이고 잘 알고 있는 의미로 사용되고 있다. 유리에는 원거리 질서가 없으므로 등방성(isotropic), 즉 물리적인 성질들이 모든 방향에서 동일하다. 이것은 기술적인 면에서 장점이며, 여기에는 유리가 온도의 상승에 따라 모든 방향에서 균일하게 팽창한다는 사실도 포함된다. 유리의 기계적인 강도는 본질적으로 매우 우수하여, 표면에 긁힘이나 다른 결함 등이 없다면 강철의 장력 강도보다 뛰어나다.

표면의 흠은 유리가 압력을 받았을 때 균열이 생기기 시작하는 장소이다. 복잡한 모양과 불균일한 두께의 유리 물질이 갑자기 냉각될 때 내부적인 스트레스가 유리 물질 내에서 다르게 되고, 이는 물체가 열을 받거나 부딪힐 때 깨지면서 그 스트레스가 방출된다. 스트레인이 있는 물체를 연화점보다 다소 낮은 온도까지 천천히 가열하고, 잠시 기다렸다가 다시 천천히 식히는 것을 열처리(annealing)라고 한다. 이것은 원자들이 짧은 거리 내에서 확산할 수 있

memo

표 1.1 여러 유리들의 성분과 특성

	실리카 (silica)	소다-석회 (soda-lime)	보로규산염 (borosilicate)	알루미늄규산염 (aluminumsilicate)	납유리 (lead glass)
조성	SiO_2 99.9%	SiO_2 73% Na_2O 17% CaO 5% MgO 4% Al_2O_3 1%	SiO_2 83% Al_2O_3 1% Na_2O_3 1% Al_2O_3 1%	SiO_2 63%	SiO_2 56%
선팽창 계수 (°C^{-1} × 10^7)	5.5	93	33	42	89
연화점 (°C)	1580	695	820	915	630
열처리점 (°C)	1050	510	565	715	435
밀도 (g · cm^{-3})	2.20	2.47	2.23	2.52	3.05
굴절률 (589 nm에서)	1.459	1.512	1.474	1.530	1.560
상표명	Supracil, …	보통 유리	Pyrex, …		

는 기회를 주어 내부적인 스트레스를 제거해 준다.

유리의 연화 및 열처리 온도와 다른 성질들(밀도 등)은 그의 화학적 조성에 의존한다(표 1.1). 실리카를 그 녹는점 이상으로 가열한 후 결정화되는 것을 피하기 위해 급격히 냉각한다면, 실리카 그 자체(SiO_2)로 유리를 형성한다. 이렇게 하여 얻어지는 실리카 유리는 성형하는 데 필요한 높은 열 때문에 비용이 비싸서 사용이 제한된다. 규산 소듐 유리는 높은 온도에서 실리카 모래와 무수 탄산 소듐의 반응으로 형성된다.

$$Na_2CO_3(s) + nSiO_2(s) \rightarrow Na_2O(SiO_2)_n(s) + CO_2(g)$$

비휘발성인 생성 물질의 녹는점은 약 900°C이며, 그 온도를 빨리 지나치도록 빨리 식히면 유리 상태가 만들어진다. 그 생성 물질은 "Water glass"라 부르며, 수용성이므로 용기를 만드는 데 부적당하다. 그러나 이것의 수용액은 세제에 사용되기도 하며, 마분지 상자를 봉합하기 위한 접착제로 사용되기도 한다.

석회(CaO)를 탄산 소듐-실리카 출발 물질에 첨가하면 유용한 구조적 성질을 지닌 불용성 유리가 만들어진다. 소다-석회 유리(soda-lime glass)는 그 조성이 근사적으로 $Na_2OCaO(SiO_2)_6$이다. 병으로부터 창유리에 이르기까지 사용 범위가 넓은 소다-석회 유리는 쉽게 녹일 수 있고 모양을 만들기가 용이하여, 오늘날 생산되는 유리 제품의 90% 이상을 차지한다. 이 이온성 유리의 구조는 규산염(silicate) 사면체가 무질서하게 서로 연결되어 삼차원 그물 구조를 이루고 있다. 그물은 커다란 "다중 음이온"이며, 소듐과 칼슘 이온들이 망상 구조의 빈자리를 채워 그 전하를 중성화한다.

유리 안의 약간의 실리카와 석회를 다른 산화물(Al_2O_3, B_2O_3, K_2O, PbO)로 치환하면 그 유리의 성질을 상당히 변화시킬 수 있다. 예를 들면, 보통 유리(소다-석회 유리)의 열전도율은 매우 낮고 그의 열팽창 계수는 높다. 이것은 표면이 부분적으로 뜨겁거나 차갑게 될 때 내부 스트레스가 생기게 되어 파괴될 수 있음을 의미한다. 실리콘 자리의 많은 부분을 플루오린으로 채운 플루오린 규산염 유리의 일종은 열팽창 계수가 상당히 낮다. 이들 유리 중 가장 잘 알려진 파이렉스(Pyrex)는 그 선팽창 계수가 보통 소다-석회 유리의 1/3에 해당하여 실험실 유리 기구나 가정용 오븐 제품 등으로 쓰인다. 바이코(Vycor)라고 하는 유리는 더 작은 열팽창 계수를 가지며, 소듐을 걸러내기 위해서 플루오린 규산염 유리를 화학적으로 처리해서 만든다. 이때 다공성 구조가 생성되는데, 온도를 높이면 충밀화되어 최종 부피로 유리가 수축된다.

memo

실험 준비물

- **실험 기구:** 줄(file), 가스 토치, 뷰테인 가스, 연질 유리관(지름 6 mm, 길이 1 m), 석면판, 라이터, 장갑

실험 방법

1. 가스 버너

주의 및 참고사항

버너에 불을 붙일 때는 라이터의 불꽃을 먼저 버너에 댄 후에 가스 밸브를 열어 불을 붙여야 한다. 반대로 가스 밸브를 열어 놓고 불을 대면 그 동안에 가스가 지나치게 축적되었다가 일시에 폭발하여 심한 화상을 입기 쉬우므로 특히 주의해야 한다. 버너를 사용하지 않을 때는 가스 밸브를 꼭 잠가라. 또한 실험이 끝나면 가스통과 버너를 분리하라.

버너의 연료로서 여러 가지가 있으나, 이번 실험에서는 휴대용 뷰테인 가스(부탄가스)를 사용한다(그림 1.1). 공기를 공급하지 않은 채 버너에 불을 붙이면 연료만 타면서 밝고 큰 불꽃이 되는데, 이 불꽃은 유리를 녹일 만큼 뜨겁지 않다. 불꽃에서 나오는 빛은 부분적으로 타고 있는 뜨거운 탄소 알갱이에서 발하는 복사선이다. 공기 구멍을 잘 조절하여 타기 전에 가스(연료)와 공기가 적당량 섞이게 하면, 불꽃은 덜 밝지만 연한 청색을 띤 아주 뜨거운 불꽃이 된다. 불꽃의 가장 뜨거운 부분은 청색을 띤 속 불꽃의 바로 윗부분이다. 그러므로 유리를 가열할 때는 불꽃 중앙부의 약간 윗부분에서 가열하면 좋다.

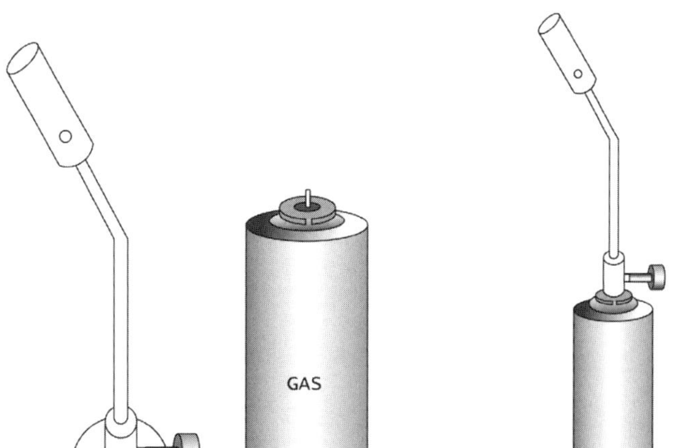

그림 1.1 가스버너와 가스통.

memo

2. 유리관 자르기

주의 및 참고사항

유리관을 자를 때 수건으로 유리관을 싸서 손을 보호하도록 한다.

삼각줄의 날카로운 모서리로 유리관을 힘차게 단번에 그어 흠을 낸다. 그림 1.2와 같이 흠의 반대쪽 양편에 엄지손가락을 대고 유리관을 양쪽으로 잡아당기면서 엄지손가락으로 흠이 있는 부분을 조금 바깥쪽으로 밀면 유리관이 끊어진다. 유리관이 알맞게 긁혀 있으면 조금만 힘을 가해도 된다.

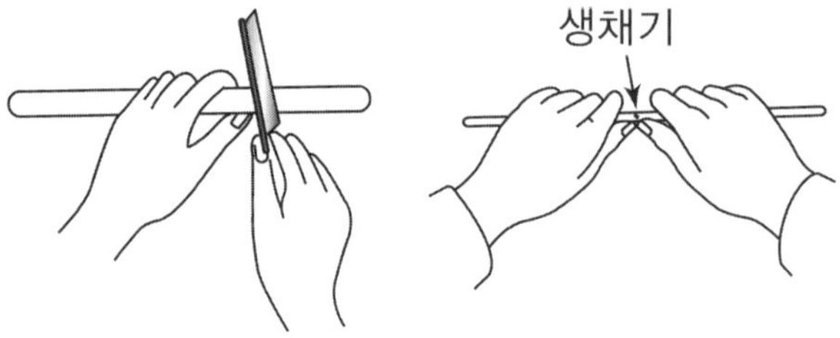

그림 1.2 유리관 자르기.

3. 불꽃으로 다듬기

위에서 설명한 바와 같이 금방 자른 유리관은 면도날처럼 날카롭기 때문에 날카로운 끝을 버너의 불꽃에 넣고 돌려서 날카로운 끝을 무디게 하지 않으면 손이나 기구를 상할 염려가 있다. 유리관 끝을 버너의 불꽃 중앙에서 약간 윗부분에 파묻고, 관을 회전시키면서 고르게 가열하여, 끝을 발갛게 녹여 무디게 다듬는다(그림 1.3). 가끔 유리관을 불꽃에서 꺼내어 관의 끝을 살펴보아라. 너무 오래 가열하면 관의 끝이 막히게 되므로 주의해야 한다. 버너의 불꽃은 공기 구멍과 기체 연료의 양을 조절해 소리 없이 타며, 반듯하고 파란 원추형이 되도록 하라.

주의 및 참고사항

뜨거운 유리관을 실험대나 공책 위에 직접 놓아서는 안 된다. 유리관이 냉각되기 전까지는 가열했던 부분에 손을 대지 않도록 주의하라. 가열된 유리관을 물 등으로 급히 냉각하면 안 된다.

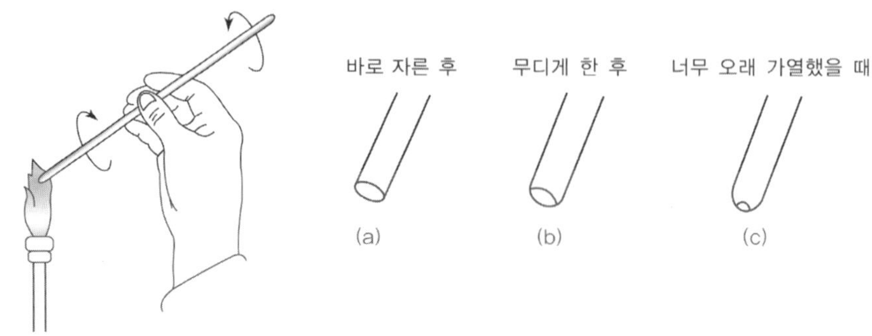

그림 1.3 유리관 다듬기.

memo

4. 유리관 구부리기

유리관을 구부릴 때에는 가열 범위를 크게 해야 바른 모양을 얻을 수 있다. 유리관을 수평으로 잡고 구부리고자 하는 부분을 불꽃의 가장 뜨거운 부분에 넣고 회전시키면서 고르게 가열한다. 이때의 유리관과 불꽃의 색깔을 관찰해 보라. 가열 부분이 매우 물러지게 되면 불꽃에서 꺼내어 필요한 각도로 주의 깊게 단번에 살짝 구부려라. 석면판이나 판자 위에 각도를 표시하여 구부리면 원하는 각도로 쉽게 구부릴 수 있다. 이때 유리관의 일부분만 가열하면 유리관이 찌그러져서 지름이 일정하지 않게 된다(그림 1.4).

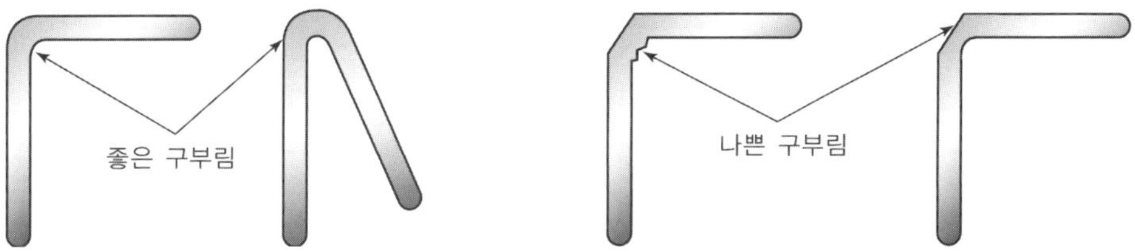

그림 1.4 유리관 구부리기.

5. 유리관 가늘게 뽑기

유리관을 구부릴 경우와 같은 방법으로 유리관을 가볍게 수평이 되게 잡고, 불꽃의 가장 뜨거운 부분에 넣어 불꽃 속에서 천천히 돌리면서 가열한다. 그 다음, 충분히 물러졌을 때 불꽃에서 꺼내고, 조심스럽게 두 손으로 잡아당겨 필요한 굵기만큼 단번에 쭉 뽑는다(그림 1.5).

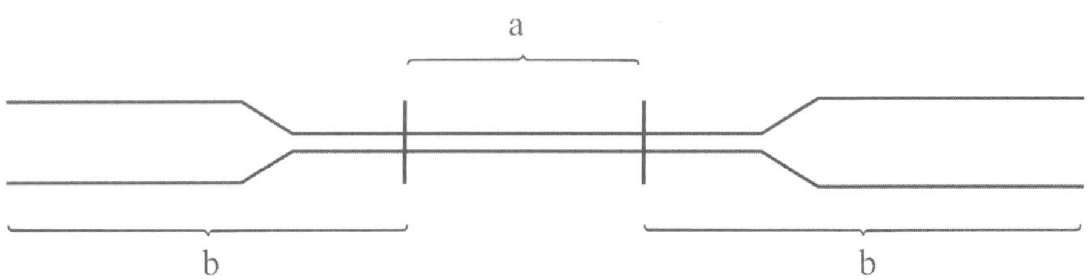

그림 1.4 유리관 가늘게 뽑기.

6. 유리관 끝 봉하기

이 작업은 어려운 것 중의 하나이다. 단순히 유리관이 막힐 때까지 가열하면 유리관의 끝에 뭉툭한 덩어리가 매달리게 된다. 이것은 종종 변형 때문에 식힐 때 부서진다. 균일한 두께의 유리관을 만들려면 끝에 붙은 덩어리를 조심스럽게 떼어내야 한다. 먼저 잡아 늘인 유리관의 양쪽을 완전히 분리시킨 다음, 그 끝을 버너 불꽃으로 가열한다. 가열한 유리관 조각이나 유리 막대로 끝에 붙은 덩어리를 떼어 내고 봉할 부분을 물러지게 한 다음, 공기를 불어넣어 끝이 둥글게 한다.

» 폐기물 처리

유리 조각은 폐기물을 처리할 때 반드시 유리 조각 회수함에 넣어 폐기하도록 한다.

memo

실험 절차

실험 절차를 매우 간략하게 요약할 것.

memo

관찰

각 실험 과정에서 관찰한 변화나 주요 사항을 메모할 것. 깨끗이 쓰는 것은 중요치 않음.

담당조교 확인:

실험 보고서 1.1

유리 공작

성명: ____________ 학번: ____________ 실험조: ____________ 실험 일자: ______________

실험 결과

01 유리 공작 결과 제작한 유리관의 그림을 그려라.

02 가열된 유리의 색깔과 유리의 무름의 정도를 관찰하여 적어라.

memo

제 2 장

기본 측정

| 실험 2-1 질량, 부피 및 온도 측정

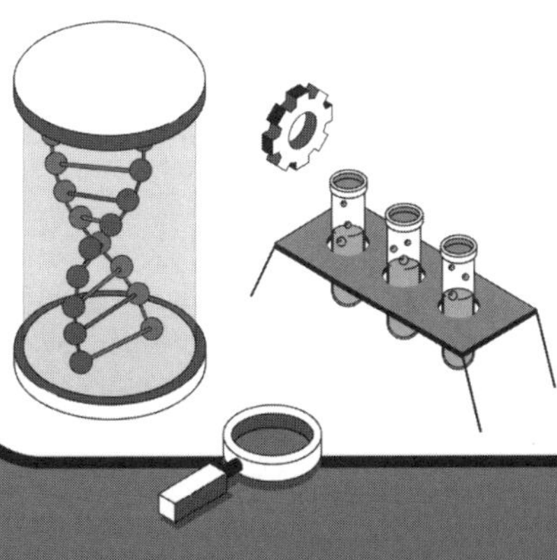

실험 2-1 질량, 부피 및 온도 측정

실험 목적 및 개요

과학적 방법은 관찰로부터 시작된다. 과학적 관찰은 정성적인 관찰과 정량적인 관찰로 나눌 수 있고, 정량적인 관찰은 측정을 동반하게 된다. 화학은 실험 과학이므로 과학적 관찰로부터 출발하게 된다. 이 실험에서는 화학실험에서 기본적인 측정법 중 질량, 부피, 온도 등을 측정해 보고, 정밀도와 정확도, 우연 오차와 계통 오차 등의 개념을 익히도록 한다. 또한 이를 통하여 유효 숫자의 의미를 생각해 본다. 먼저 물질의 질량과 부피를 직접 측정하여 그로부터 얻는 밀도값의 정밀도와 정확도를 살펴보고, 비중병을 이용한 간접적인 방법으로 측정하여 얻는 밀도와 비교하게 될 것이다. 온도계를 이용한 온도의 측정을 해 보고, 측정값과 오차에 대해 생각해 볼 것이다.

원리

화학은 실험 과학이므로 관찰과 측정을 하게 된다. 그런데 모든 정량적 측정은 어느 정도의 오차를 갖는다. 추가로 측정을 하거나 또는 실험 기구나 방법을 바꿈으로써 오차를 줄이려 하지만 완전히 오차를 제거할 수는 없다. 이러한 오차를 최소화하여 참값의 위치를 제시하고, 그 신뢰도를 설정하는 것은 중요하다. 이를 위해서 오차에 대한 이해가 필요하다.

오차는 두 가지 형태로 나타나는데, 정밀도의 부족(우연 오차, random error)과 정확도의 부족(계통 오차, systematic error)이다.

정밀도와 우연 오차

정밀도(precision)란 실험 결과를 비교했을 때 일치되는 정도를 나타내는 것으로, 가능한 한 동일한 조건에서 측정을 반복하여 결정한다. 만약 조건이 똑같다면, 측정 간의 차이는 우연 오차에 기인한다. 특정한 예로서 전자의 전하를 측정한 중요한 실험으로, 일찍이 1909년에 미국의 물리학자 밀리칸(R. A. Millikan)에 의해 행해진 실험의 실제 결과들을 일부 살펴보자. 밀리칸은 많은 종류의 기름 방울에 대해 수백 번의 측정을 했지만, 하나의 특정한 방울에 대해 측정된 e에 대한 다음과 같은 값을 얻었다(측정값들은 $4.894 - 4.941 \times 10^{-10}$esu에 걸쳐 있다).

측정수	1	2	3	4	5	6	7	8	9	10	11	12	13
$e(10^{-10}$ esu)	4.915	4.920	4.937	4.923	4.931	4.936	4.941	4.902	4.927	4.900	4.904	4.897	4.894

e의 가장 적합한 값을 보고하기 위해 어떤 값을 택해야 할까? 먼저 어떤 값이 나머지 값과 특별히 차이가 많이 나는지 살펴보기 위해 자료를 조사해야 한다(이 경우 5×10^{-10}esu 이상의 값이 이 범주에 해당한다). 이러한 값들은 측정을 하는 도중 또는 기록의 실수에 기인할 가능성이 많으므로 제외한다(하지만 과학에서 이러한 예외적인 값들이 중요한 발견을 초래한 경우들도 있었다). 밀리칸의 자료에서는 이런 예외적인 값이 없다. e에 대한 최상의 값을

memo

얻기 위해 측정값들을 더하고 측정 횟수로 나누어 평균(mean, average)을 계산한다. 어떤 성질을 N회 측정하면 그 측정값(X_1, x_2, x_3, ⋯, x_n)의 평균을 다음과 같이 쓸 수 있다.

$$\bar{x} = \frac{1}{N}(x_1 + x_2 + x_3 + \cdots + x_n) = \frac{1}{N}\sum_{i=0}^{\infty} x_i$$

여기서 그리스 대문자 Σ 표기는 1에서 N까지의 i값에 대한 x_i의 합을 가리키기 위해 도입되었다. 위의 경우에 e에 대한 평균 전하값은 4.917×10^{-10} esu로 주어진다.

이 평균값만으로는 불확실성에 관한 어떠한 추정도 할 수 없다. 만약 모든 측정값들이 $4.91 \sim 4.92 \times 10^{-10}$ esu 사이에 해당하는 값들을 갖는다면, 측정값들이 $4 \sim 6 \times 10^{-10}$ esu 사이에 놓일 때보다 불확실성이 적을 것이다. 이러한 생각들을 어떻게 정량화할 수 있을까? 이 경우에는 표준 편차(standard deviation)라는 자료의 분포에 대한 통계적 측정이 유용하다. 표준 편차 σ의 공식은

$$\sigma = \sqrt{\frac{(x_1 - \bar{x})^2 + (x_2 - \bar{x})^2 + \cdots + (x_N - \bar{x})^2}{N - 1}}$$

표준 편차는 평균값 $\bar{x}$에서 개개의 데이터 편차의 제곱을 더한 다음, $N - 1$로 나누고 제곱근을 취해서 얻는다. 신뢰 한계(confidence limit)는 다음과 같이 정의된다.

$$\text{신뢰 한계} = \pm \frac{t\sigma}{\sqrt{N}}$$

측정 횟수 N과 신뢰 한계에 대한 인자 t가 표 2.1에 실려 있다.

밀리칸의 자료에서 $N = 13$이고, $\sigma = 0.017 \times 10^{-10}$이다. 13회 측정에서 95% 신뢰에 대해 t는 표에서 2.18이므로 신뢰 한계는

표 2.1 신뢰 한계에 대한 인자 t.

N 측정 횟수	각 신뢰 한계에 대한 t			
	80%	90%	95%	99%
2	3.08	6.31	12.70	63.70
3	1.89	2.92	4.30	9.92
4	1.64	2.35	3.18	5.84
5	1.53	2.13	2.78	4.60
6	1.48	2.02	2.57	4.03
7	1.44	1.94	2.45	3.71
8	1.42	1.90	2.36	3.50
9	1.40	1.86	2.31	3.36
10	1.38	1.83	2.26	3.25
11	1.37	1.81	2.23	3.17
12	1.36	1.80	2.20	3.11
13	1.36	1.78	2.18	3.06
14	1.35	1.77	2.16	3.01
15	1.34	1.76	2.14	2.98
∞	1.29	1.64	1.96	2.58

$$\text{신뢰 한계} = \pm \frac{(2.18)(0.017 \times 10^{-10})}{\sqrt{13}} = \pm 0.010 \times 10^{-10} \text{ esu}$$

따라서 참평균(같은 조건하에서 무한한 횟수의 실험을 반복해서 얻어짐)이 평균 4.917×10^{-10} esu의 $\pm 0.010 \times 10^{-10}$ esu 사이에 놓일 확률은 95%이다.

95% 신뢰 수준에서 e의 전하에 대한 최상의 값은 $(4.917 \pm 0.010) \times 10^{-10}$ esu로 쓸 수 있다. 또 다른 신뢰 수준과 다른 측정 횟수에 대해서는 인자 t와 신뢰 한계가 변한다.

● 정확도와 계통 오차

전자 e의 전하는 밀리칸의 실험 이래 여러 가지 다른 기술에 의해 측정되어 왔다. e의 전하에 대한 현재의 최선의 값은 $(4.8032068 \pm 0.0000015) \times 10^{-10}$ esu이다. 이 값은 밀리칸의 본래 자료에서 계산한 불확실성의 범위 밖에 놓인다. 사실 위의 값은 e의 전하 측정값 13개 중의 가장 작은 값의 밑에 놓인다. 왜 그럴까? 이 모순을 이해하기 위해 어느 실험에서나 오차의 두 번째 요인이 있음을 기억할 필요가 있다.

계통 오차는 참값으로부터 측정값의 이동을 초래하여 측정값의 정확도(accuracy)를 감소시킨다. 측정 횟수를 늘림으로써 우연 오차에 기인한 불확실성을 줄일 수 있고, 결과의 정밀도를 향상시킬 수 있다. 그러나 계통 오차가 있으면 평균값은 참값과 계속해서 일치하지 않을 것이다. 그러한 계통 오차는 실험 기구의 잘못된 눈금 또는 특성을 측정하려는 기술의 근본적인 부적절함에서 기인할 수 있다. 밀리칸의 실험의 경우에는 그 당시 사용된 공기의 점성도(전자의 전하를 계산하는 데 사용되었음)가 그 후에 잘못된 것으로 밝혀졌다. 이 까닭으로 밀리칸의 실험은 너무 높은 전자의 전하값을 보이게 되었던 것이다.

오차는 두 가지 원인에서 생긴다. 우연 오차에 기인한 정밀도의 부족은 여러 번의 측정에 대한 통계적 분석에 의해 평가될 수 있지만, 계통 오차에 기인한 정확도의 부족은 훨씬 더 해결하기 곤란하다. 계통 오차가 있는 것으로 알려지면 측정값을 보고하기에 앞서 계통 오차를 제거하기 위해 최선을 다해야 한다(예를 들면, 실험 기구의 눈금이 정확하지 않으면 다시 눈금을 만들어야 한다). 문제는 우리가 알지 못하는 계통 오차가 있을 수 있다는 것이다. 이러한 경우, 한 특정 부분의 장치에 기인한 계통 오차를 제거하기 위해 다른 기구를 가지고 실험을 반복해야 한다. 더 나은 방법은 성질을 측정하기 위한 또 다른 독립적인 방식을 고안할 수도 있다. 충분한 독립된 실험 자료를 이용할 수 있을 때 결과의 정확성(즉, 결과가 얼마나 참값에 접근했는지)을 확신할 수 있다.

실험 준비물

- **실험 기구 :** 저울, 눈금 실린더(25 mL), 온도계, 비커(100 mL), 비중병(5 mL)
- **시약 :** 밀도를 측정할 액체(아이소프로필알코올(IPA)), 증류수, 얼음

memo

memo

실험 방법

1. 밀도의 측정 및 계산

- **액체의 밀도 측정**: 밀도란 질량을 부피로 나눈 값이다. 따라서 밀도를 측정하기 위해서는 질량과 부피를 측정해야 한다. 질량은 저울로 상당히 정밀하게 측정할 수 있다. 그러나 직접 액체의 부피를 정밀하게 측정하기가 쉽지 않기 때문에 정밀한 밀도의 측정이 어려워진다.

이 실험에서는 두 가지 방법으로 액체의 밀도를 측정해 보겠다. 먼저 액체의 부피와 질량을 직접 측정하고, 이를 토대로 밀도를 계산해 본다. 두 번째 방법으로는 부피를 직접 측정하지 않고, 매우 잘 알려진 주어진 온도에서의 물의 밀도와 저울을 이용하여 간접적으로 시료 액체의 밀도를 측정해 볼 것이다.

1) 질량과 부피 측정을 통한 액체의 밀도 결정

깨끗한 비중병(5 mL)에 공기 방울이 들어가지 않도록 주의하면서 밀도를 측정할 액체를 가득 채운다. 그리고 질량을 측정한다. 비중병에 든 액체를 부피 실린더에 비우고 난 후 비중병의 질량을 측정한다. 질량의 차이가 실린더로 옮겨간 액체의 질량이다. 비중병에 같은 방법으로 세 번 반복한다. 이때 부피 실린더에 든 액체의 부피를 각각 측정하지 않고 누적하여 측정한다. 밀도를 측정할 액체의 밀도를 계산해 본다.

2) 비중병과 문헌에 주어진 물의 밀도 및 질량 측정을 이용한 액체의 밀도 결정

깨끗한 비중병(5 mL)의 질량을 측정하여 기록해 둔 다음, 이 비중병에 공기 방울이 들어가지 않도록 주의하면서 밀도를 측정할 액체를 가득 채운다. 그리고 질량을 측정한다. 액체를 완전히 비우고 동일한 비중병에 같은 방법으로 증류수를 채운 후 질량을 측정한다. 밀도를 측정할 액체의 밀도를 알려진 증류수의 밀도로부터 계산해 본다. 실험을 3회 반복한다.

증류수의 밀도는 대기압에서 온도에 따라 변하므로 증류수와 액체의 온도를 동일하게 하고, 또한 증류수의 온도를 측정하는 일도 잊어서는 안 된다.

주의 및 참고사항

환경오염을 최소화하기 위하여 미지 시료를 재사용하게 될 것이다. 따라서 미지 시료가 물 등의 다른 물질에 의해 오염되지 않도록 주의를 기울이고, 지정된 병에 담아 보관하도록 한다.

2. 물의 어는점 측정

100 mL 비커에 얼음을 잘게 부수어 반쯤 채우고 약간의 증류수를 넣은 후 온도계를 스탠드에 매달아 놓고 온도를 관찰한다. 시간에 대한 온도를 그래프 용지에 그려보고 물의 어는점을 결정하라. 온도가 더 이상 변하지 않는 점이 최종 온도이다. 온도계를 꺼내어 증류수에 넣어 실온에 도달하게 한 다음, 다시 같은 방법으로 물의 어는점을 측정한다. 같은 방법으로 5회 이상 측정하고 평균과 표준 편차를 구한다. 물의 어는점은 얼마인가?

문헌에 나타난 인정된 물의 어는점은 얼마인가? 그 차이를 설명하고 정확한 물의 어는점을 구하기 위한 방법을 보고서에서 제시하라.

질문 : 위의 방법에서 증류수를 약간 넣는 이유는 무엇인가? 예비 노트에 설명하라.

memo

실험 절차

실험 절차를 매우 간략하게 요약할 것.

memo

관찰

각 실험 과정에서 관찰한 변화나 주요 사항을 메모할 것. 깨끗이 쓰는 것은 중요치 않음.

담당조교 확인:

memo

실험 보고서 2.1

질량, 부피 및 온도 측정

성명: __________ 학번: __________ 실험조: __________ 실험 일자: __________

실험 결과

01 액체의 밀도 측정

1) 질량과 부피 측정을 통한 액체의 밀도 결정

가. 온도: __________°C

나. 사용된 물질: __________

실험 번호	액체를 채운 비중병 질량	액체를 비운 비중병 질량	액체의 순질량	액체의 누적 질량	액체의 누적 부피	밀도값(누적 질량/누적 부피)
1						
2						
3						
4						
5						

밀도의 평균값 : __________g/mL

2) 비중병과 문헌에 주어진 물의 밀도 및 질량 측정을 이용한 액체의 밀도 결정

가. 온도: __________°C 증류수의 밀도 문헌값: __________g/mL

나. 사용된 물질: __________

실험 번호	빈 비중병 질량	증류수를 채운 비중병 질량	증류수의 질량	액체를 채운 비중병의 질량	액체의 질량	밀도값
1						
2						
3						
4						
5						

밀도의 평균값: __________ 메탄올의 밀도 문헌값: __________g/mL

계산된 밀도값 중에서 가장 정밀한 값은 어느 것인가? 이유를 설명하라.

문헌값과 당신의 값의 차이를 설명하라.

memo

02 물의 어는점 측정

	실험 1	실험 2	실험 3	실험 4	실험 5
물의 어는점	______	______	______	______	______
평균값	______________ °C				

- 시간에 대한 온도의 그래프를 그려 보고, 물의 어는점을 구하라.

- 물의 어는점을 문헌값과 비교해 보고 그 차이를 설명하라. 바른 결과를 얻기 위해서는 어떻게 실험해야 되겠는가? 그 방안을 제시하라.

제 3 장

아보가드로 수 측정

| 실험 3-1 아보가드로 수의 결정

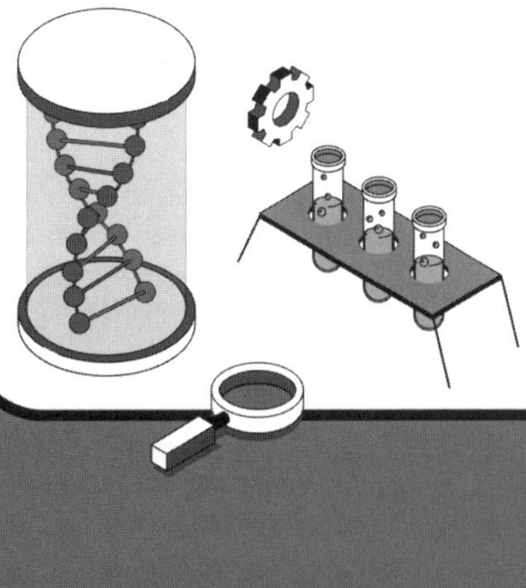

실험 3-1 아보가드로 수의 결정

실험 목적 및 개요

국제량체계(International System of Quantities, ISQ)는 2019년 플랑크 상수(h), 기본 전하(e), 볼츠만 상수(k_B) 및 아보가드로 상수(N_A)를 자연 물리 상수로 채택하고 이에 따라 7개의 SI 기본 단위 중 4개, 즉 킬로그램, 암페어, 켈빈, 몰을 이들 상수에 근거하여 재정의하였다. 이는 지금까지 측정해 왔던 이 상수들의 측정값들이 충분한 정도의 정확성을 확보하였다고 결론지었기 때문이다. 따라서 지금의 표준에서는 아보가드로 상수는 $6.02214076 \times 10^{23}$으로 정해졌다. 이 아보가드로 수가 확정된 상수값으로 채택되기까지 여러 과학자가 이 값을 측정하기 위해 많은 노력을 기울였다.

1811년 이탈리아의 화학자인 아메데오 아보가드로는 온도와 압력이 같다면 일정 부피 안에 들어 있는 입자 수는 기체의 종류와 관계없이 같다는 '아보가드로 법칙'을 제안하였다. 아보가드로 수라는 말을 처음 사용한 것은 이로부터 약 100년 후인 1909년 프랑스의 물리학자 장 페랭(Jean Baptiste Perrin, 1870~1942)이었다. 그는 에멀션 입자의 분포와 브라운 운동의 관찰 및 브라운 운동 해석을 통해서 68.2×10^{22}, 68.8×10^{22}, 65×10^{22}의 비교적 정확한 값을 얻었다. 아보가드로의 원리가 알려지고, 약 100년 후에야 상당히 정확한 아보가드로 수가 밝혀지게 되었다. 아보가드로 수의 결정은 원자론과 물질의 불연속성을 확립한 것으로 분자의 실제 존재에 대한 오랜 논쟁을 명확히 종식하게 되었다. 페랭은 1926년 노벨 물리학상을 받았다.

이번 실험에서 우리들은 이 수를 결정해 보고자 한다.

팔미트산($C_{15}H_{31}COOH$), 스테아르산($C_{17}H_{35}COOH$) 혹은 세로트산($C_{25}H_{51}COOH$) 같이 긴 사슬 모양의 탄화수소 화합물(지방산의 한 종류) 분자의 한 쪽 끝은 극성을 가진 카복실기($-COOH$)로 구성되어 있다. 이러한 분자가 물 표면에 놓이게 되면 카복실기가 역시 극성을 가진 물 분자와 상호 인력을 미치게 된다. 따라서 이러한 지방산은 물 표면에서 단일 분자막(단분자층)을 형성하며, 이 성질을 이용하여 만일 지방산 분자 하나가 차지하는 면적(단면적)을 알고 있다면, 주어진 넓이의 단분자층을 형성하는 지방산의 개수를 산출할 수 있다. 이 지방산의 개수와 측정에 사용된 지방산의 질량으로부터 아보가드로 수를 구할 수 있다.

원리

아보가드로 수, 즉 1몰에 해당하는 분자수를 구하기 위해서는 분자가 가지고 있는 거시적인 성질과 미시적인 성질을 동시에 알아야 한다. 거시적인 성질의 예로는 분자 1몰이 차지하는 부피와 전기분해에서 분자 1몰을 추출하는 데 필요한 전기량 등이 있다. 반면 미시적인 성질의 예로는 분자 한 개가 차지하는 부피와 전자 한 개가 띠고 있는 전기량 등이 있다.

우리는 이미 물질 1몰이 갖고 있는 분자량이나 전자 1몰의 전기량(1 패러데이) 등을 알고 있으며, 따라서 미시적인 성질만 측정 혹은 계산할 수 있으면, 이 두 성질의 비율로부터 아보가드로 수를 구할 수 있을 것이다.

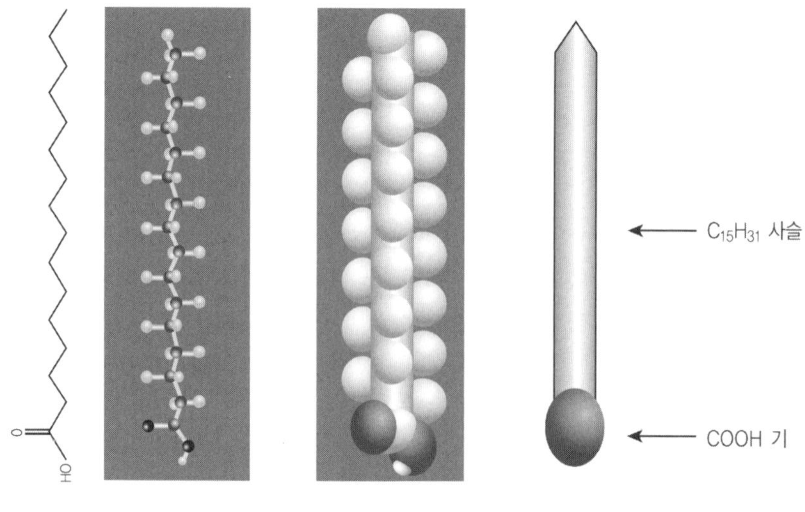

그림 3.1 팔미트산의 화학 구조식, 삼차원 모델 및 구조의 약식 모양.

분자 한 개가 차지하는 공간을 다음과 같이 구할 수 있다. 만약 분자가 결정 구조를 갖고 있다면 X선 등을 사용하여 분자 간의 거리를 측정할 수 있으며, 이로부터 분자 한 개가 차지하는 공간을 정확히 구할 수 있다. 그러나 X선 등을 사용하지 않고도 한 개의 분자가 차지하는 공간을 구할 수 있는 방법이 있는데, 이것이 바로 앞에서 언급한 단일 분자막의 원리를 이용하는 것이다. 팔미트산의 경우에는 그림 3.1에서와 같은 화학 구조를 갖고 있다.

만일 이러한 긴 사슬의 탄화수소 화합물이 물위에 놓이게 되면 어떠한 현상이 벌어질까? 물 표면의 물 분자들은 내부의 물 분자에 비해서 높은 에너지 상태에 놓이게 된다(왜냐하면 주위 분자로부터 받은 인력이 반으로 줄기 때문). 이 때문에 물 표면은 표면 장력을 갖게 된다. 응축 상태(고체나 액체)의 물질은 표면 장력을 최소로 하는 경향이 있으며, 물이 구 모양의 방울을 만드는 것도 바로 이 원리 때문이다. 이러한 물 표면에 팔미트산 같은 분자가 접근하면 이 분자의 카복실기(−COOH)와 표면의 물 분자가 상호 인력에 의한 약한 결합력을 갖게 되며, 비극성의 긴 사슬은 물 분자로부터 멀리 위치하게 될 것이다. 계속해서 물 표면에 팔미트산을 가하면 팔미트산 분자들이 서로 접촉할 때까지 물 표면의 결합 가능한 자리를 모두 차지하면서 단분자층을 형성할 것이다. 접촉이 극대점에 이르게 되면 팔미트산 분자는 물 표면에 수직으로 위치하게 될 것이다(그림 3.2 참조).

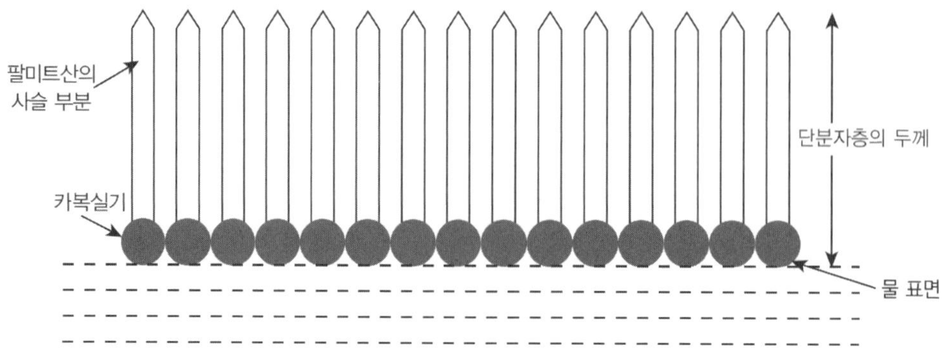

그림 3.2 물 표면에 형성되는 팔미트산의 단분자층.

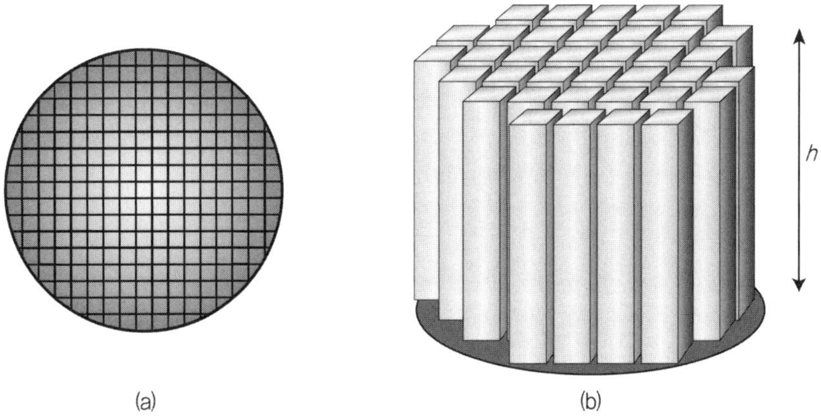

그림 3.3 팔미트산 단층막의 근사도. (a) 위에서, (b) 옆에서 본 모습.

이 단분자층의 형성이 완료된 이후에 추가로 가해진 팔미트산은 자신들끼리 엉클어져 분자 집단(micelles)을 만든다. 이 분자 집단은 그들의 독특한 광학적인 성질 때문에 단분자층 형성 완료의 식별을 용이하게 해 준다.

팔미트산 단분자층은 그림 3.3과 같이 정사각형 막대의 분자들이 이어져 있는 것으로 근사할 수 있다.

단분자층이 두께 h는 팔미트산의 길이 l로 근사할 수 있다. 이는 다시 팔미트산의 가지를 구성하고 있는 sp^3 탄소 원자들의 결합 길이 1.54 Å과 결합각 109.5°로부터 추산할 수 있다. 즉,

$$l = 15 \times 1.54 \times \sin\left(\frac{109.5°}{2}\right) \text{ Å}$$

단분자층에서 팔미트산 분자의 단면적 σ는 다른 실험으로부터 알려져 있다. 이 값은 단분자층에 주어진 힘에 따라 약간씩 변하기는 하지만, 약 21 Å^{2}으로 비슷한 모습의 다른 지방산 분자들과 거의 같다. 따라서 시계 접시 표면 위를 덮고 있는 단분자층에 있는 팔미트산 분자의 수 N은 다음과 같게 된다.

$$N = \frac{\text{단분자막의 표면적}}{\text{분자의 단면적}} = \frac{\pi(d/2)^2}{\sigma}$$

단분자막을 형성하기 위해 투여한 팔미트산의 질량 m을 알 수 있다면, 이 값과 팔미트산의 분자량 M으로부터 아보가드로 수 N_A는 다음과 같이 계산된다.

$$N_A = N \times \frac{M}{m}$$

실험 준비물

- **실험 기구 :** 시계 접시(12 cm), 눈금 실린더(10 mL), 파스퇴르 피펫, 바이알 2개(20 mL), 링 스탠드
- **시약 :** 증류수, 헥세인, 0.05~0.14 g/L의 팔미트산-헥세인 용액, 0.1 M NaOH 용액 (50:50 IPA/물 용매)

memo

memo

실험 방법

1. 기구 준비 및 스포이트 피펫 보정

1) 고체인 팔미트산의 질량을 잰 다음 헥세인에 녹여서 용액을 만든다. 이 용액을 물 위에다 방울방울 떨어뜨려서 물 표면 위에 팔미트산을 쉽게 가할 수 있다. 헥세인은 물과 섞이지 않으며, 증기압은 높기 때문에 빠르게 증발하여 물 표면에 팔미트산 단분자층이 남는다.
2) 팔미트산은 비누를 만드는 지방산의 한 종류이기 때문에 시계 접시를 비누로 세척해서는 안 된다. 그리스 또는 때가 있으면 물 표면에 팔미트산이 퍼지는 것을 방해하여 좋은 결과를 얻지 못하게 된다.
3) 준비된 시계 접시를 세제로 깨끗이 닦은 후, 흐르는 물에서 약 1분간 헹구어 낸다. 이러한 세척 과정을 매번 실험한 후 되풀이하거나 메탄올-NaOH 용액 속에 담가 둔 새 시계 접시를 사용하도록 한다. 시계 접시를 다룰 때 가장자리만을 잡아야 하고 내부를 만지지 않도록 주의한다. 특히 여러분의 손가락(손가락에는 약간의 기름기가 묻어 있다)을 조심하도록 한다.
4) 스포이트 피펫을 헥세인으로 채워서 보정한다(주의! 헥세인은 가연성 물질). 피펫을 수직으로 세워 붙잡고, 1.00 mL 단위로 된 눈금 실린더에 방울방울 떨어지게 하면서 방울수를 센다. 1 mL가 약 100방울 정도면 훌륭한 피펫이다. 만약 100방울 이하면 다른 피펫을 사용하도록 한다. 이 과정을 여러 번 되풀이하여 오차가 4~5방울 내에 들면 좋다. 피펫을 잡는 각도는 방울수와 방울의 크기에 영향을 준다. 수직에서 45° 벗어나면 30% 정도 방울수가 적어진다.

2. 팔미트산 용액의 단분자층 형성

1) 위에서 설명한 바와 같이 시계 접시를 깨끗이 세척한다. 시계 접시가 깨끗하지 않거나 비누 분자들이 용액에 남아 있으면 실험을 망치게 되므로, 매우 주의하여 씻고 지문이 묻지 않도록 조심스럽게 다룬다. 깨끗한 시계 접시를 비커 위에 수평이 되도록 올려 놓고, 시계 접시의 가장자리까지 증류수를 붓는다. 물 표면의 지름을 자로 조심스럽게 측정한다.
2) 비커에 기름 등의 이물질이 남지 않도록 비누로 깨끗이 씻고, 증류수로 세 번 헹군 후, 메탄올로 씻어 비커를 건조시킨다. 깨끗하게 세척하고, 건조시킨 20 mL 비커에 팔미트산/헥세인 용액을 5 mL 정도 얻어 온다. 이 용액이 여러분이 단분자층을 만들 때 사용할 용액이다. 보정한 피펫을 팔미트산 용액으로 여러 번 헹군다.
3) 팔미트산 용액의 방울수를 세면서 방울방울 시계 접시 위의 물 표면에 가한다. 피펫을 수직으로 세우는 것을 잊지 않도록 조심한다. 한 방울 떨어뜨린 후 5~10초씩 기다린다. 팔미트산 용액을 떨어뜨리면 처음에 용액은 전 표면에 퍼져 사라진다(그림 3.4(a)). 완전한 단분자층이 생성될 때까지 계속한다(그림 3.4(d)). 단분자층이 거의 생성될 즈음 팔미트산이 퍼지는 속도는 점점 느려진다. 단분자층이 다 생긴 후, 가한 방울은 퍼지지 않고 물 표면에 그대로 머물게 되며, 마치 콘택트렌즈 모양을 한다(그림 3.4(e)). 만약 이 "렌즈"가 30초 이상 견딘다면 마지막 방울을 제외한 방울수를 단분자층을 형성하는 데 필요한 팔미트산 용액으로 한다.
4) 실험을 되풀이하되, 농도가 다른 팔미트산 용액으로 실험을 되풀이한다.

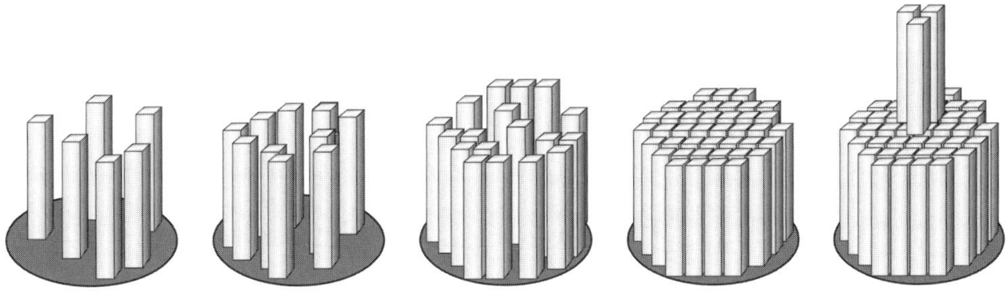

그림 3.4 시계 접시 위에서의 지방산 분자의 단분자층의 형성 과정. 단분자층이 완성된 후 (d) 지방산을 추가하면 (e)의 모양으로 단분자층 위로 누적된다.

3. 아보가드로 수 계산

팔미트산 단분자막을 형성하기 위해 소모된 팔미트산 용액의 부피를 구한다. 사용된 팔미트산의 농도와 부피로부터 팔미트산 질량 m을 계산한다. 시계 접시 위의 물의 표면적과 팔미트산 분자의 단면적으로부터 단분자층에 들어있는 팔미트산 분자의 수 N을 구한다. 팔미트산 분자의 분자량 M과 m, N으로부터 아보가드로 상수 N_A를 계산한다.

주의 및 참고사항

1. 시계 접시를 메탄올–NaOH 용액에 담가 두었다가 사용하는 것이 좋다.
2. 물 표면에 팔미트산 용액을 가하기 전에 피펫을 이 용액으로 여러 번 씻어 내야 한다. 그렇지 않으면 헥세인이 증발하기 시작하여 모세관 끝에 팔미트산의 진한 용액이 남아 있을 수 있다. 따라서 첫 방울에 더 많은 팔미트산이 포함될 수도 있다.
3. 피펫을 수직으로 세우는 것을 잊지 않도록 한다.

참고 문헌

1. G. Brezesinski, D. Vollhardt, K. Iimura and H. Clfen. "Structural Features of Mixed Monolayers of Oleanolic Acid and Stearic Acid", *J. Phys. Chem.* C 2008, 112, 15777-15783
2. Charles A. Lane, D. Edward Burton, and Charles C. Crabb., "Accurate Molecular Dimensions from Stearic Acid Monolayers", *J. Chem. Educ.*, 1984, 61 (9), p 815.

memo

memo

실험 절차

실험 절차를 매우 간략하게 요약할 것.

memo

관찰

각 실험 과정에서 관찰한 변화나 주요 사항을 메모할 것. 깨끗이 쓰는 것은 중요치 않음.

담당조교 확인:

실험 보고서 3.1

아보가드로 수의 결정

성명: ____________ 학번: ____________ 실험조: ____________ 실험 일자: ____________

memo

실험 결과

01 피펫의 보정

(1) 1.00 mL에 해당하는 헥세인의 방울수?

1.____________ 2.____________ 3.____________ 평균: ____________

(2) 방울당 부피 계산

____________mL/방울

02 실험에 사용된 팔미트산 용액의 농도

____________g/L, ____________g/L

03 물 표면을 덮는 데 필요한 팔미트산 용액의 부피

(1) 시계 접시 위의 물 표면의 지름 d

____________cm, ____________cm

(2) 표면을 덮는 데 필요한 지방산 용액의 방울수

____________방울, ____________방울

04 팔미트산 단분자층에서의 팔미트산 분자수 계산

(1) 1(2)와 3(2)의 데이터를 사용하여 단분자층을 형성하는 데 필요한 용액의 부피 계산

____________mL, ____________mL

(2) 2의 농도를 이용하여 4(1)의 부피에 들어있는 팔미트산의 질량 m 계산

____________g, ____________g

(3) 단분자층의 넓이 A($A = \pi\left(\frac{d}{2}\right)^2$, d는 물표면의 직경)

____________cm^2, ____________cm^2

(4) 팔미트산의 단면적(σ)과 단분자층의 넓이(A)로부터 물 표면의 단분자층에 있는 팔미트산의 수 N 계산

____________ ____________

(5) 팔미트산의 분자량 M:

256.42 g/mol

memo

05 아보가드로 수의 N_A 계산

(1) m, M, N으로부터 아보가드로 수 N_A를 계산하라.

______particles/mol, ______particles/mol

(2) 위의 두 값의 평균 N_A

______particles/mol

06 단분자층의 부피와 밀도 계산

(1) 팔미트산 분자는 16개의 탄소 원자가 서로 연결되어 있다.
단분자층의 두께 b가 팔미트산 분자의 길이와 같다고 가정하고 단분자층의 부피 V를 계산하라.

______cm^3, ______cm^3

(2) 단분자층에서의 팔미트산 분자의 몰부피 $\overline{V}$를 계산하라.

______cm^3/mol, ______cm^3/mol

(3) 팔미트산 단분자층의 밀도($\rho = m/V = M/\overline{V}$)를 계산하라.

______g/cm^3, ______g/cm^3

이 값과 팔미트산의 밀도 0.85 g/cm^3를 비교하라. 그 차이를 설명할 수 있는가?

(4) 팔미트산 단분자층에서 탄소 원자의 몰부피를 계산하라.

______cm^3/mol, ______cm^3/mol

07 탄소 원자 1몰의 부피 계산

(1) 다이아몬드의 밀도(3.51 g/cm^3)를 사용하여 탄소의 몰부피를 계산하라(탄소 1몰의 원자 질량은 12.01 g/mol이다).

______cm^3/mol

이 결과와 팔미트산 단분자층에서 구한 탄소 원자의 몰부피와 비교하라.

> 여러분이 얻은 결과와 실제 값을 비교하라. 알려진 값과 차이가 나는 이유는 무엇일까? 또한 더 정확한 값을 측정하기 위해서는 어떤 실험이 필요할까?

제 4 장

분자량 측정

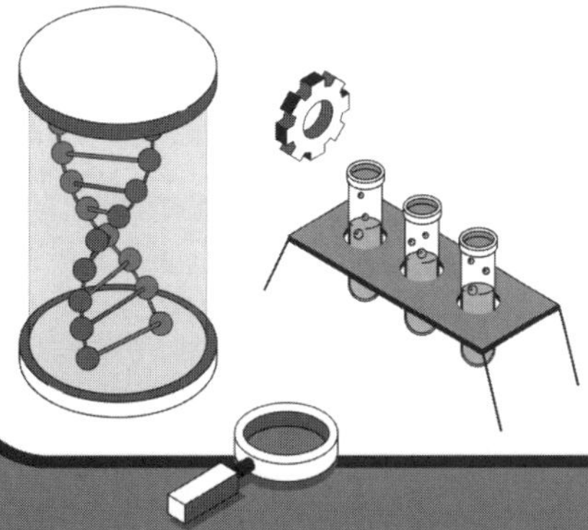

실험 4-1 어는점 내림에 의한 분자량 측정

실험 목적 및 개요

이 실험의 목적은 전형적인 비극성 용매인 벤젠에 다른 용질을 넣었을 때 어는점이 얼마나 내려가는가를 측정하고, 이로부터 용질의 분자량을 구하는 것이다. 벤젠의 어는점 내림 상수 값은 이미 분자량을 알고 있는 화합물을 표준 물질로 사용하여 구할 수 있다.

원리

용매에 비휘발성 용질을 가하면 그 가한 양의 크기에 비례하는 총괄적인 성질이 나타나며, 대표적인 예로서 용액의 끓는점 오름과 어는점 내림 현상 등이 있다. 어는점 내림 현상에 있어서 용질 분자는 용매가 응고할 때 그 안에 녹아 들어가지 않아야 한다. 이때 어는점 내림과 용질의 농도 사이에는 다음과 같은 관계식이 성립한다.

$$\Delta T_f = K_f \cdot m$$

위 식에서 ΔT_f는 어는점 내림("−"값을 갖게 된다), m은 용질의 몰랄 농도(용매 1,000 g당 용질의 몰수)를 각각 나타내며, K_f는 몰랄 어는점 내림 상수로서 용매에 따라 다른 값을 갖게 된다. 몇 가지 용매의 K_f 값이 표 4.1에 나타나 있다. 용질의 몰랄 농도 m은 아래의 식으로 표현할 수 있다.

$$m = \frac{W_2}{M_2} \cdot \frac{1000}{W_1}$$

위 식에서 W_2는 용질의 질량(g), M_2는 용질의 분자량(g/mol), W_1은 용매의 질량(g)을 각각 나타낸다.

어는점 내림을 측정하기 위해서는 주어진 양의 용질을 용매에 용해시켜 용액을 만든 후 이 용액이 담긴 용기를 소금 얼음물에 넣어 용액의 온도를 내려가게 해야 한다. 여기서 한 가지 주의할 사항은 용액의 온도가 일단 과냉각 상태로 되었다가 용매의 얼음 상태가 나타나기 시작한다는 점이며, 이때 어는열 때문에 온도가 약간 오르게 된다(그림 4.1 참조). 따라서 진정한 어는점의 측정은 온도 곡선이 최저값으로 내려갔다가 다시 상승하여 더 이상 오르지 않는 점을 읽어야만 정확성을 기할 수 있다. 그림 4.1에서 보는 바와 같이 온도는 다시 오른 뒤 일정값을 유지하거나 다시 서서히 내려가기도 한다.

표 4.1 몇 가지 용매의 어는점(1기압에서)과 몰랄 어는점 내림 상수.

용매	T_f(°C)	K_f(K · kg · mol^{-1})
물	0	−1.86
벤젠	5.51	−5.12
페놀	43	−7.27

memo

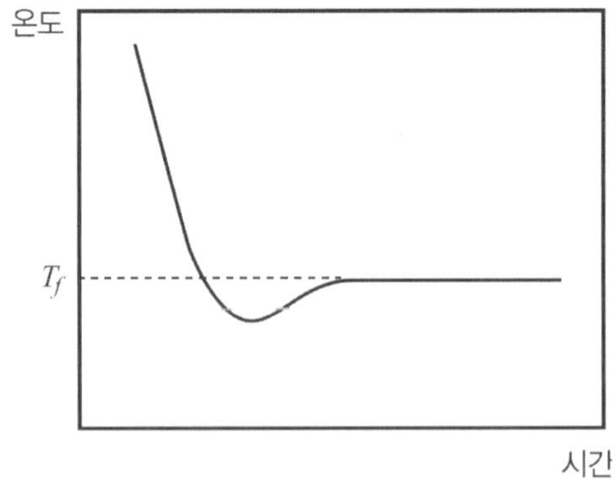

그림 4.1 냉각 곡선.

용질의 농도 m을 달리하여 ΔT_f를 구하면 그 관계식의 기울기로부터 사용한 용매의 K_f값을 구할 수 있으며, 일단 K_f 값을 알게 되면 어느 용질의 ΔT_f 값으로부터 그 용질의 분자량을 구할 수 있다. 이 실험에 사용하는 벤젠 용매의 K_f 값은 문헌값을 사용한다.

실험 준비물

- **실험 기구 :** 시험관(지름 25 mm), 비커(250 mL), 철사 젓개, 화학 저울, 온도계
- **시약 :** 벤젠(C_6H_6), 미지 시료, 얼음물, 소금

실험 방법

1. 순수한 벤젠의 어는점

1) 그림 4.2와 같은 측정 장치를 준비한다.
2) 세 개의 시험관을 준비하여 각각에 벤젠을 약 10 mL씩 가하여 실험을 세 번 반복할 수 있도록 한다. 이 시험관을 얼음-소금물에 넣은 후, 철사 젓개로 벤젠을 잘 저으면서 온도-시간 값을 기록한다.
3) 온도가 어는점 이하로 떨어지면(과냉각) 얼음이 서서히 나타나기 시작할 것이다. 이때부터는 10초 간격으로 온도를 읽어서 그림 4.1과 같은 냉각 곡선을 만든다. 이 과정을 세 번 되풀이하여 평균값으로 벤젠의 정확한 어는점을 구한다.

2. 벤젠 + 미지 시료 용액의 어는점

1) 이미 질량을 잰 깨끗한 시험관에 어는점을 약 3°C 정도 내릴 수 있도록 미지 시료를 넣은 후(벤젠의 K_f 값과 사용하는 벤젠의 부피 약 30 mL를 참조하여 지도 선생님이 대략의 질량값을 알려 준다), 다시 질량을 측정하여 미지 시료의 질량을 정확히 구한다. 이 시험관에 위에서 사용한 세 개의 시험관에 들어 있는 약 30 mL의 벤젠을 가한 후 다시 질량을 측정하여 벤젠의 질량을 정확히 구한다. 용액을 잘 흔들어 미지 시료가 완전히 녹게 만든 후, 이 용액의 약 1/3씩을 다른 두 개의 깨끗한 시험관에 각각 넣어 실험을 세 번 반복할 수 있도록 한다.

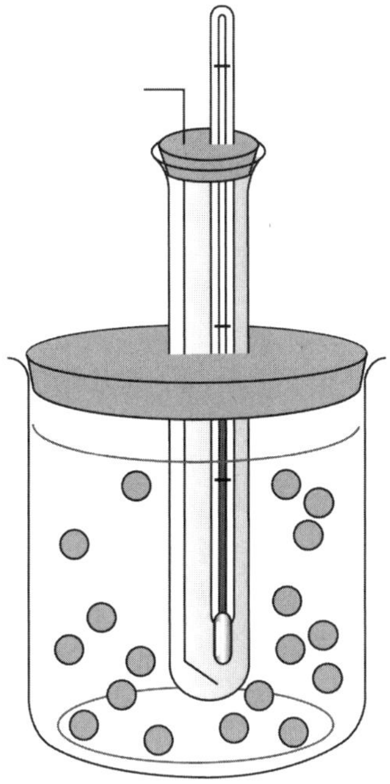

그림 4.2 어는점 측정 장치.

2) 위에서와 같이 냉각 곡선을 만든다. 세 번 반복한 실험 결과로부터 평균값을 구하여 벤젠 + 미지 시료 용액의 정확한 어는점을 구한다.

주의 및 참고사항

냉각 과정 중 철사 젓개로 잘 젓는 것을 잊지 않도록 주의한다.

memo

제목

memo

실험 절차

실험 절차를 매우 간략하게 요약할 것.

memo

관찰

각 실험 과정에서 관찰한 변화나 주요 사항을 메모할 것. 깨끗이 쓰는 것은 중요치 않음.

담당조교 확인:

memo

실험 보고서 4.1

어는점 내림에 의한 분자량 측정

성명: ____________ 학번: ____________ 실험조: ____________ 실험 일자: ____________

실험 결과

01 벤젠 용액

■ 벤젠의 냉각 곡선 작성

	실험1	실험2	실험3
■ 벤젠의 어는점	________	________	________

• 평균값 ____________

02 벤젠 + 미지 시료 용액

• 시험관의 질량 ____________

• 시험관 + 미지 시료의 질량 ____________

• 미지 시료의 질량 ____________

• 시험관 + 미지 시료 + 벤젠의 질량 ____________

• 벤젠의 질량 ____________

memo

■ 용액의 냉각 곡선 작성

	실험1	실험2	실험3
용액의 어는점			
어는점 내림(ΔT_f)			
미지 시료의 분자량			

• 분자량 평균값 ________________

실험 4-2 액체의 몰질량 측정

실험 목적 및 개요

액체의 몰질량은 일정한 온도와 압력에서 액체를 보정된 기체 주사기 속에 넣고, 기화시켜 생성된 증기의 부피를 측정하여 결정한다.

원리

분해되지 않고 완전히 기화되는 물질의 몰질량은 기체의 상태 방정식으로 결정할 수 있다. 대부분의 기체는 높은 온도에서 이상 기체 방정식을 따른다.

이상 기체 상태 방정식은 다음과 같다.

$$P \cdot V_{mol} = R \cdot T \text{ 또는 } P \cdot V = n \cdot R \cdot T \qquad (1)$$

P: 압력, V: 부피, V_{mol}: 몰부피, T: 절대 온도,
R: 기체 상수(8.3145 $J \cdot K^{-1} \cdot mol^{-1}$, 0.08206 $L \cdot atm \cdot K^{-1} \cdot mol^{-1}$), n: 몰수

그리고

$$n = \frac{m}{M} (M = \text{몰질량}, m = \text{질량}) \qquad (2)$$

식 (1)을 다시 표현하면 다음과 같다.

$$M = \frac{m \cdot R \cdot T}{P \cdot V} \qquad (3)$$

식 (3)은 이상 기체의 필요조건을 만족시키는 증기일 때 유효하다. 이것은 끓는 온도 위로 20K에서 유효하게 접근한다.

다음의 반데르발스(van der Waals) 식을 사용하면 더 넓은 온도 범위에서 실제 기체의 상태를 잘 기술할 수 있다.

$$\left(P + \frac{a}{V_{mol}^2}\right) \cdot (V_{mol} - b) = R \cdot T \qquad (4)$$

식 (4)를 근사하여 정리하면 다음과 같다.

$$PV_{vol} = RT + \left(b - \frac{a}{RT}\right)P \ (a, b\text{: 반데르발스 상수}) \qquad (5)$$

$V_{mol} = \frac{V}{n}$와 $n = \frac{m}{M}$을 이용해서 다음 식을 유도할 수 있으며,

memo

$$M = \frac{mRT}{PV} + \frac{m\left(b - \frac{a}{RT}\right)}{V} \tag{6}$$

이 식은 몰질량을 결정하는 데 있어서 증기의 실제 거동을 고려한 것이다.

실험 준비물

- **실험 기구 :** 분자량 측정 장치, 온도계, 주사기(1 mL), 저울, 깔때기, 비커, 기압계
- **시약 :** 헥세인, 아세톤, 증류수

실험 방법

1) 그림 4.3과 같이 실험 장치를 구성하고, 유리 재킷 속에 100 mL의 유리 주사기를 장착하라. 깨끗하고 건조된 주사기의 손잡이를 5 mL 눈금까지 밀어 넣은 후 주사기 구멍 끝을 고무 마개로 막아 기체가 새지 않도록 하라. 이때 고무 마개를 씌운 주사기 끝부분이 유리 재킷 속으로 최대한 근접하도록 하여 주사기가 찬 공기에 노출되지 않도록 하라. 주사기에 약간의 공기가 들어 있도록 하면 액체를 주입하기가 쉽다.
2) 이렇게 준비한 기구를 H-base 위의 막대에 그림 4.3과 같이 장착한다. 그런 후에 유리 재킷에 증류수를 넣고 비등석을 조금 넣는다. 이때 물의 높이가 유리 주사기 위로 약 10 mm 정도만 되게 부어, 가열할 때 물이 팽창하여 넘치지 않도록 주의한다. 온도계를 위쪽의 유리관에 꽂고, 또한 한쪽의 유리관에 고무 호스를 연결하여 비커에 닿도록 한다. 이때 고무 호스가 뒤틀려 막히지 않도록 주의한다. 발생된 수증기가 이 호스를 통하여 나가게 된다.
3) 실험 장치를 완성한 다음, 전열기를 사용하여 가열한다. 이때 전원 조절기는 물이 간신히 끓을 정도(7~8)가 되도록 조절한다. 장치의 온도가 일정해지면 다음과 같은 실험을 한다.
4) 실험할 액체를 공기 방울이 생기지 않도록 하면서 가늘고 긴 주사바늘을 단 주사기에 약간 채운다(이때 헥세인의 경우 약 0.2 mL, 아세톤의 경우 0.15 mL를 사용한다). 주사기의 바

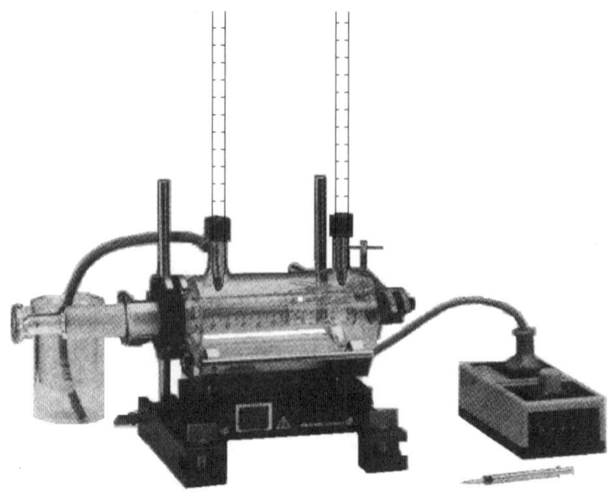

그림 4.3 분자량 측정 장치.

늘을 종이 타월로 깨끗이 닦아낸 후, 저울에서 질량을 측정하여 기록한다. 100 mL들이 유리 주사기의 눈금을 정확히 5 mL에 맞춘 후, 주사기로 취한 액체를 가열된 유리 주사기 속으로 한쪽 끝의 고무 마개를 통해 신속히 주입한다. 이때 측정하려는 액체를 전부 유리 주사기 속으로 주입하여 주사기에 남아 있는 액체가 없도록 한다.

5) 기체의 부피가 변하지 않을 때까지 주입하는 주사기는 고무 마개에 꽂은 채 그대로 둔다. 유리 주사기의 실린더를 살짝 돌려보아 주사기 내부와 외부의 공기압이 평형을 이루고 있음을 확인한다. 일정한 부피가 되었을 때 기화된 액체의 부피를 유리 주사기의 눈금으로부터 읽어낸다. 또한 끓는 물의 온도와 대기압 p를 측정한다.

6) 그런 후 빈 주사기의 질량과 주입 전의 주사기의 질량으로부터 기화된 물질의 질량을 계산한다. 모든 과정을 통하여 계산에 사용된 전량이 유리 주사기 속으로 들어가도록 주의해야 한다. 그렇지 않으면 액체의 몰질량을 계산할 때 오차가 발생한다.

7) 같은 방법으로 각각의 액체에 대하여 세 번씩 반복한다. 각 측정이 끝날 때마다 고무 마개를 열고 실린더를 끝까지 민 다음, 충분히 끌어당기기를 여러 번 반복하여 유리 주사기 속의 물질을 공기로 씻어 낸다.

memo

제목

memo

실험 절차

실험 절차를 매우 간략하게 요약할 것.

memo

관찰

각 실험 과정에서 관찰한 변화나 주요 사항을 메모할 것. 깨끗이 쓰는 것은 중요치 않음.

담당조교 확인:

memo

실험 보고서 4.2

액체의 몰질량 측정

성명: __________ 학번: __________ 실험조: __________ 실험 일자: __________

실험 결과

01 헥세인과 아세톤의 몰질량을 식 (3)과 (6)으로 계산하고, 문헌값과 비교해 보아라. 어느 식으로 계산된 값이 문헌값에 더 가까운가? 그 이유는 무엇인가?

02 실험 결과를 이상 기체와 실제 기체의 거동과 관련지어 논의하라.

■ **참고 자료**

	a값	b값
헥세인:	24.71×10^5 Pa · L^2 · mol^{-2}	0.1735 L · mol^{-1}
아세톤:	16.02×10^5 Pa · L^2 · mol^{-2}	0.1124 L · mol^{-1}

실험 4-3 어는점 내림에 의한 몰질량 측정

실험 목적 및 개요

순수한 물질의 어는점과 용액의 어는점을 측정하여 미지 시료의 몰질량을 자동화된 측정 방법으로 구해 보고, 용액의 총괄성(colligative property)에 대하여 이해한다.

원리

비휘발성 고체(용질)가 액체에 녹아 있는 경우 용매의 증기압이 낮아지는 것을 관찰할 수 있다. 이런 용매의 증기압 내림의 결과는 여러 물리적 변화에 있어서 쉽게 관찰된다. 이상적인 용액의 경우, 용액에서 용매의 증기압은 용매의 몰분율에 비례한다. 이를 라울(Raoult) 법칙이라고 한다.

이와 같은 용매의 증기압은 용액에서의 여러 물리적인 성질에 영향을 미친다. 가장 쉽게 이해할 수 있는 현상으로 용액의 끓는점을 생각해 보자. 끓음은 용액의 증기압이 대기압과 같아지는 온도를 말한다. 비휘발성 용질이 용해된 용액의 경우, 같은 온도에서 순수한 용매의 용액보다 증기압이 낮아지기 때문에 용액의 증기압이 대기압과 같아지려면 용액의 온도를 높여야 한다. 이와 같은 현상을 끓는점 오름이라고 한다. 이보다는 덜 직접적이지만 같은 물리적 원리로 용액의 어는점은 순수한 용매보다 낮다.

이미 알려진 사실에 의하면, 용질의 농도가 낮을 때 끓는점 오름이나 어는점 내림 및 증기압의 변화는 용질의 농도에 비례한다. 이런 용액의 끓는점 오름, 어는점 내림, 증기압의 변화 및 삼투 현상 등을 용액의 총괄성(colligative properties)이라 하며, 이런 성질들은 용매의 양이나 용질의 종류와 관계없이 용질의 입자수에만 관계된다.

이와 같이 용질의 종류와 관계없이 용질의 입자수에만 관계되는 총괄적 성질을 이용하면 용질의 분자량을 측정할 수 있다. 끓는점 오름이나 어는점 내림 등의 총괄적 성질에 관한 현상을 설명할 때, 용질의 농도를 몰랄 농도(molality)라하며, m으로 표현하면 편리하다.

$$\text{용질 A의 몰랄 농도} = \frac{\text{A의 몰수}}{\text{용매의 kg수}} \tag{1}$$

이런 몰랄 농도로 용질의 농도를 표현할 때, 낮은 농도의 용액에 있어서 끓는점 오름 $\Delta T_b = T_b - T_b^\circ$ 나 어는점 내림 $\Delta T_f = T_f^\circ - T_f$는 다음과 같은 식으로 나타낼 수 있다.

$$\Delta T_b = K_b \cdot m \qquad \Delta T_f = K_f \cdot m \tag{2}$$

여기서 K_b와 K_f는 끓는점 오름 상수와 어는점 내림 상수로서 용매에 따라 결정되는 값으로, 표 4.2에 몇 가지 시료에 대한 예가 실려 있다.

memo

표 4.2 몇 가지 용매에 대한 어는점 내림 상수와 끓는점 오름 상수

용매	화학식	T_f/°C	K_f/°C · kg · mol^{-1}	T_b/°C	K_b/°C · kg · mol^{-1}
물(water)	H_2O	0.0	1.86	100.0	0.52
아세트산(acetic acid)	CH_3COOH	16.6	3.90	118.1	3.07
벤젠(Benzene)	C_6H_6	5.5	5.12	80.1	2.65
tert-뷰탄올 (*tert* Butanol)	C_4H_9OH	25.5	9.10	82	
사이클로헥세인 (cyclohexane)	C_6H_{12}	6.5	20.00	80.74	2.79
p-다이클로로벤젠 (p-Dichlorobenzene)	$C_6H_4Cl_2$	53.1	7.10		
캄파(camphor, 장뇌)	$C_{10}H_{16}O$	179.8	39.7	204.0	5.95

이런 어는점 내림 등은 미지 물질의 몰질량을 구하는 데 많이 사용된다(끓는점 오름보다는 어는점 내림이 더 많이 사용되는 이유를 생각해 보라). 우리도 이번 실험에서 어는점 내림을 사용하여 용질의 분자량을 추산하고자 한다. 만약, 정확히 양을 알고 있는 물질을 주어진 양의 용매에 녹여 끓는점 오름이나 어는점 내림을 측정하고, 용매의 정확한 값을 알고 있다면 식 (2)에 의해서 몰랄 농도를 알 수 있으며, 농도와 물질의 양에서 몰질량(molor mass, M)을 구할 수 있다.

따라서 어는점 내림의 경우 몰질량을 M이라 하면, 식 (2)는

$$\Delta T_f = K_f m = K_f \times \frac{\text{용질의 몰수}}{\text{용매의 kg수}}$$

$$= K_f \times \frac{\text{용질의 g수/용질의 몰질량}}{\text{용매의 kg수}} \qquad (3)$$

가 된다.

이번 실험에선 식 (3)을 이용하여 미지 용질의 몰질량을 측정해 보고자 한다. 용매는 *tert*-뷰탄올(*t*-뷰탄올)로, 비교적 큰 어는점 내림 상수를 가지고 있어 녹는점 측정이 쉬우며, 그 값은 9.10이다.

25.5°C에서 녹는 순수한 t-BuOH를 45°C 부근의 더운물에 넣으면 완전히 녹게 된다. 이를 얼음이 든 찬물 중에서 중탕으로 식히면 시료의 온도는 처음에 급격히 감소할 것이다. 시료의 온도가 어는점이 되면 고체가 생성되기 시작하고, 시료가 완전히 고체로 변하는 동안 온도는 일정하게 유지된다. 즉, 순수한 액체의 어는점은 액체가 고체로 되는 일정한 온도이다. 그러나 용액이 어는 현상은 순수한 액체와는 두 가지 점에서 다르다(그림 4.4). 우선 용액이 얼기 시작하는 온도는 순수한 액체보다 낮다. 또, 용액이 고체화되는 동안에도 시료의 온도는 일정하게 유지되지 않고 서서히 떨어지게 된다. 따라서 어는점은 냉각되는 속도가 다른 두 직선을 그어 서로 만나는 점이 가장 정확한 어는점일 것이다. 즉, 높은 온도에서의 직선은 시료 모두 액체일 때의 냉각 곡선이며, 낮은 온도에서 두 번째 직선은 고체와 액체가 공존할 때의 냉각 곡선이다. 따라서 이 두 직선의 교차점이 바로 이 용액의 어는점이 되는 것이다.

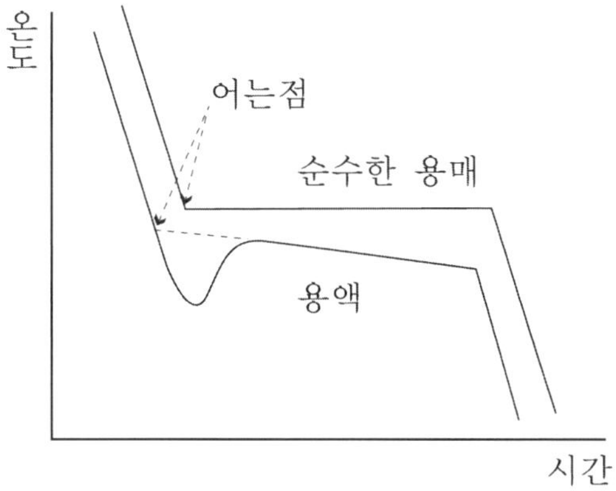

그림 4.4 액체의 냉각 곡선.

순수한 액체나 용액의 경우, 모두 처음 고체가 생성되는 순간 온도가 어는점보다 내려갔다가 다시 고체가 형성되면서 원래대로 돌아오는 현상이 보인다. 이런 현상을 과냉각(supercooling)이라 하고, 그림 4.4에 나타나 있다. 따라서 두 직선의 교차점으로 어는점을 구할 때는 과냉각된 부분의 측정값은 제외하고 구하는 것이 좋다. 또한 고체와 액체가 공존하는 구간에서 직선을 그릴 때는 시간에 대한 경향성이 확실히 보일 때까지 온도를 기록하는 것이 좋다.

실험 준비물

- **실험 기구 :** 컴퓨터, 온도 센서 모듈, 시험관, 비커(250 mL), 온도계, 젓개, 가열판(hot plate), 저울.
- **시약 :** t-뷰탄올(tert-뷰탄올, 74.122 g/mol), 미지 시료.

실험 방법

- 모든 과정은 통풍이 잘 되는 곳에서 실시한다.
- 이 실험의 시간에 대한 온도의 측정은 온도계와 시계를 사용하여 할 수 있으나, 이번 실험에서는 컴퓨터에 연결된 온도 센서를 사용하여 실험 오차를 줄일 수 있다.
- 보안경을 착용한다.

1. 순수한 *t*-뷰탄올의 어는점 구하기

1) 컴퓨터를 켜고 바탕화면의 [Logger Lite 1.4]를 실행시킨다(그림 4.5 참조).
2) 상단 메뉴의 [Experiment] → [Data Collection]을 선택하여 Length의 180을 1800으로 바꾸고 [Done]을 클릭한다.
3) *t*-뷰탄올 10 g을 0.01 g까지 측정하여 시험관에 넣고, 시료가 든 시험관을 45°C 부근의 더운물에 넣어 중탕하여 시험관 안의 시료를 가열한다(그림 4.6 참조).
4) *t*-뷰탄올이 다 녹으면 온도 센서를 시험관에 넣고 온도가 일정해진 다음, 시험관을 물중탕에서 꺼내어 얼음물에 냉각시키고, 상단의 [Collect]를 클릭하여 온도변화를 관찰한다.
5) 시료가 냉각되어 일정 온도가 유지되는 그래프가 얻어지면 [Save]를 클릭하여 저장한다.
6) *t*-뷰탄올의 어는점을 그래프로부터 결정한다(그림 4.4 참조).

memo

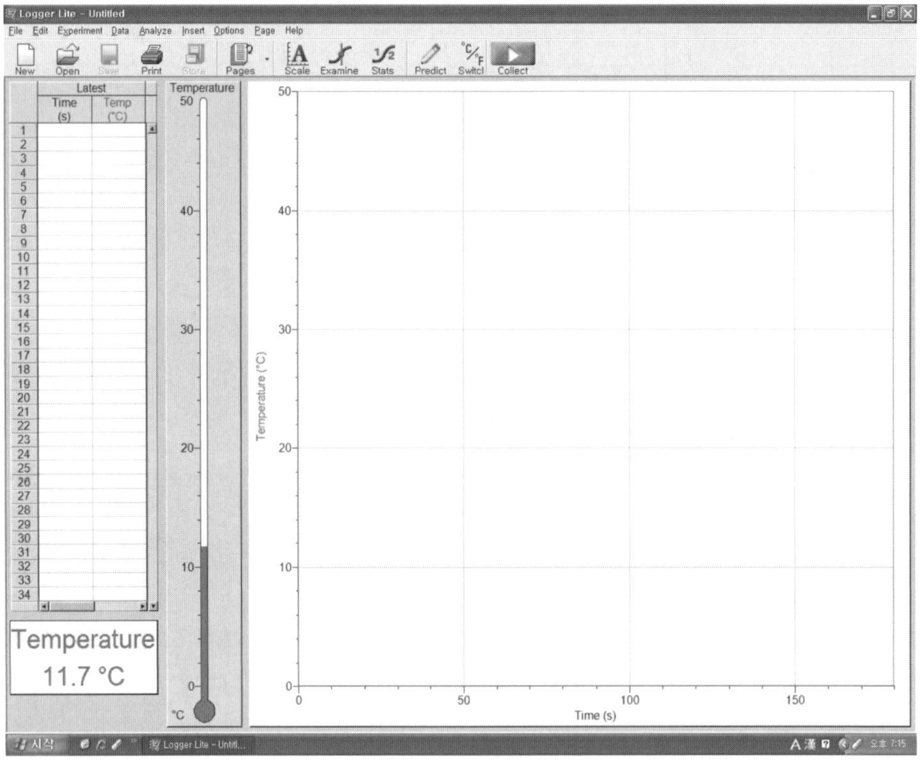

그림 4.5 화학 실험 모듈 시작 화면.

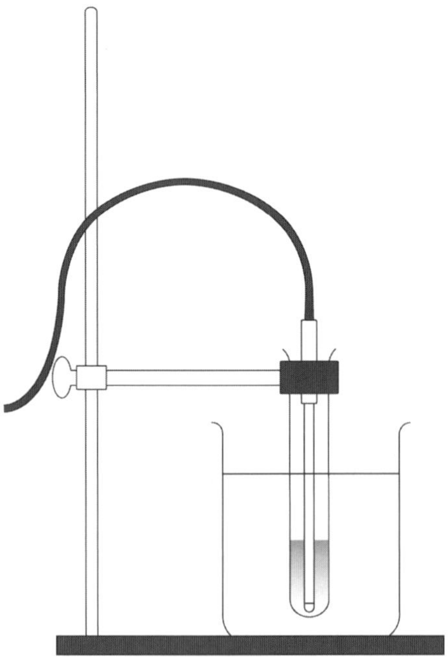

그림 4.6 어는점 내림 측정 장치. 비커에 얼음물에 시료가 든 시험관을 넣고, 온도 센서를 이용하여 온도를 관찰한다. 시험관과 온도계 센서는 클램프로 고정한다.

2. 미지 시료의 어는점 구하기

1) 미지 시료 0.5 g을 0.001 g까지의 정밀도로 측정하여 *t*-뷰탄올이 든 시험관에 넣는다.
2) 시료가 든 시험관을 더운물에 넣어 시험관 안의 시료를 가열하여 완전히 액화시킨 후에, [1. 순수한 *t*-뷰탄올의 어는점 구하기] 실험의 4)~7) 과정과 동일하게 진행하여 미지 시료의 어는점을 결정한다.
3) 미지 시료 0.5 g을 0.01 g까지의 정밀도로 측정하여 *t*-뷰탄올이 든 시험관에 추가로 넣은 다음 앞의 2)의 과정을 반복한다.

3. 미지 시료의 몰질량 구하기

1) 위의 실험 결과를 토대로 어는점 내림을 구한다.
2) *t*-뷰탄올의 어는점 내림 상수를 이용하여 미지 시료의 몰랄 농도를 구한다.
3) *t*-뷰탄올 용매의 질량과 미지 시료 용질의 질량을 이용하여 미지 시료의 몰질량을 산출한다.

주의 및 참고사항

1. 실험 후 시험관 벽면에 남아 있는 시료는 수돗물과 증류수로 깨끗하게 세척한다.
2. 시험관에 시료를 넣을 때 벽면에 붙은 시료가 있다면, 손가락을 가볍게 두드려 용액 중으로 섞이게 하여 오차를 최소화한다.

memo

제목

memo

실험 절차

실험 절차를 매우 간략하게 요약할 것.

memo

관찰

각 실험 과정에서 관찰한 변화나 주요 사항을 메모할 것. 깨끗이 쓰는 것은 중요치 않음.

담당조교 확인:

실험 보고서 4.3

어는점 내림에 의한 몰질량 측정

성명: ____________ **학번:** ____________ **실험조:** ____________ **실험 일자:** ______________

실험 결과

01 시간 변화에 따른 온도 곡선 그리기

02 t-뷰탄올의 어는점:

_______________________ °C

03 사용한 t-뷰탄올의 질량:

_______________________ g

04 사용한 미지 시료의 질량:

___________ g + ___________ g = ___________ g

memo

memo

05 미지 시료에 대한 시간에 대한 온도 곡선 그리기

06 미지 시료의 어는점

__________°C, __________°C

용액의 어는점 내림

__________°C, __________°C

07 미지 시료의 몰랄 농도 계산

__________m, __________m

미지 시료의 몰질량

__________g/mol, __________g/mol

제 5 장

열화학

| 실험 5-1 열계량

실험 5-1 열계량

실험 목적 및 개요

화학 반응이 진행되는 동안 일반적으로 열의 흡수 또는 방출이 수반된다. 이와 같이 화학 반응에 관련된 열의 흐름은 열량계라는 실험 장비를 사용하여 실험적으로 측정할 수 있다. 간단한 열량계를 사용하여 산-염기 반응의 중화열을 측정한다.

원리

엔탈피는 상태 함수로서 다음과 같이 정의된다.

$$H = E + PV \tag{1}$$

E는 계의 내부 에너지이고, P는 계의 압력, V는 계의 부피이다. 엔탈피를 정확하게 이해하기 위하여, 일정한 압력에서 진행되고, 압력-부피의 일($w = -P\Delta V$)뿐인 과정을 생각해 보자.

이 과정의 내부 에너지 변화는

$$\Delta E = q + w = q - P\Delta V \tag{2}$$

여기서 q는 열의 흐름이다. 이 식은 다시

$$q = \Delta E + P\Delta V \tag{3}$$

이 된다. q를 엔탈피와 관계를 지으면, 어떤 과정의 엔탈피 변화는 (1)의 엔탈피 정의로부터

$$\Delta H = \Delta E + \Delta(PV) \tag{4}$$

이고, 압력이 일정하면

$$\Delta H = \Delta E + P\Delta V \tag{5}$$

이 된다. 따라서 식 (3)과 (5)로부터

$$q_p = \Delta H \tag{6}$$

가 된다.

식 (6)에서 보여 준 바와 같이 일정 압력 조건에서 발생하는 계의 엔탈피 변화(ΔH)는 열의 형태로 나타나는 에너지 변화이다. 이 실험에서, 상압의 일정한 압력 조건에서 반응열의 흐름을 열량계를 사용하여 측정하는 방법을 정압 열계량법이라 하며, 반응열의 흐름을 측정하여 ΔH를 구하게 된다. 반응 과정이 발열 과정이면, 열의 흐름은 온도 상승, 용액의 질량 및 열용량으로부터 구할 수 있다.

$$\text{열로 방출된 에너지}(\Delta H) = \text{비열용량} \times \text{용액의 질량} \times \text{상승 온도}$$

memo

열량계는 물리적 또는 화학적 변화 과정에서 흡수되거나 방출되는 열량을 측정하는 장치이다. 용도와 목적에 따라서 여러 가지의 열량계가 있겠지만 근본적으로 열량계는 다음의 요건을 갖추어야 한다.

① 열을 흡수할 물질
② 열의 출입을 기록할 수 있는 장치(온도계, 기록계 등)
③ 계를 주위로부터 격리할 수 있는 단열 장치

실험 준비물

- **실험 기구 :** 보온병 또는 두 개를 포갠 스티로폼 컵, 온도계(0~100℃, 눈금 0.1), 눈금 실린더(100 mL, 50 mL)
- **시약 :** 얼음물, 증류수, 0.4 M HCl, 2.0 M NaOH 수용액

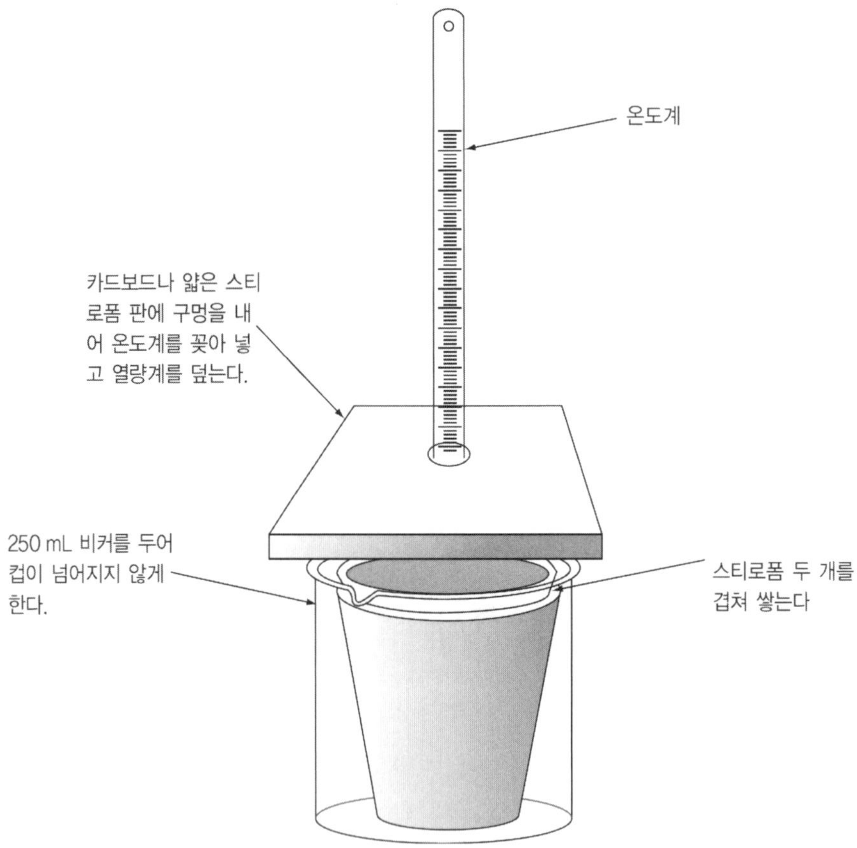

그림 5.1 스티로폼 열량계.

memo

실험 방법

1. 열량계의 열용량 결정

1) 그림 5.1과 같이 열량계를 설치한다. 열량계로는 단열이 잘되는 용기로서 작은 보온병이나 스티로폼 컵을 두 개 포갠 것 등을 사용한다. 용기에 100 mL(용기의 크기에 따라서 조절)의 증류수를 넣고 온도계를 끼운 뚜껑을 덮은 다음 일정한 온도에 도달했다고 생각하면 그 값(T_1^W)을 기록한다.

2) 적당히 냉각된 얼음물의 온도(T_1^{ice})를 잰 후 20 mL를 재빨리 취해서 증류수가 들어 있는 열량계에 쏟아 붓고 뚜껑을 덮은 뒤, 30~60초쯤 후에 전체 용액의 온도를 측정하여 기록하라(T_f). 1 g의 물의 온도를 1°C 변화시키는 데 4.18 J(1 cal)의 열량이 필요하므로, 우리가 사용한 간단한 열량계의 열용량을 다음 식에 의하여 구할 수 있다.

$$4.18 \times 20 \times (T_f - T_1^{ice}) = C'(T_1^W - T_f)$$

여기서 C'는 100 mL의 물을 포함한 용기의 열용량이다.

2. 중화 반응열

용기를 깨끗이 비운 뒤에 0.4 M HCl 100 mL를 넣고 온도를 측정하라. 한편으로는 2.0 M NaOH 용액 20 mL를 취해 온도를 측정한 후, 이것을 0.4 M HCl 100 mL가 들어 있는 열량계 용기에 재빨리 섞고 뚜껑을 덮은 뒤, 도달하는 최고 온도(T_2)를 측정하라.

주의 및 참고사항

뚜껑에 온도계를 먼저 꽂아 넣고, 온도계의 높이를 적당히 조절한 후에 뚜껑을 덮어야 보온병의 파손을 막을 수 있다.

실험 절차

실험 절차를 매우 간략하게 요약할 것.

memo

memo

관찰

각 실험 과정에서 관찰한 변화나 주요 사항을 메모할 것. 깨끗이 쓰는 것은 중요치 않음.

담당조교 확인:

실험 보고서 5.1

열계량

성명: ________ 학번: ________ 실험조: ________ 실험 일자: ________

실험 결과

01 열량계의 열용량 결정

측정	일차 실험	이차 실험
증류수의 부피(V_1, mL)		
증류수의 온도(T_1^{w}, °C)		
얼음물의 부피(V_2, mL)		
얼음물의 온도(T_1^{ice}, °C)		
최종 온도(T_f, °C)		
열량계의 열용량(C', J/°C)		

열량계의 열용량(평균, (C', J/°C)): ________

memo

memo

02 중화 반응열

측정	일차 실험	이차 실험
산의 종류		
산의 부피(mL)*1		
산의 온도(T_1, ℃)		
산의 농도(M)		
산의 화학량(mol)		
염기의 종류		
염기의 부피(mL)*2		
염기의 온도(T_1', ℃)		
염기의 농도(M)		
염기의 화학량(mol)		
최종 온도(T_2, ℃)		
몰당 중화열(J/mol)		

*1이 부피는 실험 1의 V_1과 동일한 부피여야 함.
*2이 부피는 실험 1의 V_2와 동일하여야 실험 오차를 줄일 수 있음.

주의 및 참고사항

열량계(컵과 물 V_1을 지닌 열량계)의 열변화와 염기에 의한 열변화를 모두 고려하여야 한다.

몰당 중화열(J/mol) 평균: ______________

• 이 실험에서 알짜 이온 반응식을 써라.

• 이 실험에서 사용한 산-염기 반응의 몰당 중화열의 문헌값은 얼마인가? 여러분이 이 실험으로 구한 값과 비교해 보고, 편차에 대해 설명하라.

제 6 장

화학 평형

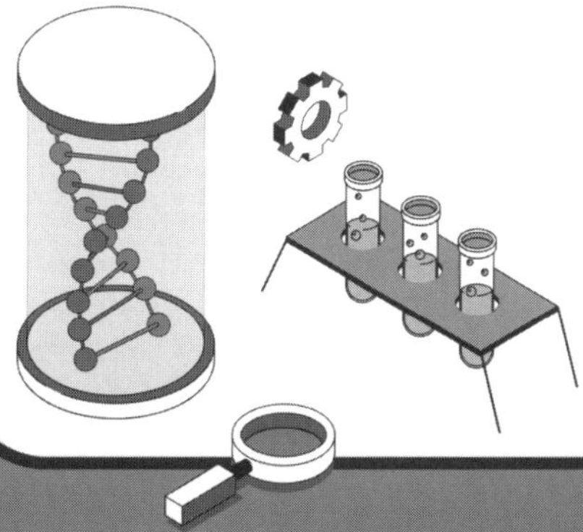

실험 6-1 화학 평형 상수 결정

실험 목적 및 개요

많은 반응들은 반응물들이 완전히 생성물로 전환되지 못하고, 그 일부와 생성물들과 혼합되어 더 이상의 화학 변화가 일어나지 않는 평형 상태에 도달된다. 이 실험에서는 평형에서 존재하는 화학종들의 농도를 측정하여 평형 상수를 결정한다.

원리

이 실험에서는 수용액에서의 다음 반응에 대한 평형 상수를 구하고자 한다.

$$I_2(aq) + I^-(aq) \rightleftarrows I_3^-(aq), \quad K = \frac{[I_3^-]_{aq}}{[I_2]_{aq}[I^-]_{aq}}$$

이때 평형에서 수용액에 존재하는 $I_2(aq)$, 아이오딘화 이온$\{I^-(aq)\}$, 삼아이오딘화 이온$\{I_3^-(aq)\}$의 농도를 알면 평형 상수 값을 구할 수 있다.

0.2 M의 KI 수용액 1 L에 0.025 mol의 I_2를 녹여서 I_3^- 이온을 포함하는 용액을 만들면 I_2, I^-, I_3^-들이 평형에 도달할 것이다. 우리가 이들 $I_2(aq)$, $I^-(aq)$, $I_3^-(aq)$의 농도를 각각 측정할 수 있다면 원하는 평형 상수를 구할 수 있다.

이들의 농도를 측정하기 위해서 용액 중 일부를 취해 산성 용액에서 다음의 산화-환원 반응을 이용하면

$$I_2 + 2S_2O_3^{2-} \rightarrow 2I^- + S_4O_6^{2-}$$
$$I_3^- + 2S_2O_3^{2-} \rightarrow 3I^- + S_4O_6^{2-}$$

용액 중의 총 아이오딘의 농도는 구할 수가 있으나, 이 방법으로는 I_2와 I_3^-의 농도를 각각 구하기가 쉽지 않다. 따라서 다음과 같은 방법으로 평형 상수를 결정한다.

I_2, I^-, I_3^-가 들어 있는 수용액에 사염화 탄소(CCl_4)를 가하여 흔들어 주고 잠시 방치하면, 수용액층과 사염화 탄소층으로 분리된다. 이때 수용액 중에 용해되어 있는 I_2 중 일부가 사염화 탄소상으로 용해되면서, 수용액상의 I_3^-는 일부가 I_2와 I^-로 다시 분해되어 새로운 평형이 형성된다. 이때 두 가지 반응에 대한 평형을 생각해 볼 수 있다.

첫 번째 평형은 위에서 언급한 바와 같이 수용액상에서 일어나는 $I_2(aq)$, $I^-(aq)$, $I_3^-(aq)$ 사이의 평형으로, 이 평형은 위에서 말한 평형 상수 K로 표시할 수 있다.

두 번째 평형은 I_2의 수용액과 CCl_4상에 대한 용해 반응(분배 반응)에 대한 것으로, 그 반응은 다음과 같이 표시할 수 있다.

$$I_2(aq) \rightleftarrows I_2(CCl_4), \quad K' = \frac{[I_2]_{CCl_4}}{[I_2]_{aq}}$$

두 번째 반응에 대한 평형 상수 K'는 수용액상과 CCl_4 용액상으로 된 계에 I_2를 가하여 평형

memo

에 도달되었을 때, CCl_4 용액상의 I_2 농도와 수용액층의 I_2 농도를 측정하고 그 비를 구하여 정할 수 있으며, 특정 온도에서 이 값은 일정하다. 실험으로 구할 수 있으나 우리는 문헌값을 사용하기로 한다. 25°C에서 그 값은 다음과 같다.

$$\frac{[I_2]_{CCl_4}}{[I_2]_{aq}} = 85$$

CCl_4 용액 중의 I_2의 양인 $[I_2]_{CCl_4}$와 수용액 중의 전체 아이오딘 종의 총농도인 $[I_2]_{aq} + [I_3^-]_{aq}$은 산성 용액에서 $Na_2S_2O_3$ 용액으로 적정하여 구할 수 있다. 또한 처음 0.2 M KI 용액에 I_2를 가하여 수용액을 만들었으므로 수용액 중의 전체 아이오딘화 이온의 농도 $[I_2]_{aq} + [I_3^-]_{aq} = 0.2$이다.

지금까지의 관계들로부터 수용액에서의 I_2, I^-, I_3^-의 농도를 구할 수 있기 때문에 평형상수 K를 구할 수 있다.

실험 준비물

- **실험 기구 :** 뷰렛(50 mL), 피펫(20 mL), 피펫(10 mL), 삼각 플라스크(100 mL, 2개), 눈금 실린더(10 mL, 2개), 분별 깔때기(100 mL), 고무 충전구.
- **시약 :** CCl_4, 0.1 M HCl, 0.01 M $Na_2S_2O_3$, 0.1 M KI, 0.025 M KI_3 용액(0.2 M KI 수용액 1 L당 0.025 mol의 I_2를 녹여 만듦)

실험 방법

1) 100 mL 분별 깔때기에 0.025 M KI_3 용액 20 mL와 CCl_4 10 mL를 가하여 마개를 닫고, 2~3분 동안 흔들어 준 후 잠시 방치하면 두 층으로 분리된다. 마개를 열고 코크를 열어 10 mL 눈금 실린더에 CCl_4 4 mL를 받고, 또 다른 10 mL 눈금 실린더에 위층의 수용액 8 mL를 취하여 두 개의 삼각 플라스크에 각각 넣은 후, 아래층(CCl_4 용액상)의 용액은 0.01 M $Na_2S_2O_3$ 용액으로 아이오딘의 엷은 붉은색이 없어질 때까지 적정하여, 소비된 $Na_2S_2O_3$ 용액의 부피를 기록한다. 사염화 탄소의 경우 반응이 아주 느리게 진행되므로 적정하는 동안 용액을 계속 흔들어주어야 한다.
2) 수용액이 들어 있는 삼각 플라스크에는 0.1 M KI 5 mL와 0.1 M HCl 1 mL를 가한 후 적정한다. KI를 넣는 이유는 I_2를 I_3^-로 바꾸어 주기 위함이고, HCl을 넣는 이유는 용액을 산성으로 만들어 주어 염기성 용액 중에서 일어나는 다음과 같은 불균등화 반응

$$3I_2 + 6OH^- \rightarrow 5I^- + IO_3^- + 3H_2O$$

을 방지하기 위함이다. 위와 마찬가지로 용액의 색이 없어질 때까지 적정하여 소비된 $Na_2S_2O_3$ 용액의 부피를 기록한다.

주의 및 참고사항

실험 중 발생될 수 있는 CCl_4 증기는 위험하므로 들이마시지 말 것.

폐기물 처리

폐기물 수집병에 일괄 수집하여 폐기 처리한다.

memo

실험 절차

실험 절차를 매우 간략하게 요약할 것.

memo

관찰

각 실험 과정에서 관찰한 변화나 주요 사항을 메모할 것. 깨끗이 쓰는 것은 중요치 않음.

담당조교 확인:

실험 보고서 6.1

화학 평형 상수 결정

성명: ____________ 학번: ____________ 실험조: ____________ 실험 일자: ____________

실험 결과

	실험 1	실험 2
$Na_2S_2O_3$ 표준 용액의 농도	____________	____________
취한 CCl_4 용액층 시료의 부피	____________	____________
CCl_4층의 시료를 적정하는 데 소비된 0.01 M $Na_2S_2O_3$의 부피	____________	____________
아래층(CCl_4)의 I_2 농도 $[I_2]_{CCl_4}$	____________	____________
수용액층에서의 $[I_2]_{aq}$	____________	____________
취한 수용액층 시료의 부피	____________	____________
수용액층 시료를 적정하는 데 소비된 0.01 M $Na_2S_2O_3$의 부피	____________	____________
수용액 중의 총 아이오딘의 농도 $[I_2]_{aq} + [I_3^-]_{aq}$	____________	____________
수용액 중 I_3^- 의 농도 $[I_3^-]_{aq}$	____________	____________
수용액 중 I^- 의 농도 $[I^-]_{aq} + [I_3^-]_{aq}$	____________	____________
계산된 K 값	____________	____________

memo

memo

01 I_2의 농도가 2×10^{-3} M인 수용액이었다. 25°C에서 이 용액 0.1 L를 0.05 L의 CCl_4로 추출했을 때, 수용액 중에는 몇 %의 I_2가 남아 있는가?

02 25°C에서 실험에서 구한 K 값이 1보다 큰지 또는 작은지 말하라. K 값이 1보다 크다는 것은 무엇을 뜻하는가?

03 이 실험에서 아래층(CCl_4)에는 $I^-(aq)$, $I_3^-(aq)$가 없다고 가정하였다. 이 가정의 합리성을 논하라.

실험 6-2 산-염기 적정

실험 목적 및 개요

산과 염기가 반응하면 정량적으로 중화되어 염과 물이 생성된다. 몇 가지 산 용액에 농도를 알고 있는 염기 용액을 가하여, 가한 염기의 부피에 따른 pH를 측정하여 산-염기의 평형을 관찰하고, 또한 미지의 산의 농도와 pK_a값을 구한다.

원리

산이나 염기의 농도를 측정하기 위하여 대개 산-염기 중화 반응을 이용한다. 예를 들어, 염산과 수산화 소듐이 반응하면

$$\begin{array}{r} HCl + H_2O \rightarrow H_3O^+ + Cl^- \\ NaOH \rightarrow Na^+ + OH^- \\ \hline HCl + NaOH \rightarrow H_2O + Na^+ + Cl^- \end{array}$$

이 반응에서 NaCl은 염으로서 수용액 중에서는 Na^+와 Cl^- 이온으로 있기 때문에 산-염기 중화 반응의 알짜식은 다음과 같다.

$$H^+(aq) + OH^-(aq) \rightarrow H_2O(l)$$

중화 반응의 당량점에서는 첨가된 염기의 화학량은 원래 존재하는 산의 화학량과 같으므로 다음 식이 성립한다.

$$NV = N'V'$$

여기서 N과 V는 산의 농도와 부피이며, N'과 V'는 농도가 N인 산 V mL를 중화하는 데 소비된 염기의 농도와 부피이다.

위의 반응은 산(및 적정하려는 염기)이 완전히 해리하여 수소 이온과 수산화 이온이 될 때 중화 반응이 화학량론적으로 일어나게 되고, 미지의 산의 화학량을 정확히 결정할 수 있다.

수용액에서의 산과 염기의 반응은 근본적으로 다음의 두 반응에 대한 화학 평형이다.

$$2H_2O \rightleftarrows H_3O^+ + OH^- \qquad K_W = [H_3O^+][OH^-]$$

$$HA + H_2O \rightleftarrows H_3O^+ + A^- \qquad K_a = \frac{[H_3O^+][A^-]}{[HA]}$$

첫 번째의 물에 관한 평형식은 그 평형 상수(25℃에서 물의 자동 이온화 상수 $K_W = 10^{-14}$)가 매우 작아 산이나 염기를 주는 다른 물질이 있을 때 물 자체에서 내는 H_3O^+와 OH^-의 농도는 거의 무시할 수 있다.

memo

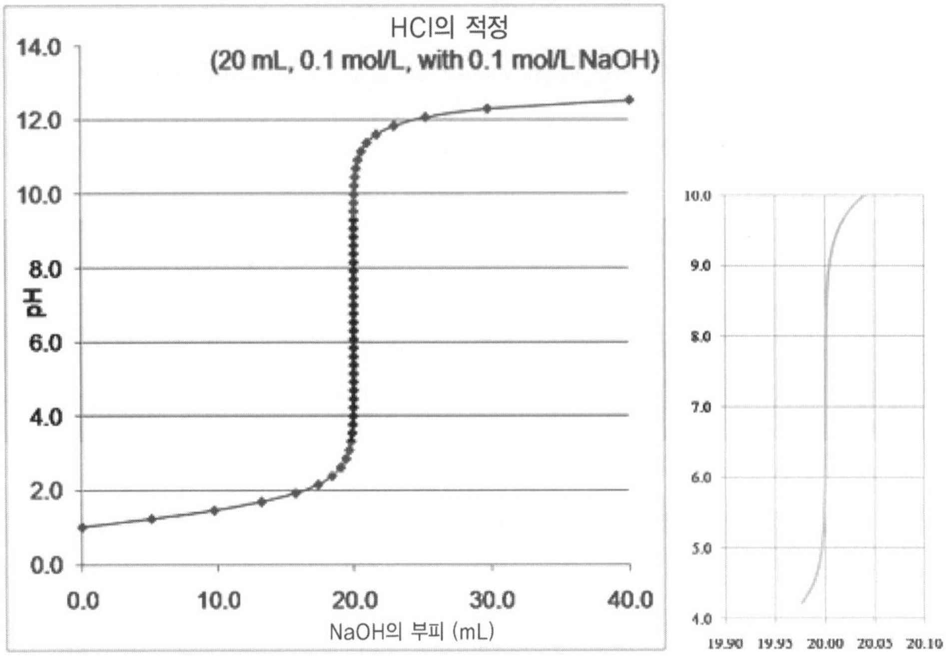

그림 6.1 강산을 강염기 용액으로 적정할 때 용액의 pH. (A) 0.1 M 농도의 HCl 20 mL를 0.1 M NaOH 용액으로 적정할 때 NaOH 용액의 부피에 따른 pH를 이론적으로 계산한 그림. (B) 당량점 근처를 확대한 그림(x-축의 한 눈금은 0.05 mL로 더 세밀하게 되어 있음을 유의하라).

두 번째인 산의 평형에서 강산의 경우 산 해리 상수 K_a가 매우 커서 실질적으로 모든 산은 물속에서 해리되어 이온화된다. 예를 들어 1 M 염산 수용액 경우 용액의 pH는 0이 된다. 따라서 강산 용액에 강염기 용액을 추가할 경우 추가된 OH^- 이온은 산의 H^+ 이온을 중화시키기 때문에 용액의 pH는 남은 H^+나 OH^- 이온에 의해 결정된다. 강산을 강염기 용액으로 적정할 경우의 용액의 pH는 당량점 근처에서 매우 작은 오차로 쉽게 결정할 수 있다.

반면에 약산의 경우 산 평형 상수 K_a가 매우 작아서 대부분의 산이 해리되지 않기 때문에 용액의 pH는 단순하지 않다. 예를 들어 1 M의 아세트산 수용액 경우 약 0.4%만이 해리하기 때문에 용액에서 수소 이온의 농도는 산의 농도보다 더 낮아 pH는 0보다 더 높다. 또한 당량점에서 용액의 pH는 중성이 아님을 그림에서 살펴보라. 더 자세한 산-염기 평형은 일반 화학 교재를 살펴보면 알 수 있다.

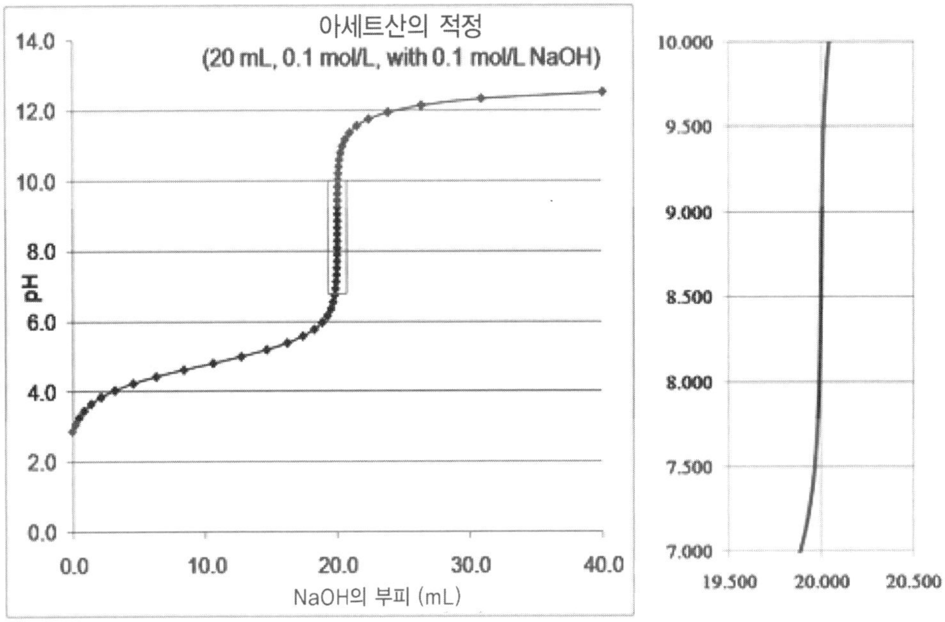

그림 6.2 약산을 강염기 용액으로 적정할 때 용액의 pH. (A) 0.1 M 농도의 아세트산 20 mL를 0.1 M NaOH 용액으로 적정할 때 NaOH 용액의 부피에 따른 pH를 이론적으로 계산한 그림. (B) 당량점 근처를 확대한 그림(A의 네모 부분을 확대한 것이다).

당량점을 알아낼 수 있는 방법으로, 당량점 근처에서 색이 변하는 지시약을 첨가해 지시약의 변색점, 즉 종말점을 측정하거나 또는 적정에 소비된 염기의 부피에 대한 pH의 그래프, 즉 적정 곡선을 만들어 확인할 수 있다.

실험 준비물

- **실험 기구 :** 비커(100 mL), 비커(50 mL), 삼각 플라스크(100 mL), 뷰렛(50 mL), 자석 젓개 막대, pH 미터, 자석 교반기.
- **시약 :** 0.1 M NaOH 표준 용액, 미지 농도의 염산 용액, 상용 식초 용액, 메틸 오렌지 지시약, 페놀프탈레인 지시약.

실험 방법

1. pH 미터의 보정(pH 미터의 종류에 따라 다를 수 있음)

pH 미터는 다음과 같이 관리할 때 가장 좋은 결과를 얻을 수 있다.

1) 준비 작업

① 전원을 켠다.

② 전극과 온도 측정용 load를 미터에 연결한다.

③ 보정에 필요한 용액(buffer)을 준비한다.

memo

memo

2) 자동 보정

① pH Ready 상태에서 [Cal] 키를 누른 후, 증류수로 세척한 전극을 물기를 제거한 후 pH 4 Buffer 용액에 넣는다.

② 용액을 잘 혼합하면서 [Measure] 키를 누른다.

③ 화면 상단에 [MEAS]가 표시되고 보정 용액의 pH가 화면에 나타난다.

④ 측정되는 pH 값이 안정되면 화면의 좌측에 [s]라는 글자가 표시된다.

⑤ 상하 조작 키(▲▼)를 이용하여 보정 용액의 정확한 pH로 맞춘다.

⑥ 다시 [Cal] 키를 누르면 화면 상단에 [CAL 1 OK]라는 메시지가 표시되고, 이는 pH 4에 대한 보정이 끝났다는 것이다.

⑦ CAL 2(pH 7)에서 CAL 3(pH 10)까지의 보정 방법은 CAL 1과 같다.

⑧ 보정이 모두 끝나면 pH 초기 화면으로 자동 전환된다.

3) 관리 : pH 미터를 사용한 다음 pH 4.0 완충 용액이 들어 있는 용기에 넣고 마개를 꼭 닫아 보관한다.

2. 강산과 강염기의 적정

1) 미지 농도의 HCl 용액 20 mL를 비커에 넣고, 몇 방울의 메틸 오렌지 지시약을 용액 중에 넣는다. pH 미터의 전극을 용액 중에 넣는다. 자석 교반바도 같이 넣는다. 이때 pH 미터의 전극이 자석 교반바에 닿지 않도록 특별히 조심해야 한다. 뷰렛에는 0.1 M NaOH를 넣고 코크를 열어 뷰렛의 눈금을 0의 위치에 맞춘다. NaOH 용액을 1 mL씩 가하면서 pH를 측정하고 용액의 색을 관찰한다.

2) pH 변화가 급격해지면(지시약의 변색 범위에 가까워질수록), NaOH 용액을 한 방울씩 가하면서 pH를 측정하고 용액의 색을 관찰한다.

3. 약산과 강염기의 적정

식초의 신맛을 내는 것은 약산인 아세트산이다. 상용 식초에 들어 있는 아세트산의 농도를 구하기 위해 식초 용액에 대해서도 B의 실험을 실시하라(단, 지시약은 페놀프탈레인 지시약을 사용).

주의 및 참고사항

pH 미터의 전극이 파손되지 않도록 특별히 조심해야 한다.

폐기물 처리
적정이 완료된 후 용액은 희석시킨 후 싱크에 버린다.

memo

실험 절차

실험 절차를 매우 간략하게 요약할 것.

memo

관찰

각 실험 과정에서 관찰한 변화나 주요 사항을 메모할 것. 깨끗이 쓰는 것은 중요치 않음.

담당조교 확인:

실험 보고서 6.2

산–염기 적정

성명: ________ 학번: ________ 실험조: ________ 실험 일자: ________

실험 결과

사용한 pH 미터의 관리 번호: ____________________

01 실험 2와 3에서 얻은 결과로 가해 준 NaOH의 용액의 부피에 대한 pH의 적정 곡선을 그려라. 또한 용액의 색도 함께 표시하라.

1-1. HCl + NaOH 적정 곡선과 용액의 색

1-2. CH_3COOH + NaOH 적정 곡선과 용액의 색

memo

memo

02 HCl의 농도와 식초에서의 아세트산의 농도를 구하라.

03 강산인 HCl을 강염기인 NaOH로 적정했을 때와 약산인 CH_3COOH를 강염기인 NaOH로 적정했을 때, 종말점에서의 pH는 각각 얼마인가? 또 두 경우에 적정 곡선의 모양이 다른 이유는 무엇인가?

04 CH_3COOH의 이온화 상수(산해리 상수)를 구하라. 일반적으로 약산의 pK_a는 어떻게 구할 수 있을까?

05 산의 농도를 지시약의 종말점으로 구한 것과 pH 미터에 의한 방법(당량점)으로 구할 때의 오차를 계산하라.

실험 6-3 화학 전지

실험 목적 및 개요

전지는 전지 반응에서 동반되는 반응의 자유 에너지를 전기적인 에너지로 나타내는 것이다. 따라서 이와 같은 전지 반응에서도 가장 기본이 되는 원리는 반응의 자유 에너지이다. 반응에 대한 자유 에너지의 변화로 할 수 있는 최대의 전기적인 일은 다음과 같다.

$$-\Delta G = nFE;\quad -\Delta G^{\circ} = nFE^{\circ}$$

이 실험에서는 산화-환원 반응에 동반하는 전자의 흐름을 이용하여 만들어진 전지의 기본 원리를 이해하여, 전지의 전위차와 산화-환원력, 산화-환원 반응의 평형 상수 등과의 관계를 알아본다.

원리

산화-환원 반응(oxidation-reduction reaction)은 전자의 이동으로 일어난다. 즉, 어떤 원자가 전자를 잃어버리는 반응을 산화(oxidation)라 하고, 전자를 얻는 반응을 환원(reduction)이라 한다. 예를 들어, 금속 아연을 황산 구리 용액에 담그면 아연이 녹아 아연 이온으로 산화되고, 구리 이온은 환원되어 금속 아연 표면에 금속 구리가 석출된다.

$$\mathrm{Zn} + \mathrm{Cu}^{2+} \rightarrow \mathrm{Cu} + \mathrm{Zn}^{2+}$$

이 반응은 다음과 같이 두 반쪽 반응으로 나타낼 수 있다.

$$\mathrm{Zn} \rightarrow \mathrm{Zn}^{2+} + 2e^{-}$$
$$\mathrm{Cu}^{2+} + 2e^{-} \rightarrow \mathrm{Cu}$$

이와 같이 산화-환원 반응은 전자를 내어주는 환원제(reducing agent)와 전자를 받아들이는 산화제(oxidizing agent) 쌍의 작용으로 일어나며, 이때 잃고 얻은 전자의 수는 같다. 산화-환원 반응의 당량은 산-염기 중화 반응의 당량과는 달리 이동된 전자수를 고려해야 한다. 즉, 화학식량을 반응에 관계한 전자의 몰수로 나누어 준 값이 당량이 된다.

산화-환원 반응의 척도는 전위차인데, 전위차는 표준 수소 반쪽 전지를 기준으로 하여 측정한다.

표준 수소 반쪽 전지는 수소 이온 농도가 1.0M인 용액에 담근 백금 전극 위에 1기압의 수소를 접촉시켜서 만든 것이다.

$$2\mathrm{H}^{+}(1.0\ \mathrm{M}) + 2e^{-} \leftrightharpoons \mathrm{H}_2(1\text{기압}) \qquad E^{\circ} = 0.00\ \mathrm{Volt}$$

이 반쪽 전지를 표준 수소 전극(standard hydrogen electrode)이라 하고, 이때의 표준 전위(standard potential)를 0.00 Volt로 정하였다. 다른 반쪽 전지의 전위는 이 표준 수소 전극과의 전위차를 측정하여 구한다. 이때 전위차는 환원 전위차로 표시한다.

memo

$$aA + bB + ne^- \rightarrow cC + dD$$

한 반쪽 전지에서 전위와 농도의 관계를 식으로 표시하면 다음과 같다.

$$\Delta E = E^\circ - \frac{RT}{nF}\ln\frac{[C]^c[D]^d}{[A]^a[B]^b}$$

이 식을 네른스트(Nernst) 방정식이라고 한다. 여기에서 R은 기체 상수, T는 절대 온도, F는 패러데이(Faraday) 상수, n은 이동된 전자의 몰수, E°는 이온의 농도가 1.0 M일 때의 전위인데, 이 전위를 표준 환원 전위라고 한다. 298 K에서 2.303 RT/F는 0.05916 Volt이므로 위의 식은 다음과 같이 된다.

$$\Delta E = E^\circ - \frac{0.05916}{n}\log\frac{[C]^c[D]^d}{[A]^a[B]^b}$$

산화-환원 반응계를 물리적으로 분리시키고, 이동되는 전자를 외부 도선으로 끌어낼 수 있다. 이와 같이 만든 것이 전지이다. 전지는 두 반쪽 전지로 구성되며, 한쪽 반쪽 전지는 산화제, 다른 반쪽 전지는 환원제의 구실을 한다. 이들 반쪽 전지는 각각 그 성분의 산화된 형태와 환원된 형태의 접촉으로 이루어진다. 위의 예에서 아연 반쪽 전지는 아연 이온과 금속 아연으로, 구리 반쪽 전지는 구리 이온과 금속 구리의 접촉으로 구성되어 있다.

아연 이온과 구리 이온은 염다리(salt bridge) 또는 다공성 칸막이로 연결시키고, 금속 아연과 금속 구리를 도선으로 연결시키면, 전자는 도선을 통하여 흐르게 된다. 위의 아연 반쪽 전지에서와 같이 전극에서 산화 반응이 일어나는 전극을 산화 전극(anode, 또는 양극)이라 하고, 구리 반쪽 전지에서와 같이 환원 반응이 일어나는 전극을 환원 전극(cathode, 또는 음극)이라고 하며, 두 반쪽 전지 반응은 다음과 같이 나타낼 수 있다.

$$\text{산화 전극} : Zn \rightarrow Zn^{2+} + 2e^-$$

$$\text{환원 전극} : Cu^{2+} + 2e^- \rightarrow Cu$$

전지의 전압은 두 극의 각각의 반쪽 전지가 나타내는 전위차이다.

$$\Delta E_{cell} = E_{cathode} - E_{anode}$$

다음과 같은 일반적인 산화-환원 반응을 생각해 보자.

$$a\,\text{산화제}_1 + b\,\text{환원제}_2 \rightleftarrows a\,\text{환원제}_1 + b\,\text{산화제}_2$$

이 반응은 다음의 두 반쪽 전지로 나타낼 수 있다. 즉,

$$a\,\text{산화제}_1 + ne^- \rightarrow a\,\text{환원제}_1\ ;\ E_1^\circ$$

$$E_1 = E_1^\circ - \frac{0.05916}{n}\log\frac{[\text{환원제}_1]^b}{[\text{산화제}_1]^b}$$

$$b\,\text{산화제}_2 + ne^- \rightarrow b\,\text{환원제}_2\ ;\ E_2^\circ$$

$$E_2 = E_2^\circ - \frac{0.05916}{n}\log\frac{[\text{환원제}_2]^b}{[\text{산화제}_2]^b}$$

이 산화-환원 반응이 평형에 도달하면 $E_1 = E_2$로 되는데, 이것을 네른스트 방정식으로 나타내고 정리하면 다음과 같다.

$$E_1^\circ - E_2^\circ = \frac{0.05916}{n}\log\frac{[환원제_1]^a[산화제_2]^b}{[산화제_1]^a[환원제_2]^b}$$

$$\frac{n(E_1^\circ - E_2^\circ)}{0.05916} = \log K_{eq}$$

여기서

$$K_{eq} = \frac{[환원제_1]^a[산화제_2]^b}{[산화제_1]^a[환원제_2]^b}$$

이 K_{eq}는 위 반응의 평형 상수이다. 이와 같이 두 반쪽 전지의 표준 환원 전위의 값으로부터 평형 상수를 구할 수 있다.

실험 준비물

- **실험 기구 :** 아연판, 구리판(각각 1 × 5 cm), 염다리, 직류 전압계(0.01 Volt 단위), 사포, 비커(50 mL, 3개), 유리 막대
- **시약 :** 0.1 M $Zn(NO_3)_2$ 용액, 0.1 M $Cu(NO_3)_2$ 용액, 0.01 M $Zn(NO_3)_2$ 용액, 0.001 M $Zn(NO_3)_2$ 용액, 진한 NH_3(28~30%)

실험 방법

1) 아연판, 구리판 표면에 묻어 있는 녹 또는 기름기를 사포로 문질러 닦아서 깨끗한 금속면이 나타나도록 한다.
2) 두 금속의 질산염 0.1 M 용액 20 mL씩을 취하여 두 개의 50 mL 비커에 넣고 두 금속을 차례로 담구어 화학 반응이 일어나는가를 살펴보고, 두 가지 조합 실험에서 각각의 산화제 또는 환원제 세기의 순서를 결정한다(이 용액을 버리지 않고 다음 3번 과정을 진행한다).
3) ① 0.1 M 질산 아연 및 0.1 M 질산 구리 용액 20 mL씩을 취하여 두 개의 50 mL 비커에 각각 넣고 그림 6.3과 같이 장치한 다음, 이 전지의 전압을 측정한다.
   ② 또, 전압을 측정할 때 전류가 흐르는 방향을 살펴보아 산화 전극과 환원 전극을 가려낸다.
   ③ 교과서에 있는 각 반쪽 전지의 표준 환원 전위값으로부터 얻어지는 전압의 계산값과 비교하여 오차(%)를 구하여 기록한다.
4) 실험 방법 3)에서 아연과 구리를 조합하여 만든 전지의 질산 구리 용액에 진한 암모니아수 2 mL를 가하여 잘 섞은 뒤 전압을 측정하고, 다시 질산 아연 용액에도 진한 암모니아수 2 mL를 가하고 전압을 측정하여, 전압의 변화가 있으면 측정값과 그 이유를 기록한다.
5) 농도차 전지: 0.1 M, 0.01 M, 0.001 M 질산 아연 용액을 가지고 다음과 같은 두 개의 전지를 만들어 각각의 전압을 측정하고, 그 결과를 보고서에 기록한다.

memo

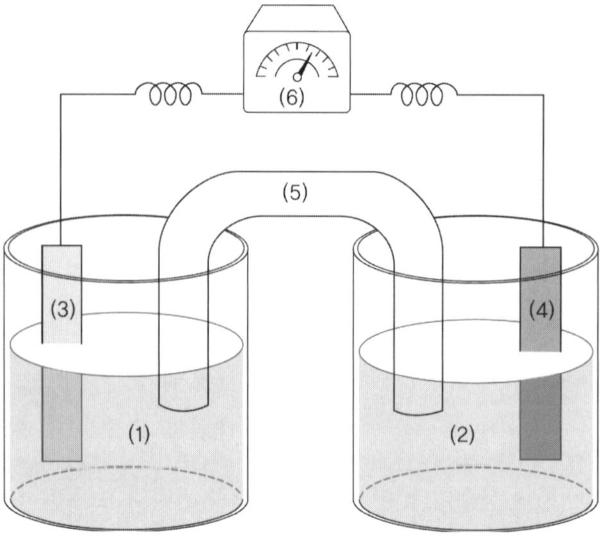

그림 6.3 구리-아연 전지. (1) $Zn(NO_3)_2$ 용액, (2) $Cu(NO_3)_2$ 용액, (3) 아연 전극, (4) 구리 전극, (5) 염다리, (6) 전압계.

i) $Zn \mid 0.01\ M - Zn(NO_3)_2 \parallel 0.1\ M - Zn(NO_3)_2 \mid Zn$

ii) $Zn \mid 0.001\ M - Zn(NO_3)_2 \parallel 0.1\ M - Zn(NO_3)_2 \mid Zn$

위에서 양끝의 금속은 전극을, 하나의 수직선은 고체와 기체 또는 액체와 기체 따위와 같이 서로 다른 상의 접촉을 나타내고, 쌍수직선은 다공성 칸막이나 염다리와 같은 전해질 물질의 접촉제를 나타낸다. 이 전지들은 두 반쪽 전지의 금속과 용액이 같은 물질로 되어 있고, 다만 그 농도에만 차이가 있다. 이와 같은 전지를 농도차 전지라고 한다.

주의 및 참고사항

실험을 빨리 진행시키기 위해서는 염다리를 미리 만들어 두는 것이 좋다. 염다리는 4% agar(우뭇가사리) 수용액에 KCl 또는 KNO_3를 포화시키고(KCl의 경우 25℃에서 3.5 M), 이 용액을 U자형 유리관에 넣어 냉각시켜서 만든다.

memo

실험 절차

실험 절차를 매우 간략하게 요약할 것.

memo

관찰

각 실험 과정에서 관찰한 변화나 주요 사항을 메모할 것. 깨끗이 쓰는 것은 중요치 않음.

담당조교 확인:

실험 보고서 6.3

화학 전지

성명: ____________ 학번: ____________ 실험조: ____________ 실험 일자: ____________

실험 결과

01 두 가지 금속을 각각 다른 두 가지 금속 질산염 용액에 담갔을 때의 화학 반응의 유무를 ○, ×로 표시하라.

	1	2
조합	Cu – Zn^{2+}	Zn – Cu^{2+}
반응 유무		

02 다음 조합으로 된 전지에 대해 표를 작성하라.

조합 / 전압	Zn – Cu
측정값	
계산값	
오차	

03 암모니아수를 가했을 때의 전압의 변화

① 암모니아수의 농도 및 부피 ____________% ____________mL
② 질산 구리 용액에 가했을 때의 전지의 전압 ____________Volt
③ 질산 아연 용액에 가했을 때의 전지의 전압 ____________Volt

04 실험 1에서 반응이 일어났을 때 그 이온 반응식을 써라.

①
②
③

05 실험 1의 실험 결과에서 산화제와 환원제를 그 세기의 순서로 기록하라.

① 산화제
② 환원제

memo

memo

06 실험 2에서 만든 전지에 대해 산화 전극 및 환원 전극을 지적하고, 각 극에서 일어나는 화학 반응식을 써라.

	산화 전극	환원 전극	이온 반응식	
			산화 전극	환원 전극
Zn – Cu				

07 실험 3에서 일어나는 반응을 화학 반응식으로 쓰고, 전압이 변하는 이유를 설명하라.

① 질산 구리 용액에 암모니아수를 가했을 때

반응식: ______________________________

이 유: ______________________________

② 질산 아연 용액에 암모니아수를 가했을 때

반응식: ______________________________

이 유: ______________________________

08 $Zn^{2+} + Cu \rightarrow Cu^{2+} + Zn$의 전위차를 구하고, 반응이 자발적으로 일어나는지의 여부를 밝혀라.

09 Fe^{2+} 용액에 Ce^{4+} 이온을 첨가하여 당량점이 되는 때의 전위차가 1.11 V였다. 이때의 $[Fe^{3+}]/[Fe^{2+}]$의 값을 구하라.

$$Fe^{2+} + Ce^{4+} \rightleftarrows Fe^{3+} + Ce^{3+}$$

당량점에서 $[Fe^{2+}] = [Ce^{4+}]$

실험 6-4 화학 반응에서 평형 상수의 결정

실험 목적 및 개요

주어진 온도에서 화학 물질이 반응하면 반응 물질이 완전히 반응하지 않고, 어느 중간 상태에서 반응물과 생성물의 농도가 시간에 따라 변하지 않는 평형 상태에 도달하게 된다. 반응물의 농도를 여러 혼합비로 조절하여 용액을 만든 다음, 반응계가 평형에 도달하였을 때 생성물의 농도를 분광광도계(spectrophotometer) 및 혼합 용액의 색(color)을 이용하여 측정하고, 반응의 평형 상수(K_c)를 계산해 본다.

원리

화학 반응이 진행될 때, 반응은 일반적으로 정반응으로 완전하게 진행되기보다는 반응물과 생성물의 농도가 시간에 따른 변화가 없는 중간 상태에 이르게 되는데, 그러한 상태를 화학 평형(chemical equilibrium)이라고 한다. 반응 혼합물이 특정 온도에서 평형에 이르게 되면 반응은 반응물과 생성물의 농도로 표현된 화학 평형 법칙에 따르게 되고, 이러한 상태를 평형 상수 K_c로 표현할 수 있다.

이 실험에서는 철(III) 이온과 사이안화 이온 반응의 평형에 관하여 연구하고자 한다.

$$Fe^{3+}(aq) + SCN^-(aq) \rightleftarrows FeSCN^{2+}(aq) \quad (1)$$

Fe^{3+} 이온과 SCN^- 이온을 포함한 용액을 혼합하여 반응시켰을 때 반응 (1)은 진홍색(deep red color)의 $FeSCN^{2+}$의 착화합물 이온을 다소 형성시킨다. 그리고 이 반응이 평형을 이루었을 때 Fe^{3+}와 SCN^-의 몰수는 초기 혼합한 양보다 더 감소할 것이며, 평형 상수 K_c는 다음과 같이 나타낼 수 있다.

$$\frac{[FeSCN^{2+}]}{[Fe^{3+}][SCN^-]} = K_c \quad (2)$$

식 (2)에서 K_c 값은 온도에 따른 상수이며, [ ]는 몰농도를 나타낸다. 주어진 온도에서 K_c는 일정한 값을 가지므로 초기의 Fe^{3+}와 SCN^-의 양을 변화시키면 $FeSCN^{2+}$ 생성물의 농도가 변하게 된다. 따라서 이 실험의 목적은 각기 다른 혼합비로 섞은 반응계가 평형에 도달하였을 때의 평형 상수 K_c 값을 구하고, 그들의 K_c 값을 비교하여 일치 여부를 증명하는 것이다.

반응 혼합물의 초기 조성과 생성된 $FeSCN^{2+}$ 평형 농도를 알면 평형 상태에서 혼합물에 포함된 각 물질들의 농도를 계산할 수 있게 되고, 그것으로부터 K_c를 계산할 수 있다.

예를 들어, 2.00×10^{-3} M $Fe(NO_3)_3$ 용액 10.0 mL와 2.00×10^{-3} M KSCN 용액 10.0 mL의 혼합 용액을 준비해 보자. 이 용액은 반응 (1)에 의하여 다소 붉은색을 띠는 $FeSCN^{2+}$ 이온을 형성시킨다. $FeSCN^{2+}$ 이온의 색깔은 반응에서 평형 혼합물의 농도를 측정하는 데 결정

memo

적인 도움을 준다. 분광법을 이용하여(분석 방법은 뒤에서 설명함) 측정된 $FeSCN^{2+}$ 이온의 평형에서의 농도가 1.50×10^{-4} M이었다면 이 값으로부터 K_c를 구할 수 있다.

K_c를 계산하기 위해서는, 첫 번째로 반응 혼합물에 포함된 각 반응물의 초기 몰수를 알 필요가 있다. 그리고 두 번째로 평형 상태에서 생성물의 몰수를 측정한다. 세 번째로 평형 혼합물 중에 남아 있는 각 반응물의 몰수를 계산한다. 네 번째로 반응계의 각 화학종 농도를 결정한다. 그리고 마지막인 다섯 번째 단계에서 K_c를 계산한다. 각각의 과정에 대하여 정리하면 다음과 같다.

단계 1. 각 반응물의 초기 몰수 구하기

어떤 반응물 A의 몰농도를 [A]라고 표현하면,

$$[A] = \frac{\text{A의 몰수(moles)}}{\text{용액의 부피, } V(l)} \quad \text{또는} \quad \text{A의 몰수} = [A] \times V \qquad (3)$$

위의 식 (3)을 이용하면 Fe^{3+}와 SCN^-의 초기 몰수를 쉽게 구할 수 있다. 사용된 각각의 부피(V)가 10.0 mL이고, 농도가 $[Fe^{3+}] = 2.00 \times 10^{-3}$ M, $[SCN^-] = 2.00 \times 10^{-3}$ M이므로

$$\text{초기의 } Fe^{3+} : [Fe^{3+}] \times V = 2.00 \times 10^{-3}\ M \times 0.0100\ L = 20.0 \times 10^{-6}\ mol$$
$$\text{초기의 } SCN^- : [SCN^-] \times V = 2.00 \times 10^{-3}\ M \times 0.0100\ L = 20.0 \times 10^{-6}\ mol$$

단계 2. 반응 생성물의 몰수 구하기

평형에서 측정된 $FeSCN^{2+}$의 농도가 1.50×10^{-4} M이고, 반응 혼합물의 부피는 처음 두 반응물 부피의 합인 20.0 mL이다. 따라서 반응 생성물 $FeSCN^{2+}$의 몰수는

$$[FeSCN^{2+}] \times V = 1.50 \times 10^{-4}\ M \times 0.0200\ L = 3.00 \times 10^{-6}\ mol$$

이 반응에서 1 mol의 $FeSCN^{2+}$를 형성시키는 데 Fe^{3+}와 SCN^-가 각각 1 mol이 필요하기 때문에 실제 반응에서 $FeSCN^{2+}$를 형성시킨 Fe^{3+}와 SCN^-의 몰수는 각각 3.00×10^{-6} mol이다.

단계 3. 평형 상태에서 잔존하는 각 반응물의 몰수 구하기

반응물 Fe^{3+}와 SCN^-의 초기값이 각각 20.0×10^{-6} mol이다(단계 1에서 계산). 그리고 반응에 소모된 양은 각각 3.00×10^{-6} mol이다(단계 2에서 계산). 평형 상태에 잔존하는 반응물의 몰수는 초기 반응물의 몰수에서 반응에 의하여 소모된 양을 빼 준 것과 같다. 따라서 평형 상태에서의 반응물의 몰수는 다음과 같다.

$$Fe^{3+}\text{의 몰수} = 20.0 \times 10^{-6}\ mol - 3.00 \times 10^{-6}\ mol = 17.0 \times 10^{-6}\ mol$$
$$SCN^-\text{의 몰수} = 20.0 \times 10^{-6}\ mol - 3.00 \times 10^{-6}\ mol = 17.0 \times 10^{-6}\ mol$$

단계 4. 평형 상태에서 각 화학종의 농도 구하기

$FeSCN^{2+}$의 농도, $[FeSCN^{2+}] = 1.50 \times 10^{-4}$ M는 실험으로부터 직접 측정된다. 평형 상태에서의 Fe^{3+}와 SCN^-의 농도는 식 (3)에 의하여 결정된다. 평형 상태에서 혼합 용액의 부피가 20.0 mL이므로

memo

$$[Fe^{3+}] = \frac{Fe^{3+}\text{의 몰수}}{\text{혼합 용액의 부피}} = \frac{17.0 \times 10^{-4}\ \text{moles}}{0.0200\ \text{L}} = 8.5 \times 10^{-4}\ \text{M}$$

$$[SCN^{-}] = \frac{SCN^{-}\text{의 몰수}}{\text{혼합 용액의 부피}} = \frac{17.0 \times 10^{-4}\ \text{moles}}{0.0200\ \text{L}} = 8.5 \times 10^{-4}\ \text{M}$$

단계 5. 반응 평형 상수 K_c 구하기

평형에서의 반응물과 생성물의 농도가 계산되었으므로 식 (2)를 이용하여 평형 상수 K_c를 결정할 수가 있다.

$$K_c = \frac{[FeSCN^{2+}]}{[Fe^{3+}][SCN^{-}]} = \frac{1.50 \times 10^{-4}\ \text{M}}{(8.5 \times 10^{-4})(8.5 \times 10^{-4})} = 208$$

이 실험에서는 위의 예에서 보여 주었던 과정들을 반복함으로써 여러 가지 반응 혼합물의 평형 상수(K_c)를 계산할 수가 있다.

실험 준비물

- **실험 기구 :** 분광광도계, 분광광도계 측정용 관(cell), 시험관, 마이크로 피펫(5 mL), 비커(100 mL)
- **시약 :** $Fe(NO_3)_3$ 용액, KSCN 용액, 증류수, 1 M HNO_3 용액

실험 방법

1) 시험관에 1~5번까지 번호를 표시한다.
2) 1.00×10^{-3} M $Fe(NO_3)_3$ 용액(1 M HNO_3 용액에 녹였음)을 다섯 개의 시험관 각각에 5.0 mL씩 피펫으로 취한다.
3) 1.00×10^{-3} M KSCN 용액을 피펫을 이용하여 위의 다섯 개의 시험관에 각각 1, 2, 3, 4, 5 mL씩을 넣는다.
4) 증류수를 가하여 각각의 시험관의 전체 부피가 10.0 mL가 되도록 한다. 각각의 시험관에 넣어 준 반응물의 부피를 표 6.1에 요약하였다.
5) 새로운 시험관에 0.1 M $Fe(NO_3)_3$ 용액 5 mL와 1.00×10^{-3} M KSCN 용액 5 mL를 취하여 표준 용액을 만든다.

표 6.1 반응물의 부피

	시험관 번호				
	1	2	3	4	5
$Fe(NO_3)_3$ 용액(mL)	5.0	5.0	5.0	5.0	5.0
KSCN 용액(mL)	1.0	2.0	3.0	4.0	5.0
증류수(mL)	4.0	3.0	2.0	1.0	0.0

memo

생성물 분석법; 분광광도법(spectrophotometry)을 이용한 분석

① 먼저 분광광도계(spectrophotometer)를 증류수로 보정한다.

② 준비한 시험관 1의 시료를 측정용 관(cell)에 붓는다.

③ 447 nm 파장에서 시험관 1~5 용액의 흡광도를 측정한다.

④ 같은 방법으로 표준 용액의 흡광도를 측정한다.

⑤ 검정 곡선(calibration curve)이나 농도와 흡광도의 관계에 대한 방정식을 이용하여 $FeSCN^{2+}$의 농도를 계산한다.

제목

memo

실험 절차

실험 절차를 매우 간략하게 요약할 것.

memo

관찰

각 실험 과정에서 관찰한 변화나 주요 사항을 메모할 것. 깨끗이 쓰는 것은 중요치 않음.

담당조교 확인:

memo

실험 보고서 6.4

화학 반응에서 평형 상수의 결정

성명: ____________ 학번: ____________ 실험조: ____________ 실험 일자: ____________

실험 결과

01 1) 평형에서 $FeSCN^{2+}$의 농도 측정

혼합물	2.00×10^{-3} M $Fe(NO_3)_3$ 부피(mL)	2.00×10^{-3} M KSCN 부피(mL)	H_2O 부피(mL)	흡광도	$[FeSCN^{2+}]$
1	5.0	1.0	4.0	______	______ $\times 10^{-4}$ M
2	5.0	2.0	3.0	______	______ $\times 10^{-4}$ M
3	5.0	3.0	2.0	______	______ $\times 10^{-4}$ M
4	5.0	4.0	1.0	______	______ $\times 10^{-4}$ M
5	5.0	5.0	0.0	______	______ $\times 10^{-4}$ M
6	표준 용액(standard solution)			______	______ $\times 10^{-4}$ M

2) 평형에서의 반응물과 생성물의 농도 계산하기: 이론에서 보인 예(단계 1~단계 5)를 참고하여 계산해 본다.

혼합물	반응 초기의 몰수		평형에서의 몰수			평형에서의 농도			K_c
	Fe^{3+} $\times 10^{-6}$	SCN^- $\times 10^{-6}$	Fe^{3+} $\times 10^{-6}$	SCN^- $\times 10^{-6}$	$FeSCN^{2+}$ $\times 10^{-6}$	$[Fe^{3+}]$ $\times 10^{-4}$	$[SCN^-]$ $\times 10^{-6}$	$[FeSCN^{2+}]$ $\times 10^{-4}$	
1									
2									
3									
4									
5									

memo

02 이 실험에서 구한 K값이 1보다 큰지 또는 작은지를 말하라. K값이 1보다 크다는 것은 무엇을 의미하는가?

03 반응 온도가 올라가면 평형 상수 K값은 어떻게 될까?

제 7 장

화학 반응 속도론

실험 7-1

슈크로스의 반전 반응 속도 측정

실험 목적 및 개요

화학 반응 속도를 의미있는 수준에서 정량적으로 연구한 것은 1850년에 빌헬미(Ludwig Ferdinand Wilhelmy, 1812~1864)에 의해서이다. 그는 편광계(polarimeter)를 사용하여 산성 용액에서 슈크로스(sucrose)의 반전 반응을 연구하였다. 슈크로스의 농도 c가 시간 t에 대하여 감소하는 속도는 슈크로스의 속도에 비례한다. 이 연구로 인하여 빌헬미는 반응 속도론의 선구자라고 일컬어지고 있다.

$$(C_6H_{11}O_5)_2O + H_2O \xrightarrow{[H_3O^+]} C_6H_{11}O_5OH + C_6H_{11}O_5OH$$

(+)-슈크로스 $[\alpha]_D^{20} = +66.5°$

(+)-글루코스 $[\alpha]_D^{20} = +52°$

(-)-프럭토스 $[\alpha]_D^{20} = -92°$

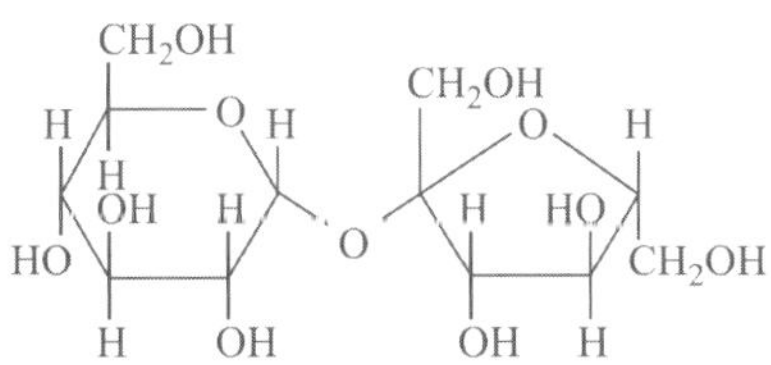

반전당 $[\alpha]_D^{20} = -20°$

그림 7.1 슈크로스의 가수분해 반응.

이 실험에서는 일차 반응 속도의 현상을 편광계를 이용하여 관찰하고, 편광계의 원리와 카이랄성(chirality)이 있는 분자의 광학적 활성에 대해서 조사해 보기로 한다. (+)-슈크로스를 H^+ 이온을 촉매로 하여 가수분해시키면 그 과정에서 편광의 부호가 양에서 음으로 변하는데, 이 현상을 (+)-슈크로스의 반전(inversion)이라 하고, 또 이때 얻어지는 (+)-글루코스(glucose)와 (-)-프럭토스(fructose)의 혼합물을 반전당이라고 한다.

기호 (+)와 (-)는 편광면의 회전 방향이 오른쪽인지, 왼쪽인지를 나타내는 것으로, 반전당의 편광면이 왼쪽으로 회전하는 동안, 글루코스의 경우는 오른쪽으로 회전한다. 편광계라는 장치를 사용함으로써 이 편광면의 회전 각도를 측정할 수 있다.

원리

어떤 평면에서 진동하고 있는 편광(polarized light)이 비대칭 탄소 원자들을 포함하는 물질을 통과하면 진동하는 평면의 방향이 바뀌어서 전과는 다른 평면에서 진동하게 되는데, 그 결과로 편광면이 회전하게 된다. 이와 같이 편광면을 회전시키는 물질을 광학 활성 물질(optical active substance)이라고 한다(그림 7.2).

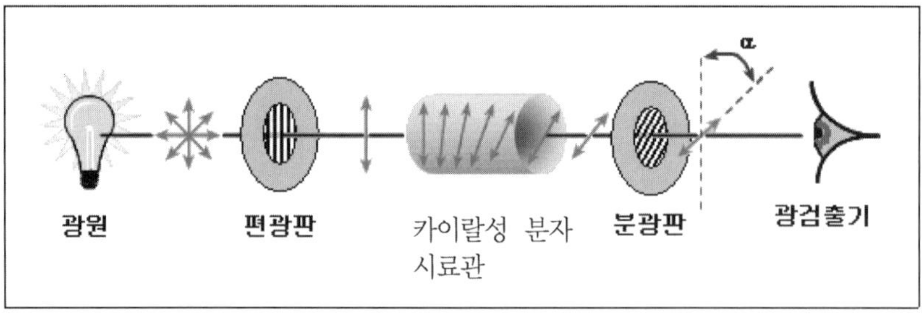

그림 7.2 편광계의 원리.

광학 활성 물질의 고유 광회전도(specific rotation)는 빛이 농도 1 g/cm^3, 길이 10 cm의 시료관을 통과할 때 관측되는 편광면의 회전 각도이며, 다음과 같이 나타낸다.

$$[\alpha]_D^{20} \tag{1}$$

여기서 20은 온도(°C)이고, D는 측정에 사용된 파장 5899 Å의 빛(소듐$-D$선)이다. 만일 빛이 통과하는 통로의 길이가 일정하다면, 회전 각도는 시료의 농도(C)에 비례하게 된다.

$$[\alpha]_D^{20} = \frac{\alpha}{C} \tag{2}$$

따라서 농도를 알고 있는 어떤 광활성 물질의 회전 각도를 측정함으로써 그 물질의 고유 광회전도를 결정할 수 있다. 고유 광회전도, $[\alpha]_D^{20}$는 온도가 20°C일 때 측정된 값이므로, 만약 온도 υ이 20°C에서 벗어나게 되면 그 결과도 바뀌게 된다. 예를 들면, 락토스(lactose)의 경우에는 식 (3)을, 슈크로스의 경우에는 식 (4)를 적용한다.

$$[\alpha]_D^{20} = [\alpha]_d^{\upsilon} - 0.072(20° - \upsilon) \tag{3}$$

$$[\alpha]_D^{20} = \frac{[\alpha]_D^{\upsilon}}{1 - 0.00037(\upsilon - 20°)} \tag{4}$$

산성 조건하에서 슈크로스는 H_3O^+ 이온의 촉매 작용에 의해서 글루코스와 프럭토스로 가수분해되는데, 이때 우회전성 (+)-슈크로스는 우회전성 (+)-글루코스와 좌회전성 (-)-프럭토스로 바뀐다(그림 7.1). 이러한 슈크로스의 반전 반응은 일차 반응(first-order reaction)에 해당하며, 그 반응 속도는 다음과 같이 정의된다.

$$\text{속도} = -\frac{dc}{dt} = k \cdot c \tag{5}$$

즉, 반응 속도는 농도 c에 비례하고, 이때의 비례 상수를 속도 상수 k라고 한다. 위의 식 (5)를 적분하면 다음과 같다.

$$\ln\frac{c_0}{c} = k(t - t_0) \tag{6}$$

여기서 c_0는 $t = 0$일 때의 초기 농도이고, c는 시간 t에서의 농도를 나타낸다. 만약, 시간 t에서의 회전 각도가 α_t,, 순수한 슈크로스 용액의 회전 각도를 α_0, 가수분해 반응이 완결된 후의 회전 각도를 α_∞라고 하면 다음과 같이 적용되고,

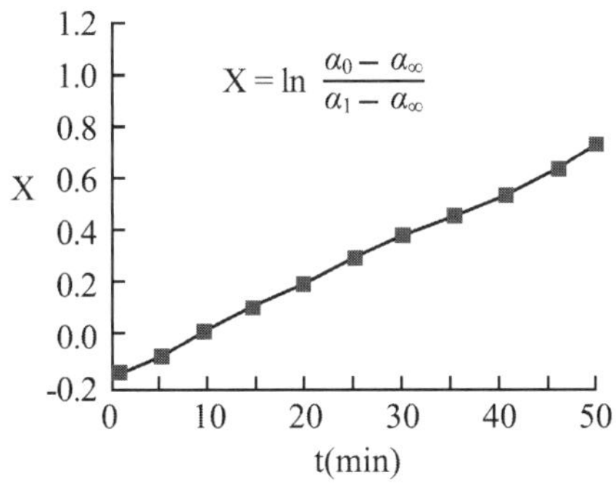

그림 7.3 슈크로스의 반전 반응과 같은 일차 반응에서 X를 시간 t에 대해 도시하면 직선이 되고, 기울기값으로부터 이 반응의 속도 상수를 구할 수 있다.

$$\ln\frac{c_0}{c} = \ln\frac{\alpha_0 - \alpha_\infty}{\alpha_t - \alpha_\infty} \tag{7}$$

여기에 식 (6)을 대입하면 다음과 같다.

$$k = \frac{1}{t}\ln\frac{\alpha_0 - \alpha_\infty}{\alpha_t - \alpha_\infty} \tag{8}$$

이처럼 일차 반응의 경우에는 시간(t)과 그때의 α_t로부터 속도 상수 k를 구할 수 있다.

$$t = \frac{1}{k}\ \ln\frac{\alpha_0 - \alpha_\infty}{\alpha_t - \alpha_\infty} \tag{9}$$

이때 $X = \ln\frac{\alpha_0 - \alpha_\infty}{\alpha_t - \alpha_\infty}$라 하면 식 (9)는 다음과 같이 된다.

$$X = kt \tag{10}$$

즉, 그림 7.3과 같이 시간 t에 대해 X를 도시하면 그 기울기로부터 속도 상수 k를 구할 수 있다.

실험 준비물

- **실험 기구 :** 편광계, 항온조, 초시계, 피펫(10 mL), 비커(100 mL), 물중탕 냄비, 가열 교반기, 씻기병
- **시약 :** 2 M HCl, D(+)-슈크로스, D(+)-락토스

실험 방법

1. 편광계(polarimeter)

빛이 제1렌즈(편광기)를 통과하면 평면 편광으로 바뀌고, 이 편광이 시료관을 통과하게 되면 편광면이 회전한다. 이때 접안 렌즈에서 같은 밝기가 되도록 제2렌즈(분석기)를 조절하면 그 회전 각도를 눈금으로부터 직접 읽을 수 있다.

memo

memo

2. 슈크로스(sucrose)의 α 측정

1) 농도 = 0.24 g/cm^{3}인 슈크로스 용액과 2 M HCl 용액을 30°C로 조절된 항온조에 넣는다.
2) 편광계 내의 시료관도 30°C 항온조에 넣어 온도 평형을 시킨다.
3) 30°C의 슈크로스 용액 10 mL를 비커에 넣고 여기에 2 M HCl 용액 10 mL도 가한다.
4) 위의 혼합 용액을 시료관에 넣고(이때 시료관 안에 공기 방울이 남지 않도록 해야 한다), 약 4분 후에 항온조에서 꺼내어 시료관의 표면을 깨끗이 닦은 후, 편광계에 넣고 그 용액의 회전 각도를 측정한다.
5) 시료관은 다시 30°C로 조절된 항온조에 넣고, 위와 같은 방법으로 5분마다 회전 각도를 측정한다(약 50분 동안).
6) 슈크로스 용액의 농도를 다르게 하여 같은 실험을 해 본다.

3. 락토스의 α 측정

슈크로스와 동일한 방법으로 시간에 대해서 를 측정한다.

주의 및 참고사항

문헌값: 글루코스 : $[\alpha]_D^{20}$ = +52.5 to +53.0
프럭토스 : $[\alpha]_D^{20}$ = −91.0 to −93.5
락토스 : $[\alpha]_D^{20}$ = +52.2 to +52.8
사카로스 : $[\alpha]_D^{20}$ = +66.2 to +66.8

memo

실험 절차

실험 절차를 매우 간략하게 요약할 것.

memo

관찰

각 실험 과정에서 관찰한 변화나 주요 사항을 메모할 것. 깨끗이 쓰는 것은 중요치 않음.

담당조교 확인:

A-KRUSS의 P1000 POLARIMETER 설명서

memo

1. 기기 부분의 설명

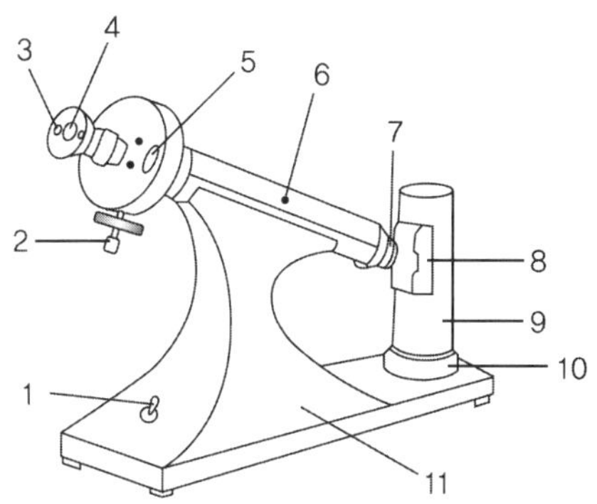

1. 전원 스위치
2. 조절 레버
3. 측정 렌즈
4. 접안 렌즈
5. Scale and verniers
6. 시료 격실
7. 편광판
8. 유리 거르개
9. 벌브 뚜껑
10. 벌브 소켓
11. 편광계 케이스

2. 작동 원리

1. 렌즈를 통하여 광학 영점을 빛/그림자 삼분 영역으로 구별한다.

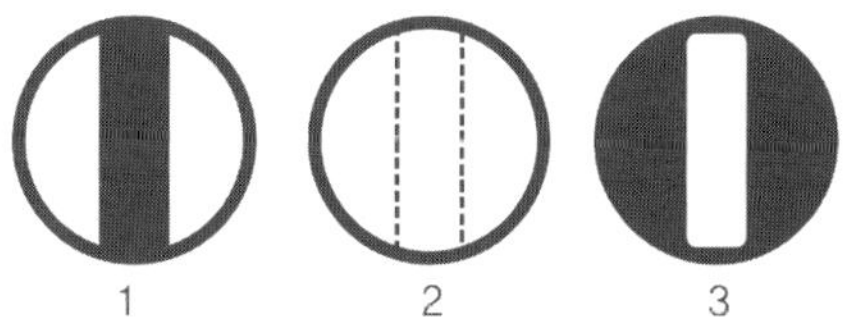

1. 광학 영점 이상 또는 이하　　2. 광학 영점 영역　　3. 광학 영점 이상 또는 이하

2. 측정할 시료는100 ~ 200 mm 길이의 시료관에 넣어 측정한다. 광원을 통과한 빛은 조광 렌즈와 필터를 통해 진행한다. 편광판을 통과한 빛은 평행한 편광이 되어 $\pi/2$ 파장판 위에 빛/그림자 삼분 영역을 만든다.
3. 분석판의 위치를 조절하여 영점을 맞춘다.
4. 광학 활성 용액이 든 시료관을 두 편광자 사이에 넣으면 다시 빛이 일정한 수준으로 투과된다. 한 쪽의 편광자를 회전하여 빛이 차단되도록 할 수 있다. 이때의 회전각을 눈금자를 통해서 읽을 수 있다.

3. 사용법

1. 전원 플러그를 220 V 전원에 연결하고 전원 스위치를 켠다. 기기가 안정화될 때까지 약 5분간 기다린다.
2. 시료 격실(6)을 열고 증류수로 채워진 시료관을 시료부 안에 넣는다.
3. 접안 렌즈(4)를 보면서 시야가 명확해질 때까지 왼쪽 또는 오른쪽으로 돌린다. 양쪽면에서 눈금이 0점이 될 때까지 조절 레버(2)를 돌린다. 동일하게 비춰지는 황색-오렌지색의 시야가 뚜렷해진다.
4. 측정할 시료 용액이 든 시료관를 시료부에 넣는다. 이때 관내에 기포가 생기면 안 된다.
5. 시료부를 닫고 접안 렌즈의 초점을 맞추면서 시야를 관찰한다.
6. 시야가 균일하게 보일 때까지 조절 레버(2)를 돌린다.

memo

7. 두 개의 다른 verniers를 통해 눈금을 읽어 나간다.
8. 대부분 물질의 회전각은 온도가 1°C씩 상승할 때 0.3%씩 감소한다(589 nm에서).

● 눈금 읽기

1. 눈금은 1° 단위로 360°로 등분되어 있다. verniers는 눈금상에서 19등분에 상응하는 20등분으로 되어 있다. 두 개의 작은 측정 렌즈(3)는 눈금 측정을 쉽게 하도록 접안 렌즈 쪽에 장착되어 있다. 조절 레버를 만지지 않고 두 개의 다른 verniers 눈금을 측정한다.

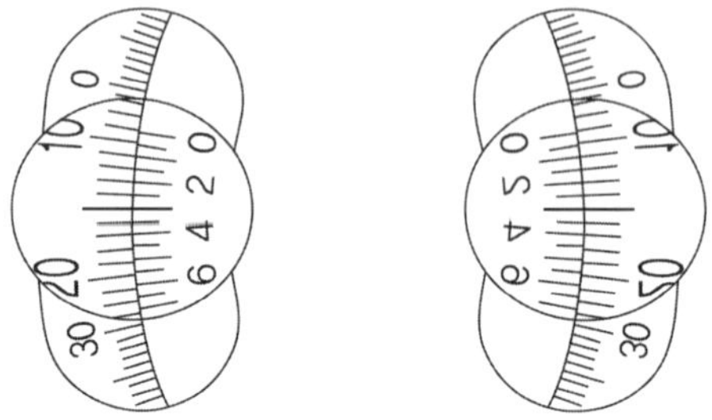

$\alpha = 9.30°$

가장 정확한 값은 두 값의 평균으로 구한다.

$$\alpha = \frac{\alpha_1 + \alpha_2}{2}$$

● 시료관에 용액 채우기

1. 시료관의 뚜껑(2)을 돌려 연다.
2. 내부 뚜껑(3), 유리창(5), 고무 개스킷(4)을 차례로 벗겨낸다.
3. 똑바로 세운 관에 용액(시료)을 채운다. 이때 용액이 든 시료관의 온도 상승을 피하기 위해 금속 링(6) 부분을 붙든다.
4. 용액(시료)을 유리관 상단이 볼록하게(7) 될 때까지 채운다.
5. 볼록하게 나온 용액을 측면에서 유리창(5)으로 밀어내면서 관의 윗면을 덮는다.
6. 유리창 위에 고무 개스킷(4)과 내부 뚜껑(3)을 설치하고 외부 뚜껑(2)을 돌려 끼운다.
7. 시료관을 옆으로 기울여 관의 튀어나온 부분(9) 안의 기포가 오도록 한다.

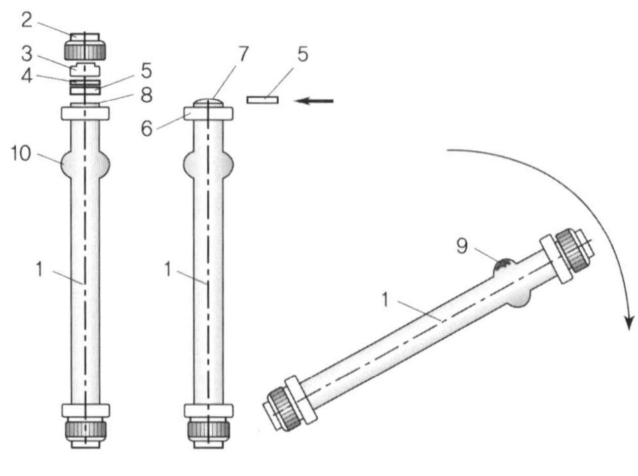

4. 램프 교환

램프 교환 전에 전원 플러그를 반드시 뽑는다. 지문은 유리 벌브(glass bulb)의 빛의 효능을 줄어들게 하며, 램프의 수명도 감소시킨다. 따라서 램프 표면을 알코올로 닦고 지문이 묻지 않도록 한다.

1. 편광기의 전원을 끈 후, 전원 플러그를 뽑는다.
2. 소켓(10)으로부터 벌브 뚜껑(9)을 제거한다.
3. 제거하기 전에 벌브가 냉각될 때까지 충분한 시간 동안 기다린다.
4. 새로운 벌브를 소켓(10) 에 삽입한다.
5. 벌브 뚜껑(9)을 다시 편광기에 부착한다.

5. 계산

용액의 농도를 계산하기 위해 다음 식을 쓸 수 있다.

$$C = \frac{100 \times \alpha}{l \times [\alpha]}$$

C = 그램당 100 mL 단위의 시료의 농도
α = 온도 20°C에서 측정한 회전 각도
l – 시료관의 길이(데시미터 단위)
$[\alpha]$ = 고유 광회전 각도

memo

실험 보고서 7.1

슈크로스의 반전 반응 속도 측정

성명: ____________ **학번:** ____________ **실험조:** ____________ **실험 일자:** ____________

memo

실험 결과

01 각각의 농도가 다른 용액들의 회전 각도를 측정하여 슈크로스와 락토스의 고유 광회전도$[\alpha]_D$를 구하라.

실험 온도: ____________°C

실험	슈크로스			락토스		
	농도(g/cm^3)	회전 각도(°)	$[\alpha]_D$	농도(g/cm^3)	회전 각도(°)	$[\alpha]_D$
1						
2						
3						
4						
5						
평균	–	–		–	–	

02 슈크로스 반전 반응의 속도 상수를 구하라.

시간 (min)	실험 1			시간 (min)	실험2		
	회전 각도 (α_t)	$\frac{\alpha_0 - \alpha_\infty}{\alpha_t - \alpha_\infty}$	X*		회전 각도 (α_t)	$\frac{\alpha_0 - \alpha_\infty}{\alpha_t - \alpha_\infty}$	X*
0		–	–	0	–		–
5				5			
10				10			
15				15			
20				20			
25				25			
30				30			
35				35			
40				40			
45				45			
50				50			
∞		–	–	∞		–	–

$$*X = \ln\frac{\alpha_0 - \alpha_\infty}{\alpha_t - \alpha_\infty}$$

memo

03 시간에 대한 X의 그래프를 그리고, 반전 반응의 속도 상수 k를 구하라.

속도 상수 k: ________

실험 7-2 반응 속도에 미치는 온도의 영향

실험 목적 및 개요

반응 속도 상수에 미치는 온도 효과를 알아보고, 반응 속도 상수와 온도 자료로부터 활성화 에너지(activation energy)를 계산한다.

원리

반응 속도 상수와 온도와의 관계는 아레니우스(Arrhenius)의 식으로 주어지며, 다음과 같다.

$$d\frac{\ln k}{dT} = \frac{E_a}{RT^2} \tag{1}$$

여기서 k는 반응 속도 상수, E_a는 활성화 에너지, R은 기체 상수, T는 절대 온도이다. 활성화 에너지가 온도에 무관하다는 가정하에 식 (1)을 적분하면 다음식과 같다.

$$\ln k = -\frac{E_a}{RT} + \text{Const} \tag{2}$$

또는

$$\ln\frac{k_2}{k_1} = -\frac{E_a}{R}\left(\frac{1}{T_2} - \frac{1}{T_1}\right) = \frac{E_a}{R}\frac{(T_2 - T_1)}{T_1 T_2} \tag{3}$$

이 식에 의하면 E_a 값이 클수록 온도에 따른 k의 변화가 크다는 것을 알 수 있다. 반응 속도에 미치는 온도의 영향을 알아보기 위해서 산 촉매하에서 에스터의 하나인 아세트산 메틸의 가수분해 반응에 대해 고찰한다.

$$CH_3COOCH_3 \xrightarrow{H^+} CH_3COOH + CH_3OH$$

실험 준비물

- **실험 기구:** 항온조, 스크류캡 마개가 달린 250 mL 삼각 플라스크 3개, 초시계, 피펫 (5 mL, 3개), 뷰렛, 클램프, 자석 교반기
- **시약 :** 아세트산 메틸, 0.2 M NaOH, 1 M HCl, 페놀프탈레인 지시약

memo

실험 방법

반응은 25°C, 35°C, 45°C로 조절된 항온조 내에서 진행시킨다. 마개가 달린 플라스크에 1 M 염산 100 mL를 정확히 넣고 마개를 막은 후 25°C로 조절된 항온조에 넣는다. 동시에 다른 플라스크에는 아세트산 메틸 10 mL를 넣고 항온조 내에서 15분 정도 방치하여 내용물들이 항온조의 온도와 같이 되었을 때, 아세트산 메틸 5 mL를 염산 용액에 가하여 흔들어 잘 혼합한 후 항온조 내에 방치한다. 이때 초시계를 눌러 작동시킨다. 아래에 주어진 시간 간격에 따라 반응 혼합물 시료를 재빨리 5 mL씩을 취해서 약 75 mL의 얼음물이 담긴 플라스크에 넣고, 페놀프탈레인 2~3방울을 가한 후 0.2 M NaOH로 적정한다.

1. 시료 채취 시간

1) 반응 속도기 25°C일 때는 10분 후에 첫 시료 채취하고, 그 후에는 15분 간격으로 채취한다. 시료 채취는 4회 정도 한다.
2) 35°C일 때는 5분 후에 첫 시료를 채취하고, 그 후에는 10분 간격으로 채취하며, 45°C일 때는 5분 후에 첫 시료를 채취하고, 그 후에는 8분 간격으로 채취한다.
3) 원래의 반응 혼합물에 들어 있는 아세트산 메틸의 몰수를 구하려면, 5 mL 용량 피펫으로 에스터를 질량 재는 병에 5 mL를 취하여 질량을 잰다. 산과 에스터 용액을 합한 전체 반응물의 부피를 105 mL로 한다.

주의 및 참고사항

아세트산 메틸 대신 아세트산 에틸을 써도 좋다. 학생들은 분석할 시료를 꺼낼 때 이외에는 반응 플라스크의 마개를 막아 두어야 한다. 담당 조교는 미리 염산과 수산화 소듐 용액의 농도를 정확히 조제해야 하고, 에스터 5 mL의 질량을 측정해 놓아야 한다.

폐기물 처리

반응물의 일부와 생성물의 혼합물은 회수하여 폐기 처리한다.

제목

memo

실험 절차

실험 절차를 매우 간략하게 요약할 것.

memo

관찰

각 실험 과정에서 관찰한 변화나 주요 사항을 메모할 것. 깨끗이 쓰는 것은 중요치 않음.

담당조교 확인:

memo

실험 보고서 7.2

반응 속도에 미치는 온도의 영향

성명: ____________ 학번: ____________ 실험조: ____________ 실험 일자: ____________

실험 결과

이 반응에서 물의 양은 에스터의 양보다 훨씬 크기 때문에 다음의 일차 속도식에 따른다.

$$\ln C = -kt + \text{Const}$$

여기서 C는 시간 t에 따른 에스터의 농도이며, Const는 적분 상수이다.

01 $\ln C$ vs. t의 그래프를 만들어 기울기로부터 속도 상수 k를 구하여라.

속도 상수 k_1 : ____________________ at T_1 = ____________________ K

속도 상수 k_2 : ____________________ at T_2 = ____________________ K

속도 상수 k_3 : ____________________ at T_3 = ____________________ K

memo

02 $\log k$ vs. $1/T$의 그래프를 그리고 기울기로부터 E_a를 구하여라.

E_a : ______________________

03 반응 속도에 미치는 온도의 영향에 대해 설명하라.

실험 7-3 아이오딘 시계 반응-초기 반응 속도법

실험 목적 및 개요

화학 반응 속도는 농도, 온도 및 촉매의 영향을 받는다. 농도 변화에 따른 반응 속도를 측정함으로써 반응 속도 상수와 반응 차수를 결정할 수 있다. 이 실험에서는 소위 시계 반응을 이용하여 $2I^- + S_2O_8^{2-} \rightarrow I_2 + 2SO_4^{2-}$ 반응에서의 반응 속도에 미치는 농도의 영향을 조사하고, 반응 속도 상수 및 반응 차수를 구하는 방법을 습득한다.

원리

1. 반응 속도와 속도론

화학 반응 속도론은 반응 속도와 반응에 영향을 미치는 인자(농도, 온도, 촉매 등)를 연구한다. 반응 속도는 반응물과 생성물의 시간당 농도 변화로 정의한다. 즉 다음 반응 $a\text{A} + b\text{B} \rightarrow c\text{C}$에서 그 속도는 식 (1)로 정의할 수 있다.

$$\text{rate} = -\frac{1}{a}\frac{d[\text{A}]}{dt} = -\frac{1}{b}\frac{d[\text{B}]}{dt} = \frac{1}{c}\frac{d[\text{C}]}{dt} \tag{1}$$

일반적으로 반응 속도식은 반응물의 농도를 이용한 다음의 속도식으로 표현할 수 있다.

$$\text{rate} = k[\text{A}]^m[\text{B}]^n \tag{2}$$

여기서 k는 속도 상수이고 m과 n은 각각 반응물 A와 B에 대한 반응 차수다. 전체 반응 차수는 m과 n의 합이 된다. 여기서 m과 n은 반응식의 계수가 아닌 실험으로 정해짐을 명심하라. 반응 차수는 양수, 음수, 정수, 분수 또는 0이 될 수도 있다. 반응 속도는 초기 속도법이나 적분 속도법으로 정할 수 있다. 자세한 내용은 교과서를 참조하라.

2. 과산화 이황산 이온과 아이오딘화 이온 반응의 속도 측정

이 실험에서는 다음 반응에 대해 탐구한다.

$$2\text{I}^- + \text{S}_2\text{O}_8^{2-} \rightarrow \text{I}_2 + 2\text{SO}_4^{2-} \tag{3}$$

이 반응은 실온에서는 상당히 느리게 진행되는데, 그 반응 속도는 다음 식으로 나타낼 수 있다.

$$\text{반응 속도} = k[\text{I}^-]^m[\text{S}_2\text{O}_8^{2-}]^n \tag{4}$$

여기서 k는 반응 속도 상수이며, m과 n은 각각 아이오딘화 이온과 과산화 이황산 이온에 대한 반응 차수다. 이온의 농도는 mol/L로 나타낸다. 반응 속도는 반응물의 농도와 온도와 촉매의 영향을 받음을 위에서 언급하였다. 이 실험에서는 반응 속도에 미치는 농도의 영향만을 조사하기로 한다. 즉 실험에서 우리는 속도 상수 k의 값과 반응차수 m과 n을 구할 것이다.

이 실험에서 반응 속도를 측정하기 위하여 소위 시계 반응(clock reaction)을 이용할 것이다. 이를 이용하면 반응의 종말점을 빠르게 알 수 있기 때문이다.

$$I_2 + 2S_2O_3^{2-} \rightarrow 2I^- + S_4O_6^{2-} \tag{5}$$

반응 (3)을 녹말 존재하에서 위의 반응 (5)와 동일 용기 내에서 동시에 일어나도록 하면 반응 (5)가 반응 (3)에 비해 훨씬 빨리 진행된다. 그러므로 반응 (3)에서 생성된 I_2 분자는 같은 반응 용기에 들어 있던 $S_2O_3^{2-}$ 이온과 재빨리 반응하여 없어지게 되어, $S_2O_3^{2-}$ 이온이 완전히 소모되지 않는 한, I_2의 농도는 0이다. 반응이 진행되어 $S_2O_3^{2-}$ 이온이 모두 소모되면 반응 (3)만이 일어나므로 I_2 분자가 용액 속에 남게 되고, I_2 분자가 생성되는 순간에 이것이 녹말과 반응하여 암청색을 띠게 되어, 일정량의 $S_2O_3^{2-}$ 이온이 모두 반응하여 없어지는 데 필요한 시간을 알려주므로 시계와 같은 구실을 한다.

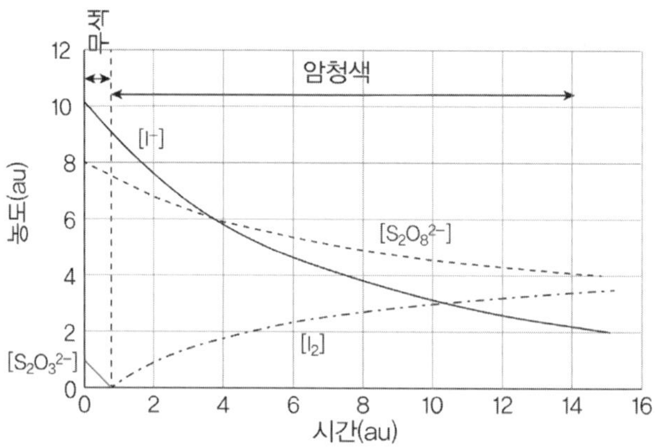

그림 7.4 시간에 따른 각 화학종의 농도 변화.

만일 $S_2O_3^{2-}$의 양을 처음부터 $S_2O_8^{2-}$보다 당량 이상으로 월등히 많이 사용하였다면 (3)의 반응이 완결될 때까지 반응계에는 영원히 색변화가 없겠지만, 초기의 I^- 및 $S_2O_8^{2-}$의 당량보다 훨씬 적은 양의 $S_2O_3^{2-}$을 가하고 반응을 시작하였다면 (3)의 반응이 약간만 진행되는 도중에 $S_2O_3^{2-}$ 이온은 완전히 소모되고, 그 순간 I_2와 녹말과의 반응에서 색변화가 일어난다. 그뿐만 아니라 변색이 일어나기까지의 반응 중에 변하는 반응물 I^- 및 $S_2O_8^{2-}$의 농도는 초기 농도와 같다고 근사할 수 있다.

반응 (3)에서 1몰의 $S_2O_8^{2-}$에 의해 1몰의 I_2가 생기게 되는데, 이 1몰의 I_2는 반응 (5)에서 2몰의 $S_2O_3^{2-}$와 반응한다. 그러므로 반응이 시작되어 암청색이 나타나는 순간까지 소모된 $S_2O_8^{2-}$의 몰수는 처음에 가한 $S_2O_3^{2-}$의 몰수의 절반과 같을 것이다.

$$\Delta[S_2O_3^{2-}] = 2\Delta[S_2O_8^{2-}] \tag{6}$$

따라서 농도가 알려진 일정량의 I^- 및 $S_2O_8^{2-}$ 용액을 정확히 재어 반응 용기에 넣고, 여기에 역시 정확한 질량을 알고 있는 소량의 $S_2O_3^{2-}$ 용액 및 녹말 지시약을 가하여, 반응이 시작되는 순간부터 색의 변화를 관찰하면 일정량의 반응 물질이 반응하는 데 걸리는 시간을

표 7.1 반응 혼합물의 구성

실험	삼각 플라스크(20 mL)				삼각 플라스크(10 mL)	
	0.20 M KI (mL)	0.20 M KCl (mL)	0.0050 M $S_2O_3^{2}$ (mL)	녹말 지시약 (mL)	0.10 M $(NH_4)_2SO_4$ (mL)	0.10 M $(NH_4)_2S_2O_8$ (mL)
1	4.0	0	2.0	1.0	0	4.0
2	2.0	2.0	2.0	1.0	0	4.0
3	4.0	0	2.0	1.0	2.0	2.0
4	4.0	0	2.0	1.0	3.0	1.0
5	1.0	3.0	2.0	1.0	0	4.0
6	3.0	1.0	2.0	1.0	1.0	3.0

측정할 수 있어 이로부터 반응 속도를 구할 수 있다.

반응 속도는 단위 시간에 감소하는 반응 물질의 농도로 주어지므로 여러 가지 농도(표 7.1)를 써서 위와 같은 실험을 하면 반응 속도를 구할 수 있는 실험값을 얻을 수 있다.

$$rate = -\frac{\Delta[S_2O_8^{2-}]}{\Delta t} = -\frac{1}{2}\frac{\Delta[S_2O_3^{2-}]}{\Delta t} \tag{7}$$

식 (4)와 식 (7)로부터

$$-\frac{1}{2}\frac{\Delta[S_2O_3^{2-}]}{\Delta t} = k[I^-]^m[S_2O_8^{2-}]^n \tag{8}$$

$$\ln\left\{-\frac{1}{2}\frac{\Delta[S_2O_3^{2-}]}{\Delta t}\right\} = \ln k + m\ln([I^-]) + n\ln([S_2O_8^{2-}]) \tag{9}$$

엑셀 등의 스프레드시트 프로그램을 이용하면 좀 더 정확한 k, m, n 값을 구할 수 있다.

실험 준비물

- **실험 기구 :** 스톱 워치(또는 스마트폰), 삼각 플라스크(20 mL, 10 mL), 흰 종이
- **시약 :** 0.200 M 아이오딘화 포타슘(KI) 용액, 0.200 M 염화 포타슘(KCl) 용액, 0.100 M 과산화이황산 암모늄($(NH_4)_2S_2O_8$) 용액, 0.100 M 황산 암모늄($(NH_4)_2SO_4$) 용액, 0.005 M 싸이오황산 소듐($Na_2S_2O_3$) 용액, 2% 녹말 지시약.

실험 방법

1) 표 7.1의 0.20 M KI 용액과 0.20 M KCl 용액을 삼각 플라스크(20 mL)에 준비하고 녹말 지시약 1.0 mL를 추가한다. 표와 같이 과산화 이황산 용액을 삼각 플라스크(10 mL)에 준비한다.
2) 용액이 담긴 삼각 플라스크(20 mL)를 실험대 위에 올려놓고 2.0 mL의 0.0050 M $S_2O_3^{2-}$ 용액을 가한 후, 삼각 플라스크(10 mL)에 있는 용액을 실험대 위의 반응 용기에 붓고 흔들어주고 신속히 스톱워치를 작동하여 시간을 기록한다.
3) 색의 변화가 관찰되면 스톱워치를 정지하고 변화된 시간을 기록한다.

memo

memo

4) 위에서 한 방법으로 표 7.1에 있는 실험 2, 3, 4, ... 등의 나머지 실험에 대해서도 같은 과정을 수행한다.

※ 실험을 스마트폰을 이용해 영상으로 기록하면 좀 더 정확한 시작과 변색 시점을 구할 수 있다.

※ 흰 종이 위에 반응 삼각 플라스크를 두면 색 변화를 관찰하기 더 쉽다.

※ KCl 수용액과 $(NH_4)_2SO_4$ 수용액은 부피와 총 이온 세기를 일정하게 유지하기 위해 사용한다.

참고 문헌

1. 『일반화학』 14판, 레이몬드 창(2023), 제13장 화학 반응 속도론.
2. André P. Oliveira and Roberto B. Faria (2005). "The chlorate-iodine clock reaction". *J. Am. Chem. Soc.* **127** (51): 18022–18023.

memo

실험 절차

실험 절차를 매우 간략하게 요약할 것.

memo

관찰

각 실험 과정에서 관찰한 변화나 주요 사항을 메모할 것. 깨끗이 쓰는 것은 중요치 않음.

담당조교 확인:

실험 보고서 7.3

아이오딘 시계 반응–초기 반응 속도법

성명: ____________ 학번: ____________ 실험조: ____________ 실험 일자: ____________

실험 결과

01 각 반응 혼합물에 대한 반응 속도의 측정 및 반응 물질의 농도를 계산하라.

반응	변색까지의 시간 t(초)	I^-의 초기 농도	$S_2O_8^{2-}$의 초기 농도	반응 속도
1				
2				
3				
4				
5				
6				

02 반응 차수 m과 n을 구하라.

memo

memo

03 위에서 구한 m과 n의 값을 이용하여 반응 1에서 6까지의 반응 속도 상수 k를 구하라.

$$반응\ 속도 = k[I^-]^m[S_2O_8^{2-}]^n$$

반응	1	2	3	4	5	6	평균
k							

04 반응물의 농도가 반응 속도에 미치는 영향에 대해 설명하라.

05 농도 외에 반응 속도에 영향을 미치는 요인에는 어떤 것들이 있는지 써라.

제 8 장

물질의 특징과 현상

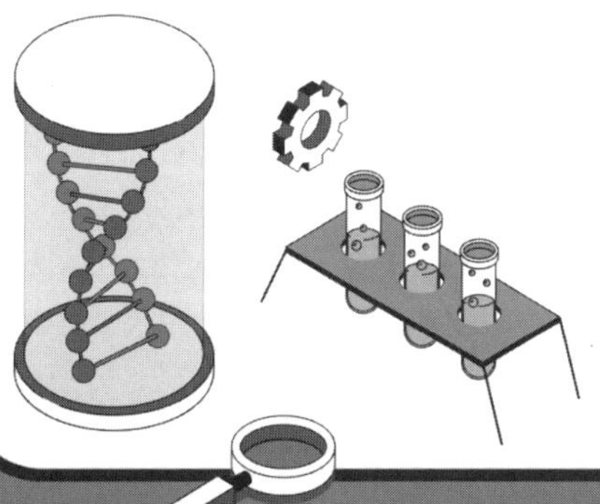

실험 8-1 물질의 상태와 확인-메틸 레드의 변화

실험 목적 및 개요

이 실험은 지시약 분자와 UV-VIS(자외-가시광) 흡광 분광스펙트럼을 이용하여 용액 중에서 분자의 상태를 유추해 보고, 분자가 어떻게 변화하는지를 탐구해보는 것이다.

원리

산-염기 지시약으로 쓰이는 색소인 메틸 레드(methyl red)는 산성에서는 붉은색을 띠지만, 염기를 조금씩 첨가하면 주황색을 지나 노란색으로 변한다. 이러한 화학적 과정에서 우리가 던질 수 있는 한 가지 질문은 '용액이 주황색일 때 과연 이것이 붉은색을 띠는 색소(분자)와 노란색을 띠는 색소(분자)가 혼합되어 있는 것인지, 아니면 붉은색의 색소가 주황색의 색소(분자)로 변화되었는지'를 어떻게 하면 알아낼 수 있을까 하는 것이다. 두 번째 질문은 변화된 화학종의 양을 정확히 알아내어 정량적으로 변화의 관계를 기술하고, 그 배경에 있는 원리들을 검토하여 보는 일이다.

먼저 첫 번째 질문에 관하여 토의하여 보자. 메틸 레드의 경우, pH를 낮추고 붉은색의 산형(HMR, A)을 만들어 흡수 스펙트럼을 측정하면, 그림 8.1에서 ●로 표시된 스펙트럼을 얻는다. 메틸 레드의 pH를 높여 수소 이온을 떼어내면, 노란색의 염기형(MR^-, B)으로 되며 그림 8.1의 ○로 표시된 스펙트럼을 얻는다.

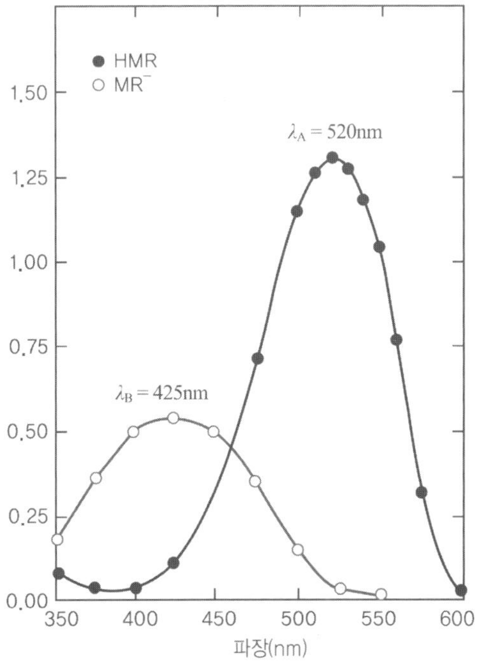

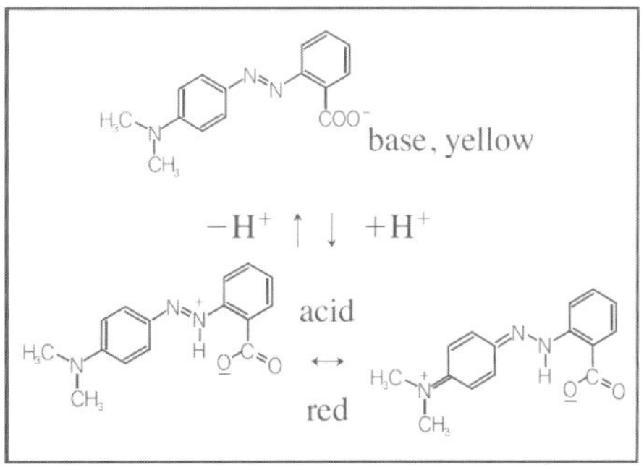

그림 8.1 산성(HMR)과 염기형(MR^-) 메틸 레드의 흡수 스펙트럼과 예상 구조.

memo

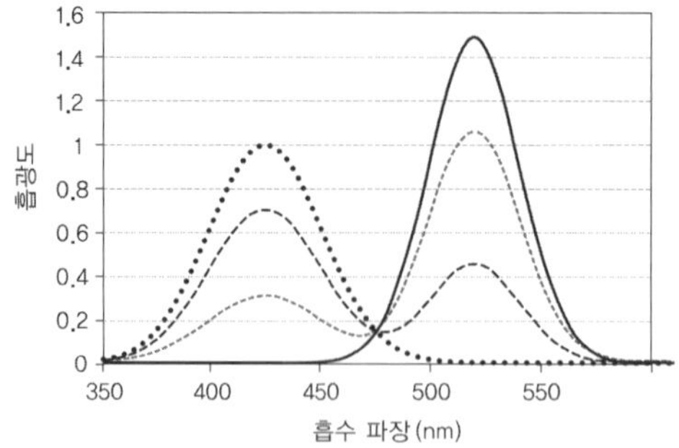

그림 8.2 두 물질이 혼합된 경우의 흡수 스펙트럼.

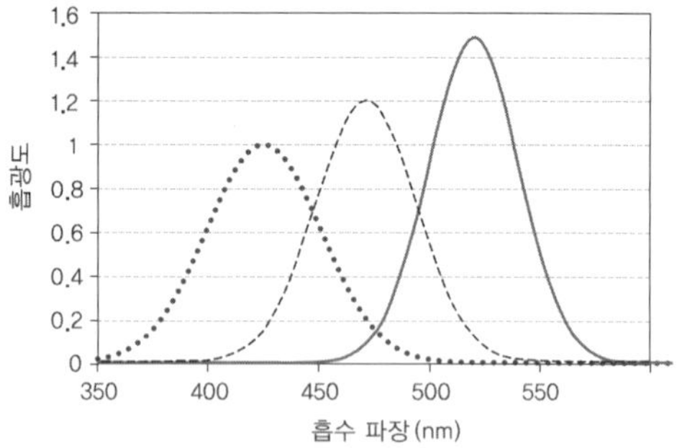

그림 8.3 화학적으로 변해가는 경우의 흡수 스펙트럼.

중간의 pH에서, 즉 주황색 부근에서는 어떤 행동을 보이게 될까? 만일 중간적 산도에서 새로운 형태의 종이 생성된다면 어떤 증거를 얻을 수 있으며, 산성형과 염기형의 두 물질이 섞여 있다면 어떤 증거를 얻을 수 있을까?

물질의 성질을 확인할 수 있는 여러 방법이 있지만, 이 실험에서 적용하고자 하는 분광법은 비파괴적으로 물질의 성질과 양을 확인할 수 있는 분석법이다. 자외선/가시광선 분광법에서, 동일한 물질은 항상 동일한 형태의 흡수 스펙트럼을 보여 준다. 만일 두 물질이 섞여 있고 상대적인 양이 변한다면, 우리는 흡수 스펙트럼을 그림 8.2와 같이 얻게 될 것이다. 반대로 중간 과정에서 새로운 형태의 물질로 변화된다면, 그림 8.3과 같은 흡수 스펙트럼들을 얻을 것이다.

두 번째 질문, 즉 화학종의 양에 대해서 생각해 보자. 흡수 스펙트럼에서 주어진 파장에서의 흡광도는 물질의 양에 비례한다. 즉, $A = \varepsilon c l$이 된다. 이를 베르(Beer)의 법칙이라고 한다. 여기서 A는 주어진 파장에서의 흡광도이고, ε는 몰흡광도 계수로서 물질의 종류와 흡수 파장에 의존하며, c는 용액 중의 물질의 몰농도이고, l은 빛이 용액 중에서 투과하는 거리이다. 실험 중에 동일한 종류의 분광 셀을 사용한다면 투과 거리가 동일하므로 $A = \varepsilon' c$라고 할 수 있다. 여기서 ε'는 비례 상수이고, 물질의 종류, 분광 셀의 길이 및 흡수 파장에 의존하는 비례 상수이다.

용액 중에 측정하는 빛의 파장에서 흡광 물질이 하나만 들어 있다면, 예를 들어 A만이 들어 있다면 이 파장에서의 흡광도는 $A_{\mathrm{A}} = \varepsilon'_{\mathrm{A}} c_{\mathrm{A}}$라고 할 수 있다. 같은 맥락으로 동일한 파장에서 B만이 들어 있는 용액의 흡광도는 $A_{\mathrm{B}} = \varepsilon'_{\mathrm{B}} c_{\mathrm{B}}$가 된다.

만일 용액 중에 A, B의 두 가지 물질이 존재한다면, 흡광도는 각 물질에 의한 흡광도의 합이 되므로, 다음과 같다.

$$A = A_{\mathrm{A}} + A_{\mathrm{B}} = \varepsilon'_{\mathrm{A}} c_{\mathrm{A}} + \varepsilon'_{\mathrm{B}} c_{\mathrm{B}} \qquad (1)$$

두 파장 이상에서 흡광도를 측정하면 용액 중의 화학종에 대한 양을 결정할 수 있다. 즉, 파장 1에서의 A의 흡광 계수 ε'_{1A}와 B의 흡광 계수 ε'_{1B}를 알고, 파장 2에서의 A의 흡광 계수 ε'_{2A}와 B의 흡광 계수 ε'_{2B}를 알 수 있다면, 각 파장에서의 흡광도 A_1, A_2 로부터

$$A_1 = A_{1\mathrm{A}} + A_{1\mathrm{B}} = \varepsilon'_{1\mathrm{A}} c_{\mathrm{A}} + \varepsilon'_{1\mathrm{B}} c_{\mathrm{B}} \qquad (2)$$

$$A_2 = A_{2\mathrm{A}} + A_{2\mathrm{B}} = \varepsilon'_{2\mathrm{A}} c_{\mathrm{A}} + \varepsilon'_{2\mathrm{B}} c_{\mathrm{B}} \qquad (3)$$

memo

용액의 농도 c_A, c_B를 구할 수 있다.

이 실험에서는 pH 미터와 자외선/가시광선 분광광도계의 사용법을 익히고, 용액의 pH와 색의 상관관계를 관찰하여, 용액 중에서의 화학종과 pH, 색의 상호 관계를 살피게 될 것이다.

위에서 언급한 바와 같이 분광광도계를 이용하면 용액 중에서의 화학종의 절대 농도를 측정할 수 있다. 그러나 이 실험에서는 실험을 단순하게 하기 위하여 농도의 절대적인 양보다는 상대적인 농도를 구하도록 한다. 상대적인 농도를 구하는 방법은 다음과 같다.

먼저 같은 농도를 가지는 메틸레드의 순수한 산성종과 순수한 염기성종에 대하여 각각의 흡수 스펙트럼을 구한다. 이때 두 용액의 농도가 같도록 해야 한다. 즉, $c_A = c_B = c_0$가 되도록 한다.

흡수 파장	425 nm에서의 흡광도	520 nm에서의 흡광도
순수한 산성종(HMR, A)	$a_1 = A_{1A} = \varepsilon'_{1A} c_0$ (4)	$a_2 = A_{2A} = \varepsilon'_{2A} c_0$ (5)
순수한 염기성종(MR^-, B)	$b_1 = A_{1B} = \varepsilon'_{1B} c_0$ (6)	$b_2 = A_{2B} = \varepsilon'_{2B} c_0$ (7)

다음 산성종과 염기성종이 혼합된 용액에 대하여 각각의 흡광 스펙트럼을 얻은 후, 베르 법칙을 이용하여 용액에서 산성종과 염기성종의 농도를 c_0의 항으로 계산할 수 있다. 여기에서 식의 유도는 생략하고 그 결과만 적도록 하겠다.

$$\text{산성종의 농도} = \frac{c_A}{c_0} = \frac{A_1 b_2 - A_2 b_1}{a_1 b_2 - a_2 b_1} \quad (8)$$

$$\text{염기성종의 농도} = \frac{c_B}{c_0} = \frac{A_1 a_2 - A_2 a_1}{b_1 a_2 - b_2 a_1} \quad (9)$$

여기서 A_1, A_2는 각 용액에 대한 파장1과 파장2에서 측정한 흡광도를 말한다.

실험 준비물

- **실험 기구 :** 흡광 분광광도계, pH 미터, 피펫, 분광 셀, 100 mL 부피 측정용 플라스크.
- **시약 :** 메틸 레드 지시약, 0.01 M HCl 용액, 0.04 M 아세트산 소듐(CH_3COONa) 용액, 0.001 M NaOH 용액

실험 방법

1) 10 mL의 0.10 M HCl 용액을 묽혀 100 mL 0.010 M HCl 용액을 만든다. 이 용액의 pH는 2 부근이어야 한다.
2) 실험실에 0.04 M 아세트산 소듐 용액 25 mL를 취하여 100 mL로 묽힌다. 만일 실험실에 0.04 M 아세트산 소듐 용액이 없으면 스스로 만든다. 0.010 M 아세트산 소듐 용액의 pH는 8 근처이다. 이 용액은 실내에 오래 두면, 이산화 탄소로 인해 염기성이 되지 않을 수 있으므로 주의해야 한다.
3) 메틸 레드의 산성종인 HMR의 스펙트럼을 350 nm~600 nm 범위에서 얻는다. 흡광 스펙

memo

트럼을 얻으려면 먼저 순수한 용액(이 경우 물)을 분광 셀에 적당량을 채워 분광계로 blank 스펙트럼(혹은 reference 스펙트럼)을 측정한다. 다음 5.0 mL의 0.01 M HCl 용액에 한 방울의 메틸 레드를 떨어뜨린 후 pH를 측정하고, 용액의 색을 관찰한 후 분광 셀에 적당량을 채워 분광계로 채워 얻는다.

4) 메틸 레드의 염기성종인 MR^- 스펙트럼을 얻는다. 이 스펙트럼은 3의 방법으로 5.0 mL의 0.001 M NaOH 용액을 사용하여 실험한다. 이때 메틸 레드의 양은 3과 같도록 주의하는 것이 중요하다.

5) 다음 표에 지시된 용액을 만들고 각 용액에 대해서 메틸 레드를 한 방울 넣어 위의 3의 방식으로 실험한다(메틸 레드의 방울수는 **주의 및 참고사항** 2, 3항을 참조하라).

용액	0.010 M HCl 부피(mL)	0.010 M CH_3COONa 부피(mL)	총 부피(mL)
1	5.0	0.0	5.0
2	2.4	2.6	5.0
3	2.0	3.0	5.0
4	1.6	3.4	5.0
5	1.2	3.8	5.0
6	0.9	4.1	5.0
7	0.6	4.4	5.0
8	0.3	4.7	5.0
9	0.0	5.0	5.0
10	0.001 M NaOH 5.0 mL		5.0

6) 측정된 흡수 스펙트럼으로부터 메틸 레드가 pH가 변함으로써 단계적으로 물질이 변화하는 것인지, 산성형과 염기형의 혼합물인지를 판단한다.

7) 측정된 흡광도(A)값으로부터 용액 중의 HMR 및 MR^-의 상대적인 양을 계산하고, pH에 대하여 $\log([HMR]/[MR^-])$값을 그려 본다.

주의 및 참고사항

1. 실험을 하기 전에 pH 미터와 분광계 사용법, 주의사항 등을 지도 선생님으로부터 먼저 숙지하도록 한다.
2. 분광계로 흡광 스펙트럼을 측정할 때 실험 오차를 줄이기 위해서는 흡광도의 최댓값이 1에서 2 정도가 되도록 하는 것이 적당하다. 이 실험의 경우 용액 1의 520 nm에서의 흡광도가 1.5 정도로 되도록 각 용액에 넣을 메틸 레드의 방울수를 정한다. 만일 용액의 흡광도가 너무 높으면 메틸 레드 지시약의 농도를 묽혀서 최종 용액의 흡광도를 낮출 필요가 있다.
3. 이 실험에서 메틸 레드 지시약의 농도를 모든 용액에서 일정하게 유지하는 것이 매우 중요하다.
4. 분광계와 pH 미터 등의 모든 실험 기기는 실험 후 지침대로 정리한다.

memo

실험 절차

실험 절차를 매우 간략하게 요약할 것.

memo

관찰

각 실험 과정에서 관찰한 변화나 주요 사항을 메모할 것. 깨끗이 쓰는 것은 중요치 않음.

담당조교 확인:

실험 보고서 8.1

물질의 상태와 확인–메틸 레드의 변화

성명: __________ 학번: __________ 실험조: __________ 실험 일자: __________

실험 결과

01 각 용액에 대하여 실험 결과를 적어라.

용액	0.010 M HCl(mL)	0.010 M CH_3COONa(mL)	pH	용액의 색	$A_{425}(=A_1)$	$A_{520}(=A_2)$
1	5.0	0.0			$=a_1$	$=a_2$
2	2.4	2.6				
3	2.0	3.0				
4	1.6	3.4				
5	1.2	3.8				
6	0.9	4.1				
7	0.6	4.4				
8	0.3	4.7				
9	0.0	5.0				
10	0.001 M NaOH 5.0 mL				$=b_1$	$=b_2$

02 위의 결과로부터 다음 빈칸의 값을 적어라.

흡수 파장	425 nm에서의 흡광도		520 nm에서의 흡광도	
순수한 산성종(HMR, A)	$a_1 = A_{1A} = \varepsilon'_{1A} c_0$		$a_2 = A_{2A} = \varepsilon'_{2A} c_0$	
순수한 염기성종(MR^-, B)	$b_1 = A_{1B} = \varepsilon'_{1B} c_0$		$b_2 = A_{2B} = \varepsilon'_{2B} c_0$	

03 1, 2의 자료로부터 다음 빈칸의 값을 계산하라.

용액	A_1 (425 nm)	A_2 (520 nm)	c_A/c_0(식8)	c_B/c_0(식9)	$[HMR]/[MR^-]$ (c_A/c_B)
1					∞
2					
3					
4					
5					
6					
7					
8					
9					
10					0

memo

memo

04 3의 자료로부터 다음 빈칸의 값을 계산하라.

용액	pH	[HMR]/[MR⁻]	log([HMR]/[MR⁻])
1			–
2			
3			
4			
5			
6			
7			
8			
9			
10			–

05 4의 자료로부터 pH에 대하여 log([HMR]/[MR⁻]) 값을 그려 보아라. 얻은 그래프로부터 어떤 결론을 끌어낼 수 있는가?

06 위는 두 파장에서만 측정한 흡광도로 실험을 하여 정성적인 결과만 생각해 보았지만, 용액 2~9의 스펙트럼은 용액 1과 10의 선형 조합으로 표시할 수 있다. 엑셀을 이용하여 2~9의 용액 중 하나를 택하여 용액의 스펙트럼이 선형 조합임을 살펴보아라(선택 사항).

실험 8-2 금 나노입자의 합성과 분석

실험 목적 및 개요

최근에 와서 나노물질이 많은 주목을 받고 있으며, 미래의 과학과 기술에 매우 중요한 위치를 차지할 것이다. 이와 같은 나노과학의 일부를 접해 보고, 특별히 여러 면에서 다양하게 활용 가능성을 보인 금 나노입자를 여러 가지 입자의 크기로 합성하여 보고, 그 성질과 색을 관찰한다.

원리

나노과학이란 나노미터 수준에서 일어나는 과학을 일반적으로 일컫는 말이다. 19세기 말부터 시작된 의약품과 염료 합성, 그리고 1960~70년대 나일론·플라스틱 등의 합성 고분자 혁명은 이미 나노미터 수준에서 일어난 일이지만, 현대에 와서 반도체·신소재 등의 공학 분야에서 그 응용 가능성이 매우 커지고 있다. 나노미터란 몇 개의 원자(수 Å의 크기)보다 크지만, 거시 성질을 나타내기에는 아직도 크기가 작은 규모이다. 이 크기에서는 원자나 거시 물질에서 잘 나타나지 않는 성질이 나타나며, 때로는 매우 다른 성질도 발견된다. 예를 들면, 탄소 나노튜브는 반도체의 성질과 강철보다 100배 강한 성질 등을 지녀 첨단의 신소재 물질로 꼽히고 있다.

미국 노스웨스턴 대학의 미어킨(Mirkin) 박사 연구팀은 DNA와 단백질의 검출 과정에서 현재까지 많이 사용되고 있는 형광이나 전기화학적 방법과는 다른, 금 나노입자를 사용하는 방법을 제안하였다. 연구팀은 이 방법을 이용하여 바이오센서로서의 여러 다양한 응용 가능성들을 보여 주었는데, 그 중 하나의 예로 금표면 전극 사이에 금 나노입자를 도입하고, 은증폭(silver enhancing) 과정을 거친 후, 양 전극 사이의 전기적 저항을 측정함으로써 염기 하나가 다른 타깃 올리고뉴클레오타이드(target oligonucleotide)를 거의 완벽하게 분리 검출할 수 있었다(그림 8.4).[1] 이 실험에서 금 나노입자는 프로브 올리고뉴클레오타이드(probe oligonucleotide) 말단에 고정화되어 혼성화 과정 후에, 타깃 올리고뉴클레오타이드와 상보적인 캡쳐 올리고뉴클레오타이드(capture oligonucleotide)가 도입된 전극에서만 존재하게 된다. 여기에 은 증폭 과정을 거치게 되면 두 전극 사이가 은으로 채워지게 되어 전류가 흐른다. 반면에 타깃 올리고뉴클레오타이드가 이중 가닥을 이루지 못하는 영역에서는 금 나노입자의 수가 매우 적으므로 은 증폭 과정에 의해 두 전극이 연결되지 못하여 전류가 흐르지 않는다. 따라서 이 실험에 의하면 혼성화된 것과 그렇지 않은 것과의 신호 차이는 거의 온-오프

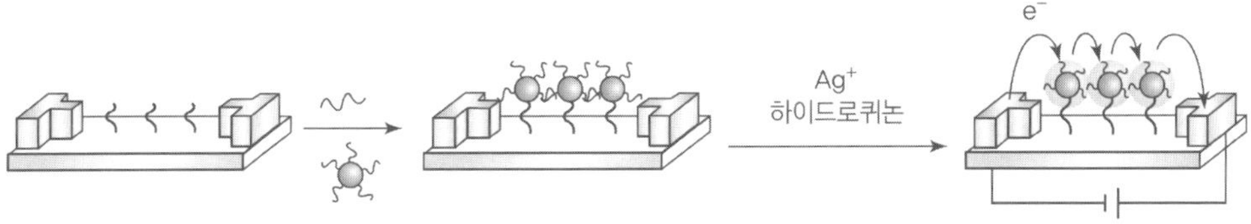

그림 8.4 금 나노입자와 은 증폭 방법에 의한 DNA의 전기적 검출.

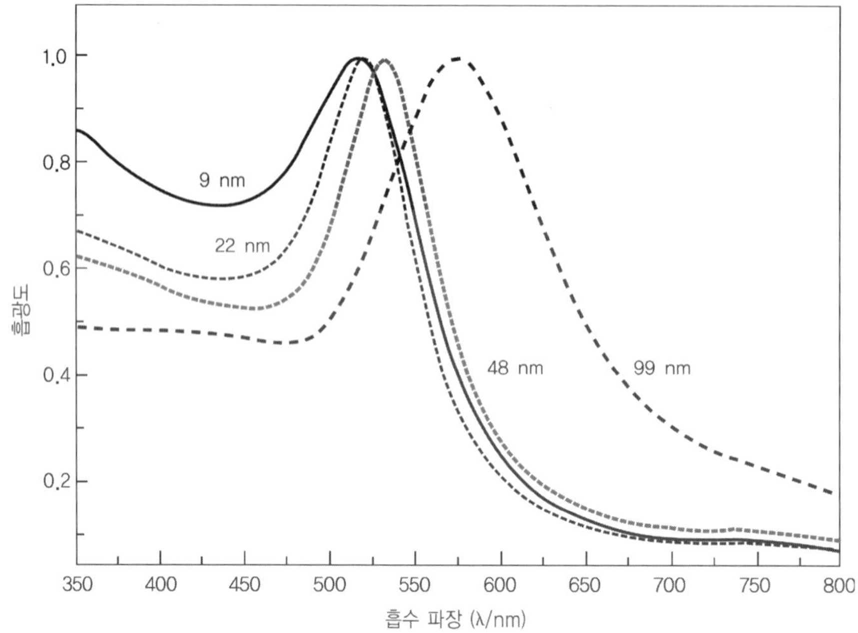

그림 8.5 지름 9, 22, 48, 99 nm 금 나노입자들의 UV-VIS 흡수 스펙트럼(Link, S., and El-Sayed, M. A., 1999 J. Phys. Chem. B 103, 4212).

시스템(on-off system) 값에 해당한다. 이 연구팀은 또한 최근에 금 나노입자와 바코드(bar-code) DNA를 이용하여 아주 낮은 농도의 단백질과 DNA를 검출할 수 있는 혁신적인 방법을 개발하였다. 이 방법을 사용하면 DNA의 경우에는 수백 zM(z = 10^{-21}), 단백질의 경우에는 수 aM(a = 10^{-18}) 농도까지도 검출할 수 있었다.

이 실험에서 금 나노입자는 Au(III) 이온을 몇 가지 서로 다른 조건과 다른 환원제로 환원시켜 만든다. 이때, 금 나노입자는 입자의 크기에 따라 붉은색에서 보라색, 청색, 검은색 등을 띠기 때문에, 금 나노입자의 생성을 확인할 수 있다. 이번 실험에서 사용할 환원제는 시트르산염 및 페닐하이드라진 염화 수소로서, 이들은 환원제로서만 아니라 금 나노입자의 표면에 달라 붙어, 나노입자가 서로 엉기는 것을 방지하는 역할도 한다. 시트르산 음이온보다 더 작은 음이온(예: 염화 이온)을 가하여 흡착된 음이온을 바꾸면, 금 나노입자 크기가 더 커지고 그러면서 색이 바뀌게 되는 것을 볼 수 있다(그림 8.5). 색의 변화는 UVVIS 분광계를 사용하여 좀 더 세밀하게 관찰할 수 있다.

참고 문헌

1. Park,S.-J.; Taton, T. A.; Mirkin, C. A., “Array-Based Electrical Detection of DNA Using Nanoparticle Probes”, Science, 2002, 295, 1503-1506.
2. Nam, J.-M.; Thaxton, C.S.; Mirkin, C.A., “Nanoparticle-Based Bio-Bar Codes for Ultrasensitive Detection of Proteins”, Science 2003, 301, 1884-1886. Nam, J. M.; Stoeva, S.; Mirkin, C.M. “Bio-Bar-Code-Based DNA Detection with PCR-like Sensitivity”, J. Am. Chem. Soc. 2004, 126, 5932-5933.
3. “Gold Nanoparticles: Assembly, Supramolecular Chemistry, Quantum-Size-Related Properties, and Applications toward Biology, Catalysis, and Nanotechnology”, Daniel,

M.-C.; Astruc, D.; Chem. Rev.; (Review); 2004; 104(1); 293-346.

4. "Programming the Assembly of Two- and Three-Dimensional Architectures with DNA and Nanoscale Inorganic Building Blocks", Mirkin, C. A.; Inorg. Chem.; (Award Paper); 2000; 39(11); 2258-2272.
5. A. D. McFarland, C. L. Haynes, C. A. Mirkin, R. P. Van Duyne and H. A. Godwin, "Color My Nanoworld,"J. Chem. Educ. 2004; 81, 544A.

memo

실험 1. 금 나노입자의 합성과 분석 1

실험 준비물

- **실험 기구 :** 50 mL 삼각 플라스크, 작은 시험관 두 개, 가열판, 온도계(−10~110℃), 레이저 포인터(laser pointer), UV−VIS 분광계.
- **시약 :** $HAuCl_4$ 1.0 mM 용액(0.05 g $HAuCl_4 \cdot H_2O$(Hydrogen tetrachloroaurate(III) hydrate, m.w. 357.8)을 250 mL의 증류수에 녹인다. 갈색 병에 보관) 10 mL, 1% 시트르산 트라이소듐 이수화물 용액, $Na_3C_6H_5O_7 \cdot 2H_2O$(m.w. 294.1, 0.5 g의 시트르산 트라이소듐 이수화물을 50 mL의 증류수에 녹여 제조) 1 mL, 1 M 소금 용액

반응

1. 1.0 mM $HAuCl_4$ 용액 10 mL를 50 mL 비커에 넣은 후 200°C로 설정한 가열판 위에서 끓인다.
2. 끓는 용액에 1% 시트르산 트라이소듐 이수화물(trisodium citrate dihydrate) 용액 1 mL를 가한다.
3. 금 입자가 천천히(5분 정도 지나면서) 생길 것이다. 콜로이드성 입자가 생기는 것은 레이저 빔이 반사되는 것으로 알 수 있다.
4. 용액을 식히고 금 나노입자의 용액 3 mL를 두 개의 작은 시험관에 각각 넣고, 한 시험관에만 1 M 소금 용액 3~6방울을 가하고 색의 변화를 관찰한다. 소금 용액을 계속 첨가하면 시험관 속에서 검은 금 덩어리를 눈으로 확인할 수 있을 것이다.

관찰

색변화를 관찰하고 기록하라. 용액의 UV-VIS 스펙트럼을 찍고 실험 보고서에 첨부하라.

memo

실험 2. 금 나노입자의 합성과 분석 2

실험 준비물

- **실험 기구**: 100 mL 삼각 플라스크, 가열판, 온도계(−10~110C), 레이저 포인터, 시험관, UV-VIS 분광계.
- **시약**: 0.1% $HAuCl_4$ 용액(0.1 g $HAuCl_4 \cdot H_2O$(Hydrogen tetrachloroaurate(III) hydrate, m.w. 357.8)을 100 mL의 증류수에 녹인다. 갈색 병에 보관) 10 mL, 1% 페닐하이드라진 염화수소 용액(Phenylhydrazine hydrochloride($C_6H_5NHNH_2 \cdot HCl$, m.w. 144.6)) 1 mL, 1% 타닌산 용액.

반응

1. 50 mL 비커에 증류수 20 mL를 담은 후, 0.1% 염화 금수소산 용액 2.5 mL를 먼저 가하고 가열판 위에서 60°C까지 가열한다. 그리고 1% 페닐하이드라진 염화 수소 용액 4~5방울을 떨어뜨린다. 청색 졸이 충분히 생기지 않았다면 몇 방울 더 첨가한다.
2. 같은 실험을 반복하되, 시약 첨가 전에 물을 80°C로 가열하고, 환원제로 1% 타닌산 용액을 한 방울 넣는다. 적색 졸을 얻을 것이다.
3. 위 두 가지 콜로이드성 입자(졸)는 보기에는 투명해 보이지만, 레이저 빔이 산란되는 것으로 틴달 효과를 볼 수 있을 것이다.

관찰

색변화를 관찰하고 기록하라. 용액의 UV-VIS 스펙트럼을 찍고 실험 보고서에 첨부하라.

memo

실험 절차

실험 절차를 매우 간략하게 요약할 것.

memo

관찰

각 실험 과정에서 관찰한 변화나 주요 사항을 메모할 것. 깨끗이 쓰는 것은 중요치 않음.

1. 금 나노입자란 무엇인가?

2. 금 나노입자를 합성하는 전통적인 방법에 대하여 조사하라.

3. 금 나노입자의 크기를 어떻게 분석할 수 있는가?

4. UV-VIS 분광계로 얻는 과학적 정보는 무엇인가?

5. 금 나노입자의 색깔이 의미하는 바는 무엇인가?

6. 금 나노입자의 크기의 분포도를 어떻게 알 수 있는가?

담당조교 확인:

실험 보고서 8.2

금 나노입자의 합성과 분석

성명: ____________ 학번: ____________ 실험조: ____________ 실험 일자: ____________

실험 결과

실험 1-3의 결과를 정리하고, UV-VIS 흡수 스펙트럼을 첨부하라. 스펙트럼으로 입자의 크기를 추정하라.

실험 1-4의 결과를 정리하고, UV-VIS 흡수 스펙트럼을 첨부하라. 스펙트럼으로 입자의 크기를 추정하라.

실험 2-1의 결과를 정리하고, UV-VIS 흡수 스펙트럼을 첨부하라. 스펙트럼으로 입자의 크기를 추정하라.

실험 2-2의 결과를 정리하고, UV-VIS 흡수 스펙트럼을 첨부하라. 스펙트럼으로 입자의 크기를 추정하라.

memo

memo

01 나노를 정의하라.

02 콜로이드는 무엇인가?

03 콜로이드성 용액이 빛을 반사시키는 이유는 무엇인가? 이러한 현상을 가리키는 용어는 무엇인가?

실험 8-3 화학 발광

실험 목적 및 개요

화학 발광은 화학 반응에서 나오는 에너지가 열 대신 빛으로 방출되는 반응이다. 흔한 예가 반딧불이의 발광이며, 이 생체 발광은 반딧불이의 루시페린(luciferin)이 효소 루시페레이스(luciferase), ATP, 산소와 반응하는 경우이다. 이번 실험에서는 Cyalume (American Cyanamide Company의 상품명)과 루미놀(luminol)을 이용하여 화학 발광을 관찰하고자 한다.

원리

1. Cyalume

Cyalume은 지금까지 알려진 발광체 중에서 가장 우수한 능력을 가지고 있다고 한다. Cyalume에 과산화 수소를 가하면 1,2-dioxetanedione이라는 중간체가 생기리라고 추측되며, 이 중간체가 그 에너지를 trans-9-(2-phenylethenyl)anthracene, 9,10-diphenylanthracene 같은 형광체 fluorescer에 전달한다. 이 과정에서 형광체의 단일항 들뜬 상태(singlet excited state)가 생성되고, 이 상태가 바닥 상태로 떨어질 때 빛이 방출된다. Cyalume과 뒤에 나올 루미놀과의 차이점은 형광체에 있다. 즉, Cyalume에서는 이 분자가 분해하여 작은 분자가 생기고 이 분자가 그 에너지를 형광체에 전달하나 (따라서 형광체의 구조에 따라, 빛의 파장이 다르다) 루미놀의 경우에는 루미놀 자체가 형광체로 작동한다. 또한, 루미놀 반응은 몇 분 안에 끝나지만, Cyalume의 발광은 하루 이상 지속된다.

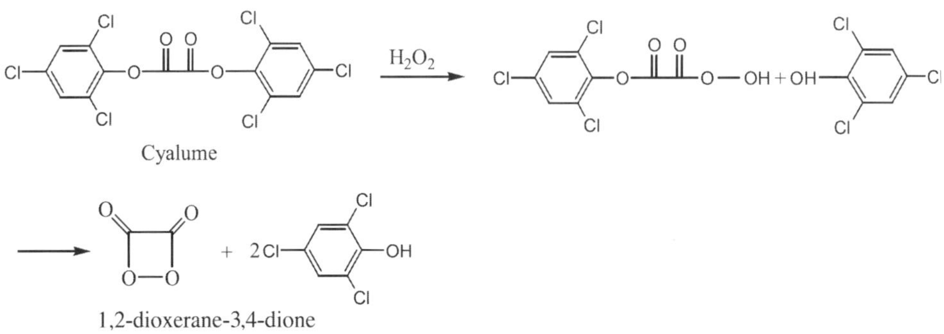

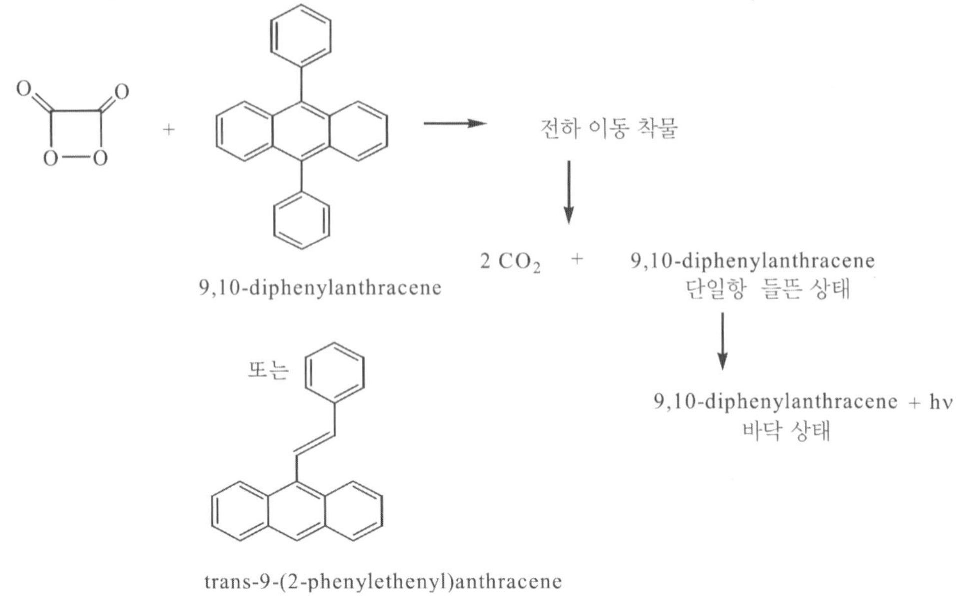

2. 루미놀

루미놀 [3-아미노프탈하이드라자이드 (3-aminophthalhydrazide)]의 알칼리성 용액을 과산화 수소와 potassium ferricyanide로 산화시키면 녹청색의 빛이 나온다. 이 화학 발광의 메커니즘은 확실하게 알려져 있지는 않으나, 3-아미노프탈레이트(3-aminophthalate) 이온의 단일항 들뜬 상태에서 빛이 나온다고 한다.

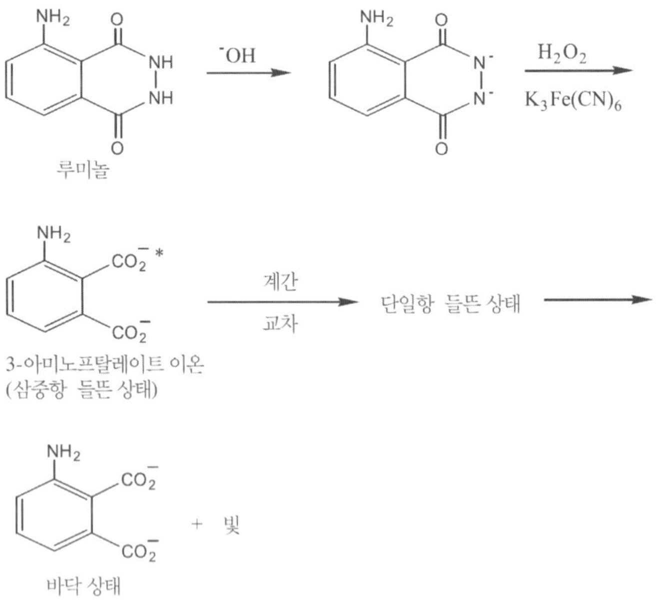

A. Cyalume 화학 발광

실험 준비물

- **실험 기구:** 시험관
- **시약 :** Cyalume 50 mg, 트랜스-9-(2-페닐에테닐)안트라센 3 mg, 프탈산 다이에틸 10 mL, 30% 과산화 수소

실험 방법

1) 임의의 발광물질을 섞어놓은 cyalume 혼합물을 대략 0.03~0.05 g 정도 측정하여 시험관에 넣고 2.5 mL의 프탈산 다이에틸을 추가한 후 물중탕에서 녹인다.
2) 다른 시험관에 2.5 mL의 프탈산 다이에틸을 넣고, 0.2 mL의 30% 과산화 수소를 가한 뒤 잘 흔든다.
3) 실험실을 어둡게 한 후, 과산화 수소 현탁액(suspension)을 Cyalume이 들어 있는 시험관에 한 방울씩 넣는다.
4) 다 가한 후, 혼합물을 차갑게 혹은 데우면서 온도 효과를 관찰한다.

B. 루미놀 화학 발광

실험 준비물

- **실험 기구:** 500 mL 삼각 플라스크, 100 mL 비커
- **시약 :** 루미놀 50 mg, 3 M NaOH 5 mL, 고체 potassium ferricyanide, 3% 과산화 수소 용액 10 mL, 3 M HCl

실험 방법

1) 500 mL 삼각 플라스크에 50 mg의 루미놀과 5 mL의 3 M NaOH를 넣고, 약 200 mL의 물을 가하여 묽힌다.
2) 1 mL의 30% 과산화 수소 용액을 가한다.
3) NaOH 고체(pellet) 3알, 3 M NaOH 용액, 3 M HCl 용액을 비커에 10 mL 각각 담는다.
4) 실험실을 어둡게 하고(완전히 어두울 필요는 없다), 200~300 mg의 (정확한 양은 중요하지 않다) 고체 potassium ferricyanide를 용액에 가하고 젓는다. 무슨 일이 일어나는지를 기록한다.
5) 4의 용액을 3에서 준비한 비커 세 곳에 적당량 부어 발광 세기를 비교한다.

memo

memo

참고 문헌

1. A.G. Mohan, "Peroxyoxalate chemiluminescence", in Chemi- and Bioluminescence, ed. J.G. Burr, New York - Basel, Marcel Dekker, Inc., 1985, pp. 245-258.
2. M.M. Rauhut, in Chemiluminescence and Bioluminescence, eds. M.J. Cormier, D.M. Hercules and J. Lee, New York, Plenum, 1973, pp. 451-460.
3. M.M. Rauhut, in Encyclopaedia of Chemical Technology, 3rd ed., ed. Kirk-Othmer, vol. 5, 1980, pp. 437-439.
4. L.J. Bollyky and M.M. Rauhut, U.S. Patent No. 3,597,362 (1971) to American Cyanamid.
5. H.W. Schneider, "A new, long-lasting luminol chemiluminescent cold light", J. Chem. Educ., 1970, 47, 519.
6. Tested Demonstrations in Chemistry, ed. L. Gilbert, et al., Denison University, Granville, OH, 1994, vol. 1, p. H-55.

memo

실험 절차

실험 절차를 매우 간략하게 요약할 것.

memo

관찰

각 실험 과정에서 관찰한 변화나 주요 사항을 메모할 것. 깨끗이 쓰는 것은 중요치 않음.

담당조교 확인:

실험 보고서 8.3

memo

화학 발광

성명: ____________ 학번: ____________ 실험조: ____________ 실험 일자: ______________

실험 결과

01 루미놀의 화학 발광 실험에서 루미놀 용액에 대한 NaOH pellet, NaOH 용액, HCl 용액의 발광 세기를 비교하라.

02 TV 시리즈 CSI를 보면, 수사관이 혈흔을 찾고자 할 때 루미놀을 이용한다. 여기에는 어떠한 원리가 숨어 있는가?

memo

03 형광의 원리와 루미놀에서의 화학 발광의 원리를 조사해 보고, 유사한 점과 다른 점을 비교하라.

04 빛을 낼 수 있는 발광법들(예를 들어 백열 전구, 형광등, …)이 있는지 조사해 보고, 화학 발광의 응용성을 제시하라.

실험 8-4 수소 원자 스펙트럼 관찰

실험 목적 및 개요

수소 원자 스펙트럼의 발견과 이 현상을 설명해 가는 과정은 현대 양자역학의 태동으로 이어지는 중요한 과학적 업적이 되었다. 이번 실험은 수소 원자에서 나오는 가시광 영역의 빛을 회절발을 이용하여 분해하고 분해된 빛의 파장을 회절 방정식에 따라 파장을 결정하고 발머 상수를 확인하고 원자에서의 전자의 양자화를 추론하고자 한다.

원리

1. 불연속적인 선 스펙트럼의 관찰

1752년 스코틀랜드의 자연철학자 토머스 멜빌(Thomas Melvill, 1726~1753)은 다양한 염(salt)을 태워보다가 물질마다 고유한 불꽃색을 갖는다는 사실을 알게 되었다. 그리고 불꽃이 내는 빛을 프리즘에 통과시키자 일반적인 빨강에서 보라로 이어지는 연속적인 스펙트럼이 아닌, 몇 개의 밝은 선만 보였나.

1814년 독일의 조셉 폰 프라운호퍼(Joseph von Fraunhofer, 1787~1826)는 태양을 관찰하다가 연속적인 스펙트럼 중간중간에 무수히 많은 어두운 선들이 나타남을 발견했다. 이는 멜빌이 관찰한 스펙트럼의 형태와는 반대의 모습이었다.

1850년대에 이르러 로베르트 분젠(Robert Wilhelm Bunsen, 1811~1899, 분젠 버너는 이 과학자의 이름을 딴 것이다)과 구스타프 키르히호프(Gustav Robert Kirchhoff, 1824~1887)에 의해 분광법이 체계화되었다. 이들이 만든 분광기를 사용하여 기체가 연소하는 과정에서 발생하는 빛의 스펙트럼을 손쉽게 관찰할 수 있었다. 그러나 그들은 원소들의 스펙트럼이 선의 형태로 나타나는 이유가 무엇인지, 그 선들이 의미하는 바가 무엇인지는 도무지 알 수 없었다. 이를 설명해내는 것이 당시 물리학자들의 큰 과제 중 하나였지만, 거의 반세기 동안 해결되지 않았다.

2. 수소 스펙트럼 분석

높은 온도의 수소에서도 역시 선 스펙트럼이 관찰되었다. 1862년 옹스트롬(Anders Jonas Ångström, 1814~1874)은 수소의 가시부분의 발광스펙트럼이 적, 청녹, 보라색의 세 선으로 이루어져 있음을 확인했다. 이후 그는 보라색의 선은 하나가 아니라 매우 가까이 있는 두 개의 선임을 알아내었다. 1868년 옹스트롬은 그의 저서 태양광선에 대한 연구(*Recherches sur le spectre solaire*)에서 회절발을 사용하여 1000여개의 선들로 이루어진 태양 스펙트럼을 옹스트롬(Ångström, Å = 10^{-10} m) 단위로 수록하였다.

1876년 옹스트롬은 가시광선 영역(400~700 nm)에서 총 4개의 선을 관찰했는데, 선의 위치는 긴 파장부터 656.21 nm, 486.074 nm, 434.01 nm, 410.12 nm로 보고했다. 이들은 각각 $H\alpha$, $H\beta$, $H\gamma$, $H\delta$ 선으로 알려졌다.

1885년, 바젤 대학의 물리학 실험실에서 하겐바하 교수의 제안에 따라 스위스의 수학자이

memo

자 교사였던 요한 발머(Johann Jakob Balmer, 1825~1898)는 수소 선 스펙트럼 파장 값들 사이의 수학적 규칙성을 연구하다가 옹스트롬의 4파장을 기초로 하여 매우 좋은 정밀도로 공통인자를 찾는 데 성공하였다. 그 당시 발머의 나이는 60세였다. 그는 이 상수를 수소 원자의 근본 상수라 생각하여 h라고 하였고, 현재는 발머 상수로 알려진 $h = 364.56$ nm로 알아내었다. 발머는 이 상수를 알아내는 과정에서 다음과 같은 분수값들을 사용하면 되고 그 분수값들은 다른 수열의 식으로 할 수 있음을 제안했다.

$$656.21\,\text{nm} = \frac{9}{5} \times 364.56\,\text{nm} \rightarrow 656.21\,\text{nm} = \frac{3^2}{3^2 - 2^2} \times 364.56\,\text{nm}$$

$$486.074\,\text{nm} = \frac{4}{3} \times 364.56\,\text{nm} \rightarrow 486.074\,\text{nm} = \frac{4^2}{4^2 - 2^2} \times 364.56\,\text{nm}$$

$$434.01\,\text{nm} = \frac{25}{21} \times 364.56\,\text{nm} \rightarrow 434.01\,\text{nm} = \frac{5^2}{5^2 - 2^2} \times 364.56\,\text{nm}$$

$$410.12\,\text{nm} = \frac{9}{8} \times 364.56\,\text{nm} \rightarrow 410.12\,\text{nm} = \frac{6^2}{6^2 - 2^2} \times 364.56\,\text{nm}$$

발머는 364.56이라는 값이 도대체 어떤 물리적 의미가 있는지, 제곱수 조합이 무엇을 의미하는지 알 수 없었지만, 어쨌든 수소 스펙트럼 파장 값이 어떤 정리된 식의 형태로 일반화될 수 있다는 것을 보여 주었다.

$$\text{발머의 식: } \lambda = \frac{m^2}{m^2 - 2^2} \times h \qquad (m = 3, 4, 5, 6;\quad h = 364.56\text{nm})$$

동료인 광화학자 보겔과 천문학자 허긴사가 알아낸 자외선 영역의 파장 값을 포함하면 $m = 7$~11까지의 값에 해당하는 파장을 확인할 수 있어 더욱 확신을 얻었다. 발머의 실험식은 3년 뒤인 1888년 스웨덴의 물리학자 요하네스 리드베리(Johannes Robert Rydberg, 1854~1919)에 의해 더욱 확장되었다. 수소 원자에 대한 리드베리의 식은 다음과 같다.

$$\frac{1}{\lambda} = R_{\text{H}}\left[\frac{1}{n_1^2} - \frac{1}{n_2^2}\right] \qquad (n_2 > n_1), \qquad R_{\text{H}} = 1.097 \times 10^7 \text{m}^{-1}$$

발머의 식은 리드베리 식 $n_1 = 2$인 특별한 경우이고, 리드베리 상수 R_{H}와 발머 상수 h는 $R_{\text{H}} = \frac{4}{h}$의 관계가 성립한다.

이후 자외선 영역의 라이먼(Lyman, $n_1 = 1$) 계열(1906~1914년에 걸쳐 이 선들을 발견한 Theodore Lyman의 이름을 따서 붙임)을 비롯해 적외선 영역의 파셴(Paschen, $n_1 = 3$, 독일의 물리학자 Friedrich Paschen이 1908년 발견), 브라켓(Brackett, $n_1 = 4$, 미국의 물리학자 Frederick Sumner Brackett 이 1922년 발견), 푼트(Pfund, $n_1 = 5$, 1924년 August Herman Pfund 발견), 험프리(Humphreys, $n_1 = 6$, 1953년 미국의 Curtis J. Humphreys 발견) 계열 등이 발견되었다.

발머와 리드베리는 측정된 스펙트럼의 파장 값을 바탕으로 일반화된 식을 찾아냈지만, 당시 여러 물리학자와 마찬가지로 수소 원자의 스펙트럼 선들이 '왜 이런 식을 만족해야 하는지', 'n_1, n_2의 값들이 무슨 의미를 갖는지'에 대해서는 설명할 수 없었다.

이후 덴마크의 물리학자 닐스 보어(Niels Bohr, 1885~1962)가 1913년 수소 원자에서의 전자 운동의 양자화라는 개념을 도입함으로써 보다 근원적인 설명이 이루어졌다. 그의 설명에 따르면 리드베리 상수는 다음과 같이 더 근본적인 값들로부터 계산할 수 있다.

$$R_Z = \frac{2\pi^2 m_e Z^2 e^4}{h^3}$$

여기서 m_e는 전자의 질량, e는 전하, h는 플랑크 상수, Z는 원자의 원자 번호(수소의 경우 1)이다.

이후 여러 과학자의 연구로 새로운 역학 체계인 양자역학이 완성되어 현대 과학의 바탕이 되었고 이 새로운 체계인 양자역학은 원자와 분자의 세계를 설명하는 데 큰 역할을 하게 되었다.

3. 회절발을 이용한 빛의 분리

일반적으로 평면인 회절발은 일정한 간격 a로 떨어진 기다란 홈이 나란히 있는 투과체 또는 반사체로 이루어져 있다. 이 회절발에 빛이 통과 또는 반사할 때 인접하는 홈을 통과하는 빛들의 경로 차이가 파장의 m배가 될 때 보강간섭을 하게 된다(Bragg의 법칙). 이 실험에서 사용할 투과 회절발의 경우는 그림 8.6과 같다.

그림 8.6과 같이 홈의 거리가 d만큼 떨어진 투과 회절발의 경우 입사광의 각도 θ_i와 투과된 빛의 각도 θ_m 사이에는는 다음과 같은 식이 성립한다.

$$d\{\sin(\theta_m) - \sin(\theta_i)\} = m\lambda \qquad m = 0,\ \pm 1,\ \pm 2,\ \dots$$

여기서 m을 회절 차수라고 한다. 차수가 0인 빛은 입사각과 동일한 각도로 통과하는 빛으로 모든 파장의 빛이 분해되지 않고 함께 진행한다. 단파장의 빛이 회절발을 통과하더라도 회절 차수에 따라 여러 각도에서 회절된 빛이 진행하게 된다. 회절된 빛의 세기는 회절발의 디자인에 따라 달라지게 된다.

회절발의 파장 분해능은 얼마나 많은 홈을 입사하는 빛이 덮는가에 따라 달라진다. 파장 분해능 R은 다음과 같은 식으로 표시할 수 있다.

$$R = \frac{\lambda}{\Delta\lambda} = mN$$

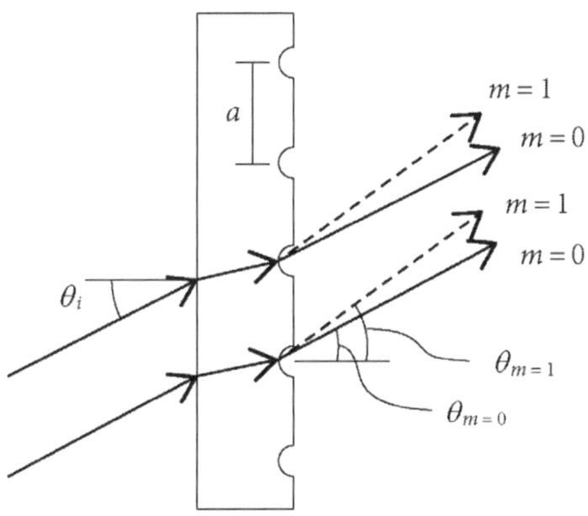

그림 8.6 투과 회절발을 통과하는 광선의 관계도.

memo

여기서 $\Delta\lambda$는 분해 가능한 파장의 차이이며 m은 회절 차수, N은 입사광이 비추는 회절발의 수를 말한다.

실험 준비물

- **실험 기구 :** 수소-중수소 기체 램프 및 전원, 투과 회절발(Transmission grating), 디지털 각도기, 광학 시스템과 레일.

실험 방법

1) 다음 그림과 같이 광학계를 구성한다. A는 수소-중수소 기체 램프와 전원, B는 집광 렌즈(f = 50mm), C는 슬릿, D는 조준 렌즈(f = 100 mm), E는 투과 회절발, F는 초점 렌즈(f = 50mm)이다.

광학계의 배열(측면에서 본 모습)

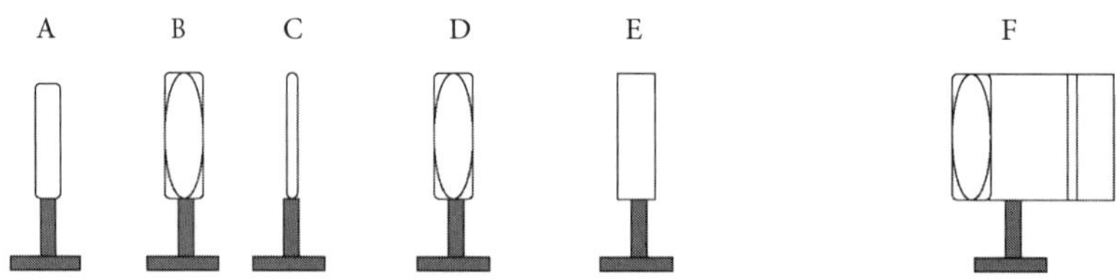

광학계의 배열(개략도)

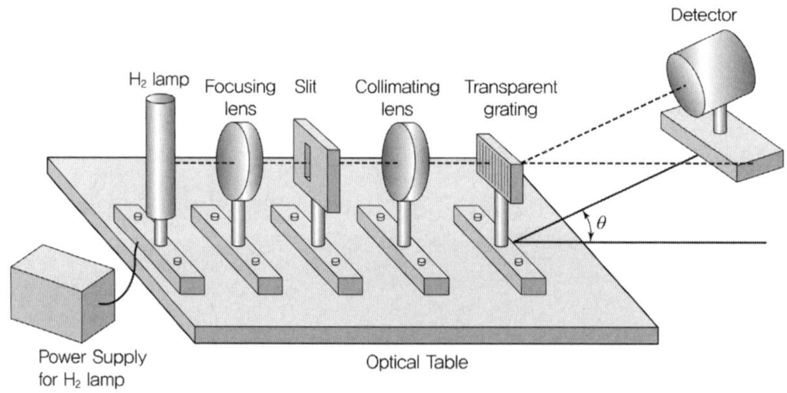

2) 다음 그림과 같이 파장을 측정하여 수소 원자의 스펙트럼을 관찰한다.

광학계의 배열(위에서 본 모습)

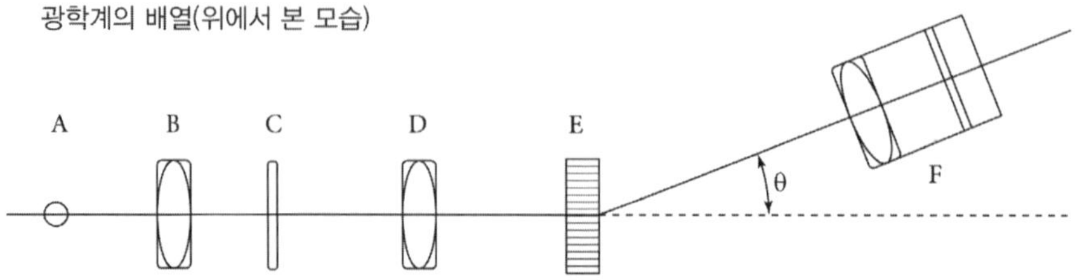

① m = 0에 해당하는 각도를 확인한다.

② m = 1에 해당하는 다음 색의 선을 확인한다.

A. 빨간색 선

B. 청녹색 선

C. 보라색 선1

D. 보라색 선2

③ m = 2에 해당하는 위치에서 선들을 확인할 수 있는가?

주의 및 참고사항

1. 실험에 쓰이는 광학렌즈(B, D, F)는 모두 자외선을 통과하지 않는 렌즈이므로 광원을 직접 관찰하지 않는 이상 자외선에 노출될 우려는 없다. 따라서 광원에서 나오는 빛을 적절히 차단하여 렌즈 B로 입사하지 않는 광은 차폐하도록 한다.
2. 회절발(E)의 회절선이 있는 표면은 손이나 다른 것으로 만지지 않도록 한다. 알코올이나 물 등으로 닦지도 말아야 한다. 먼지가 묻으면 공기로 부드럽게 떼어 내도록 한다. (입김으로 떼어내면 안 된다.)

참고 문헌

1. Balmer, J. J. (1885). "Notiz über die Spectrallinien des Wasserstoffs" [Note on the spectral lines of hydrogen]. *Annalen der Physik und Chemie.* 3rd series (독일어). **25**: 80–87. 이 논문의 영역본(Henry A. Boorse & Lloyd Motz, *The World of the Atom,* Vol. 1 (New York: Basic Books, 1966))이 다음 웹사이트에 실려 있다. https://web.lemoyne.edu/~giunta/balmer.html.
2. Bohr, Niels (1913). "On the Constitution of Atoms and Molecules, Part II Systems Containing Only a Single Nucleus", *Philosophical Magazine.* **26** (153): 476–502.

memo

실험 절차

실험 절차를 매우 간략하게 요약할 것.

memo

memo

관찰

각 실험 과정에서 관찰한 변화나 주요 사항을 메모할 것. 깨끗이 쓰는 것은 중요치 않음.

담당조교 확인:

실험 보고서 8.4

수소 원자 스펙트럼 관찰

성명: ____________ 학번: ____________ 실험조: ____________ 실험 일자: ____________

실험 결과

01 수소 스펙트럼 광학계를 기록하라.

02 관찰된 스펙트럼의 색과 각 색에 따른 각도를 측정하라.

색	각도	회절발 차수(m)	비고

memo

memo

03 사용된 투과 회절발의 특성:

회절발의 밀도 ___________ lines/mm, 회절발에 덮는 빛의 길이: ____________

04 수소 스펙트럼의 파장을 계산하라.

____

05 발머 상수를 계산하라.

____

제 9 장

무기 합성

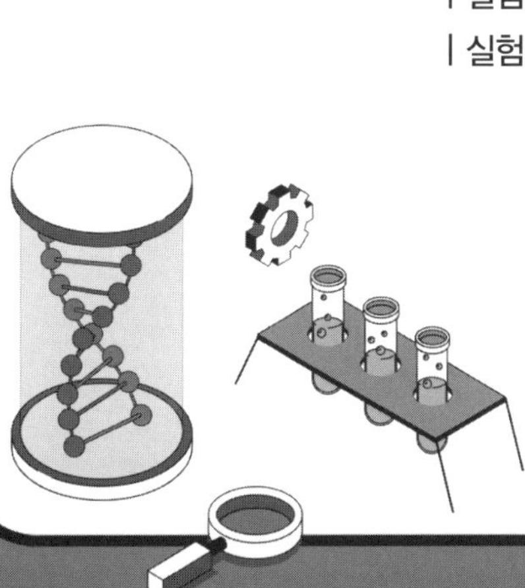

실험 9-1 착염의 성질과 제법

실험 목적 및 개요

착염이란 어떤 화합물이며, 또 어떤 화학적 성질을 가지고 있는가를 알아보고, 착염을 이루고 있는 중심 원자의 d 오비탈 전자의 수와, 산화수에 따른 리간드의 수와 기하학적 모양의 변화를 알아본다.

원리

금속 이온은 이온 결합을 이루고 있는 경우가 많지만, 다른 분자나 이온이 주는 전자쌍을 받아서 배위 결합을 이루는 경우도 있다. 예를 들면, 구리 이온은 네 개의 암모니아와 배위 결합을 한다.

$$Cu^{2+} + 4NH_3 \longrightarrow \left[\begin{array}{c} NH_3 \\ \cdot\cdot \\ H_3N : Cu : NH_3 \\ \cdot\cdot \\ NH_3 \end{array}\right]^{2+}$$

이렇게 생성된 이온을 착이온(complex ion)이라 하고, 이런 이온으로 구성된 화합눌을 착화합물(complex compound)이라 한다. 암모니아와 같이 전자쌍을 주는 화학종을 리간드(ligand)라 부르는데, 대개 C, N, O, S 등의 원소를 포함하는 분자나 이온이며, 할로젠화 이온도 리간드가 될 수 있다(예: Cl^-). 수용액 중에서 거의 대부분의 금속 이온은 M^{n+}같이 유리되어 존재할 수 없고, 물 분자가 배위된 착이온으로 존재한다. 즉, 수용액 속에서 구리 이온은 $Cu(H_2O)_4^{2+}$로 되어 있으나, 보통 간단히 Cu^{2+}로 표시한다. 중심 원자에 배위 결합을 하는 리간드의 수를 배위수(coordination number)라 부르며, 보통 4, 6과 같은 값을 가진다. 한 개의 리간드가 한 개의 중심 원자와 두 곳 이상의 배위 결합을 이루는 경우도 있으며, 이렇게 하여 생성된 착화합물을 킬레이트 화합물(chelate compound)이라고 한다. 한 개의 중심 원자에 여러 가지 다른 리간드가 동시에 배위되는 경우도 있으며, 이러한 경우 입체 이성질체가 가능하다.

착이온은 수화된 이온과 그 성질이 매우 다르며, 또한 착물 형성 반응에는 색의 변화를 가져오는 경우가 많다. 따라서 착물 형성 반응은 금속 이온의 검출이나 분리에 많이 이용된다. 이 실험에서는 Co^{2+} 및 Cu^{2+} 이온에 관하여 리간드에 따르는 색변화를 관찰하고, 간단한 착화합물을 만들어 본다.

memo

실험 준비물

- **실험 기구 :** 눈금 실린더(100 mL) 또는 피펫(10 mL), 삼각 플라스크(100 mL), 아스피레이터, 감압 플라스크, 부흐너깔때기, 유리 젓개, 비커(100 mL), 시험관, 시험관대, 거름종이, 오븐.
- **시약 :** 1.7 M $CoCl_2$, 진한 NH_3, 진한 HCl, H_2O_2(10%), $NaNO_2$(10%), 진한 CH_3COOH, KCl(10%), $CuSO_4 \cdot 5H_2O$, NH_4Cl, CH_3OH, 활성탄.

실험 방법

1. 코발트(II) 이온의 착물 형성

1) 두 개의 시험관 A, B 각각에 증류수 1 mL와 1.7 M 염화 코발트 용액 두 방울씩을 가한후, 진한 암모니아수를 한 방울씩 가한다. 침전이 생기면 침전이 녹을 때까지 진한 암모니아수를 가한다.
2) A 시험관에 진한 염산 1 mL를 가하여 색의 변화를 본다. B 시험관에 10% 과산화 수소 용액 세 방울을 가하여 그 변화를 관찰한다. 시험관을 흔들어 기포의 발생이 그치면, 약간 가열하여 기포를 완전히 제거하고 수돗물로 식힌다. 여기에 진한 염산 1 mL를 가하여 보고, A 시험관의 결과와 비교한다.
3) 시험관에 1.7 M 염화 코발트 용액 1 mL와 10% 아질산 소듐 용액 2 mL 및 진한 아세트산 0.5 mL를 넣고 잘 흔든 후, 용액을 A, B 두 시험관에 이등분하여 넣는다. A 시험관에는 10% 염화 포타슘(염화 칼륨) 용액 다섯 방울을 가하여 잘 흔든 후, 유리 막대로 시험관 내벽을 긁은 다음 방치하여 변화를 본다. B 시험관에는 10% 과산화 수소 용액 0.5 mL를 가하고 가열한 다음, 식히고 10% 염화 포타슘 용액 다섯 방울을 가한다.
4) 거름종이에 염화 코발트 용액 한 방울을 묻혀 그 부분을 알코올 램프 위에서 타지 않도록 주의하면서 말린다. 색깔의 변화를 관찰한다.

2. 황산 암민 구리(II)의 제조

1) 황산 구리 결정 7 g을 달아서 100 mL 삼각 플라스크에 넣고, 증류수 15 mL를 가하여 가열 용해시킨다. 완전히 녹으면 실온까지 식힌다.
   * 이후의 조작은 환기가 잘 이루어지는 후드 내에서 한다.
2) 진한 암모니아수를 조금씩 가하고, 처음 생긴 침전이 모두 녹을 때까지 가한다. 이때 구리 이온은 모두 테트라암민 구리(II)의 착이온이 되어 있다.
3) 이 용액에 메탄올 15 mL를 가하면 황산 테트라암민 구리(II)의 청색 침전이 생성된다.
4) 부흐너깔때기로 감압 여과한 다음, 결정을 다시 메탄올 5 mL로 씻는다.
5) 침전을 마른 거름종이에 옮겨 거름종이 사이에 넣고 눌러서 물기를 제거한다.
6) 오븐에 넣어 말린 후 질량을 측정하여 수득률을 계산한다.

memo

3. 염화 헥사암민 코발트(II)의 제조

1) 100 mL 비커에 1.7 M 염화 코발트 용액 5 mL를 넣고, 염화 암모늄 0.2 g과 활성탄 0.1 g 및 진한 암모니아수 5 mL를 가한다.
2) 용액을 저으면서 10% 과산화 수소 용액 5 mL를 천천히 가한다.
3) 후드 내에서 약 5분간 조심스럽게 가열한 후 약 30분간 방치한다.
4) 부흐너깔때기로 이 액을 감압 여과하여 활성탄을 걸러 낸다.
5) 거른액은 다른 100 mL 비커에 옮긴 후 20 mL의 진한 염산을 저으면서 가한다. 생성된 황색 침전은 염화 헥사암민 코발트(II) 착물이다.
6) 침전을 다시 부흐너깔때기로 감압 여과한 후, 마른 거름종이 사이에 넣고 눌러서 물기를 완전히 제거한다.
7) 무게를 달아 수득률을 계산한다.

주의 및 참고사항

공동으로 사용하는 시약은 시약병 옆에 실린더나 피펫을 지정하여 두고 공동으로 사용한다. 아스피레이터나 부흐너깔때기도 몇 조가 공동으로 사용할 수 있다. 메탄올을 사용할 때는 흡입하지 않도록 조심해야 한다. 염산과 초산은 매우 위험하므로 주의하여 다루어야 한다.

- **가능한 추가 실험:** UV-Vis 스펙트럼의 측정 및 해석

memo

실험 절차

실험 절차를 매우 간략하게 요약할 것.

memo

관찰

각 실험 과정에서 관찰한 변화나 주요 사항을 메모할 것. 깨끗이 쓰는 것은 중요치 않음.

담당조교 확인:

실험 보고서 9.1

착염의 성질과 제법

성명: __________ 학번: __________ 실험조: __________ 실험 일자: __________

실험 결과

01 실험 1에서 생성된 착이온의 색을 쓰고, 예상되는 착이온의 화학식을 써라.

실험		착이온의 색	착이온의 화학식
1.1		______	______
1.2	A	______	______
	B	______	______
1.3	A	______	______
	B	______	______
1.4	건조 시	______	______

02 실험 2와 3의 수득률을 계산하라.

	실험 2	실험 3
침전의 양	______g	______g
이론적인 침전량	______g	______g
수득률(%)	______%	______%

memo

memo

03 $[Co(NH_3)_4Cl_2]^+$가 팔면체 구조라면 몇 개의 기하 이성질체가 있겠는가? 그 구조를 그려라.

04 $[Pt(NH_3)_2Cl_2]$의 사각 평면 착물에는 몇 개의 기하 이성질체가 있겠는가? 그 구조를 그려라.

실험 9-2

$[Co(NH_3)_5Cl]Cl_2$의 합성 및 재결정

실험 목적 및 개요

이 실험의 목적은 일반화학 수강생들에게 배위 화학의 기본 개념을 소개하기 위하여 전이 금속 착물을 합성하는 것이다. 합성하는 화합물은 Co(III) 착물로서 배위 결합되어 있는 암모니아, Cl, Cl^- 음이온을 포함하고 있다. 이 실험에는 코발트 착물의 염을 합성, 분리, 정제하는 과정이 포함되어 있으며, 모든 실험 과정을 마치기 위해서 2주 동안 연속으로 진행한다. 첫 번째 실험을 위한 보고서의 제출은 없다. 대신 두 번째 실험 시간의 종료 시 실험책의 보고서를 뜯어 여러분이 합성한 최종 화합물과 함께 실험조교에게 제출하여야 하며, 이 실험에서의 평가는 이 보고서와 최종 생성물의 질과 양에 의하여 결정된다. 실험 보고서에는 다른 자료(실험책을 포함하여) 없이 전 실험 과정을 마칠 수 있도록 자세한 실험 과정이 정리되어 있어야 하며, 실험 시간에 계산되는 모든 수치들과 화학식, 이론적 수득량, 한계 시약(limiting reagent)에 대한 언급도 포함되어야 한다.

모든 경우에 유리 초자를 사용하여야 하며, 금속으로 된 시약주걱(spatula)을 유리 젓개 대신 사용하지 말아야 한다. 이 실험에서는 미량의 불순물이 생성물의 순도에 커다란 영향을 미칠 수 있으므로, 모든 사용 기구는 깨끗하게 낚아야 하며, 모든 경우에 증류수를 사용해야 한다.

실험 준비물

- **실험 기구 :** 물중탕 냄비, 얼음 중탕, 감압 거름(suction filtration) 장치, 비커, 눈금 실린더, 모세 유리관, 온도계, 유리 막대, 바이알(vial)
- **시약 :** 암모니아 수용액(conc. aqueous ammonia), NH_4Cl, 30% H_2O_2, $CoCl_2 \cdot 6H_2O$, conc HCl, CH_3OH

실험 방법

1. $[Co(NH_3)_5Cl]Cl_2$의 합성

이 실험의 합성은 다음과 같은 화학식으로 정리할 수 있다.

$$Co^{2+} + 4NH_3 + NH_4^+ + 3Cl^- + \frac{1}{2}H_2O_2 \rightarrow [Co(NH_3)_5Cl]Cl_2 + H_2O$$

1) 20 mL의 진한 암모니아 수용액에 NH_4Cl(염화 암모늄) 3 g을 더한 용액을 준비하여 여기에 6 g의 $CoCl_2 \cdot 6H_2O$(염화 코발트 육수화물)를 더한다.
2) 고체 덩어리가 부서지고 갈색의 현탁액(slurry)이 되도록 잘 저어준다.
3) 계속 저어주면서 5 mL의 30% H_2O_2(과산화 수소)를 모세 유리관을 사용하여 천천히 방울방울 더해 준다.
4) 거품이 일어나지 않을 때까지 계속 저어준다.

memo

5) 모세 유리관을 사용하여 20 mL의 진한 염산을 천천히, 방울방울 더해 준다.
6) 이 용액을 물중탕 냄비에서 가끔 저어주면서 30분간 가열한다.
7) 용액을 물중탕 냄비에서 꺼내 2~3분 기다린 다음, 용액이 차가워지도록 얼음 중탕에 넣는다.
8) 고체 생성물을 감압 여과 장치로 모으고, 15～20 mL의 차가운 얼음물로 씻어 준다.

2. $[Co(NH_3)_5Cl]Cl_2$의 재결정

재결정 과정을 통하여 우리는 생성물의 순도를 높일 수 있다.

1) 큰 비커에 200 mL의 2 M 암모니아 용액을 준비하고, 지난 실험 시간에 얻은 생성물을 거름종이를 사용하여 넣는다.
2) 가끔 저어주면서 물중탕 냄비를 사용하여 혼합물의 온도를 60°C로 유지한다. 온도가 너무 올라가면 비커를 물중탕 냄비에서 꺼내어 적정 온도를 유지하도록 한다.
3) 모든 고체 물질이 완전하게 녹을 때까지 계속 저어주고, 완전히 녹은 뒤에도 약 15분간 가열과 젓기를 계속한다(단, 60°C에서 한 시간 이상 저어도 고체 물질이 완전히 녹지 않으면 다음 과정으로 진행할 것).
4) 뜨거운 용액을 가능한 한 신속하게 여과한다.
5) 거름종이를 통과한 거른액(filtrate)을 세척한 큰 비커에 넣고, 가끔 저어주며 55°C까지 가열한다.
6) 5분 간격으로 세 번에 걸쳐 각각 60 mL의 12 M HCl 용액을 계속 저어 주면서 가한다.
7) 55°C에서 15~30분 정도 계속 가열한다.
8) 용액을 실온까지 식히고 얼음 중탕에 2~3분 담근 뒤 꺼내어 감압 거름 장치로 고체 생성물을 모은다.
9) 15 mL의 차가운 얼음물로 두 차례 씻어내고, 다시 30 mL의 CH_3OH(메탄올)로 두 차례 씻어 준다.
10) 세척 과정이 끝나면 필터(filter) 위에서 감압(suction)하며 15분 정도 말린다.
11) 고체 생성물을 건조시킨 작은 바이알(vial)에 넣고, 110°C 오븐(oven)에서 1～2시간 건조시킨다.
12) 모든 과정이 끝나면 실험조교에게 실험 보고서와 학번과 이름이 표기된 바이알에 들어있는 최종 생성물을 제출한다.

주의 및 참고사항

이 실험 과정은 화학2 또는 그와 동등한 과목에서 배워 화학에 관한 배경 지식을 가진 학생을 대상으로 작성되었으므로, 그렇지 않은 학생의 경우 반드시 참고 문헌을 숙독한 뒤에 실험에 해야 한다. 실험에 관한 이론적 배경이 없는 경우 주어진 시간에 실험을 마칠 수 없고 실험 보고서의 제출도 불가능하다.

이 실험에서 사용되는 모든 시약은 매우 위험하며, 적합한 방법에 의해 조심스럽게 다루어야 한다. 모든 시약은 후드 안에 보관되어야 하며, 시약이 피부나 옷에 묻었을 경우 즉시 흐르는 수돗물로 닦아야 한다. 이 실험에서 사용되는 거의 모든 시약은 눈에 들어갔을 경우 실명을 초래할 수 있으므로, 실험실 내에서는 반드시 보호 안경을 착용해야 한다. 액체를 섞거나 반응시킬 때 반드시 천천히, 그리고 조심스럽게 진행하여야 하며, 진한 용액을 희석시킬 때는 증류수에 진한 용액을 조금씩 넣어 주어야 한다.

제목

memo

실험 절차

실험 절차를 매우 간략하게 요약할 것.

memo

관찰

각 실험 과정에서 관찰한 변화나 주요 사항을 메모할 것. 깨끗이 쓰는 것은 중요치 않음.

제출 보고서

두 번째 실험의 종료와 함께 제출할 것.

담당조교 확인:

memo

실험 보고서 9.2

$[Co(NH_3)_5Cl]Cl_2$의 합성 및 재결정

성명: ___________ 학번: ___________ 실험조: ___________ 실험 일자: ___________

실험 결과

01 $[Co(NH_3)_5Cl]Cl_2$의 수득률을 구하라.

$[Co(NH_3)_5Cl]Cl_2$의 이론적 수득량

_______________________________ g

$[Co(NH_3)_5Cl]Cl_2$의 실험적 수득량

_______________________________ g

$[Co(NH_3)_5Cl]Cl_2$의 수득률(%)

_______________________________ %

$[Co(NH_3)_5Cl]Cl_2$의 색깔

____

memo

02 이외에 다른 착화합물들은 어떤 것이 있으며, 또 그 색깔은 어떤지 써라.

실험 9-3 글리신산 구리(II) 및 벤조산의 합성

실험 목적 및 개요

이 실험의 목적은 먼저 화학에서 사용되는 일부 합성 방법을 이해하는 것이고, 그 합성을 통한 생성물의 퍼센트 수득률을 결정하는 것이다.

화학 산업의 중요한 목적은 의약품, 비료, 고분자 등의 화학 제품의 제조이다. 이러한 화학 과정을 합성(synthesis)이라고 한다. 이번 실험에서는 두 종류의 짧은 합성을 행하여 구리와 아미노산의 착물인 글리신산 구리(II)[copper(II) glycinate] 착물과 벤조산(benzoic acid)을 만들려고 한다. 퍼센트 수득률은 실험에서 얻은 생성물의 양을 이론치로 나눈 후 100을 곱하여 준 값이다.

A. 글리신산 구리(II)

착물(complex)은 중심에 있는 금속 이온이 정해진 수(배위수)의 원자에 의하여 둘러싸인 화합물이다(예: 암모니아의 질소, 물의 산소). 많은 경우에 같은 분자의 두 원자가 금속 이온을 둘러싸며(배위), 이렇게 하여 생긴 화합물을 킬레이트(chelate)라고 한다. 많은 배위 화합물은 시스(cis) 혹은 트랜스(trans) 이성질체 중의 한 구조로 존재한다. 시스 이성질체에서는 같은 종류의 원자가 분자의 같은 면에 있으며 트랜스 이성질체에서는 서로 반대의 면에 놓여 있다.

이 실험에서는 글리신(glycine)과 아세트산 구리(II)[copper(II) acetate]로부터 글리신산 구리(II) 일수화물[copper(II) glycinate monohydrate]을 합성한다. 이 시스 이성질체를 180°C에서 몇 분 가열하면 트랜스 이성질체가 생성된다.

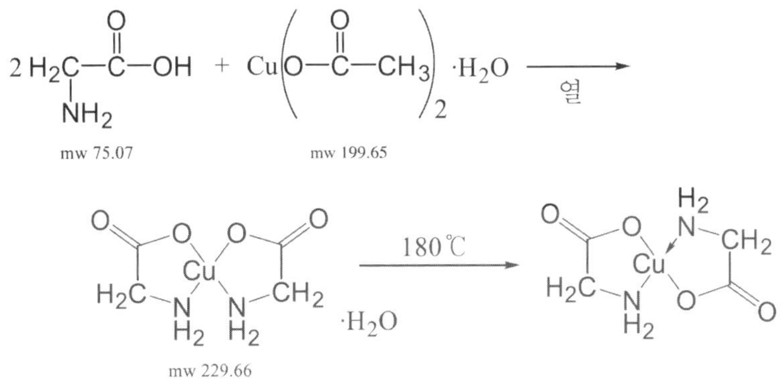

시스 이성질체 트랜스 이성질체

많은 배위 화합물은 천연물에 존재한다. 예로서, 피에서 산소를 운반하는 헤모글로빈은 철(II)의 배위 화합물이며, 광합성에 관여하는 엽록체는 마그네슘(II)의 배위 화합물이다. 구리(II) 이온의 착물도 자연에 많은 구조로 존재한다. 구리(II) 이온을 많이 섭취하면 해로우나 소량의 구리 이온은 필수 영양 성분이다. 구리 이온은 미토콘드리아에서 에너지 생산에 관여하는 효소가 원활히 활동하는 데 필요하며 뼈와 신경조직의 생성에도 필수적이라고 한다. 구

memo

리 이온은 위와 소장에서 아미노산과 펩타이드와의 착화합물을 통하여 흡수된다.

B. 벤조산

벤조산은 딸기에 많이 들어 있는 유기산이다. 벤조산은 항균 작용이 있기 때문에 식품의 방부제로 쓰인다(흔히 안식향산이라고 부른다). 이번 실험에서는 비누화 반응(saponification)이라고 알려진 반응을 이용하여 벤조산 메틸(methyl benzoate)로부터 벤조산을 만들려고 한다.

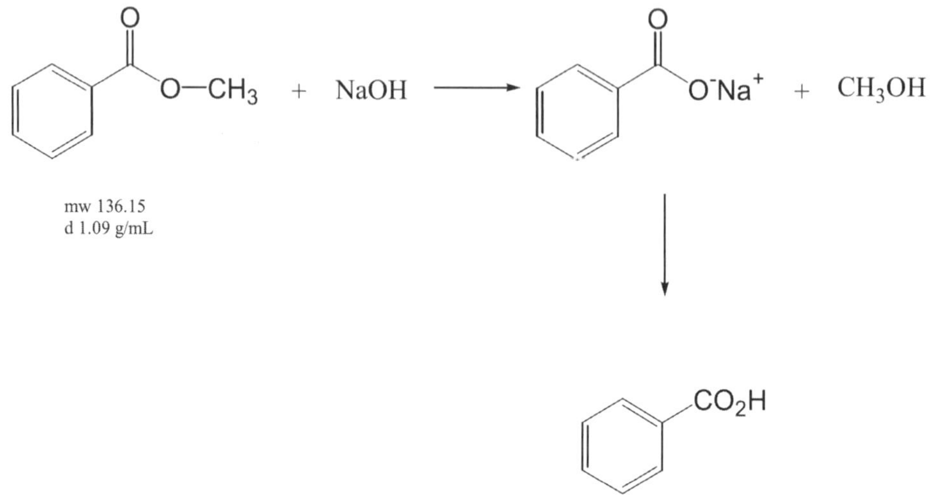

mw 136.15
d 1.09 g/mL

mw 122.12

실험 방법

A. 글리신산 구리(II)의 합성

실험 준비물

- **실험 기구 :** 150 mL 비커, 100 mL 비커, 가열판, 부흐너깔때기, 감압플라스크
- **시약 :** 아세트산 구리(II) 일수화물 0.8 g, 글리신 0.65 g, 1-프로판올 12 mL

- 반응

1) 0.80 g의 아세트산 구리(II) 일수화물을 0.01 g 단위까지 달아 150 mL 비커에 넣고 7.5 mL의 증류수를 가한다.
2) 0.65 g의 글리신(glycine)을 100 mL 비커에 넣고 5 mL의 증류수를 가한다.
3) 두 개의 비커를 가열판(hot plate) 위에서 고체가 녹을 때까지 끓인다.
4) 고체가 다 녹고 용액이 거의 끓는점에 있을 때, 두 비커를 가열판에서 치우고(뜨거움 주의) 글리신 용액을 구리 용액에 붓고 잘 저어준다.

● work up

1) 실온에서 5분 정도 식힌 후 얼음물에 비커를 담근다.
2) 결정이 생기기 시작하면 12 mL의 1-프로판올을 가한다.
3) 몇 분 더 식힌 후 부흐너깔때기를 이용하여 여과한다. 비커에 남아 있는 고체는 아세톤(wash bottle)으로 씻어 여과지에 모은다.
4) 침전물을 아세톤으로 2~3번 씻고 질량을 잰 여과지에 고체를 옮긴다.

● 분석

1) 80도 오븐에서 20분 정도 건조하고 질량을 잰다.
2) 생성물은 다음주 분석 실험에서 사용할 것이므로 버리지 말고 바이알에 담아서 보관한다.

B. 벤조산 메틸의 가수분해

실험 준비물

- **실험 기구 :** 100 mL 삼각 플라스크, 500 mL 비커
- **시약 :** 벤조산 메틸 3 mL, 1-프로판올 8 mL, 6 M NaOH 10 mL, 6 M HCl 12 mL

● 반응

1) 500 mL 비커를 증류수로 반쯤 채우고, 끓을 때까지 가열한다.
2) 100 mL 삼각 플라스크에 약 3 mL의 벤조산 메틸을 넣고 질량을 0.01 g까지 잰다.
3) 8 mL의 1-프로판올, 10 mL의 6 M NaOH를 넣고 잘 저어준 후, 끓는 물이 담긴 비커에서 15분간 가열한다.

● work up

1. 물중탕에서 꺼내고 얼음물에서 몇 분 동안 식힌다.
2. 얼음물에서 12 mL의 6 M HCl을 가한다.
3. 생성물을 부흐너깔때기를 이용하여 여과하고, 고체를 얼음물로 세 번 씻어 공기 중에서 하루 동안 말린다.

● 분석

1. 생성물의 질량을 재고 수득률을 계산한다.
2. 생성물의 mp를 측정한다.

memo

memo

실험 절차

실험 절차를 매우 간략하게 요약할 것.

memo

관찰

각 실험 과정에서 관찰한 변화나 주요 사항을 메모할 것. 깨끗이 쓰는 것은 중요치 않음.

담당조교 확인:

실험 보고서 9.3

글리신산 구리(II) 및 벤조산의 합성

성명: ___________ 학번: ___________ 실험조: ___________ 실험 일자: ___________

memo

실험 결과

실험 A. 글리신산 구리(II) 일수화물의 합성

01 아세트산 구리(II) 일수화물의 질량 ________________ g

02 아세트산 구리(II) 일수화물의 몰질량 ________________ g/mol

03 아세트산 구리(II) 일수화물의 몰수 ________________ mol

04 글리신의 질량 ________________ g

05 글리신의 몰질량 ________________ g/mol

06 글리신의 몰수 ________________ mol

07 글리신산 구리(II) 일수화물의 몰질량 ________________ g/mol

08 $Cu(OAc)_2 \cdot H_2O$에 근거한 글리신산 구리(II) 일수화물의 이론적 수득량

________________ g

09 글리신에 근거한 글리신산 구리(II) 일수화물의 이론적 수득량

________________ g

10 한계 시약 ________________

11 여과지의 질량 ________________ g

12 여과지와 생성물의 질량 ________________ g

13 글리신산 구리(II) 일수화물의 질량 ________________ g

14 글리신산 구리(II) 일수화물의 퍼센트 수득률 ________________ %

memo

실험 B. 벤조산 메틸(methyl benzoate)의 가수분해

01 벤조산 메틸의 질량 ____________________ g

02 벤조산 메틸의 몰질량 ____________________ g/mol

03 벤조산 메틸의 몰수 ____________________ mol

04 벤조산(benzoic acid)의 이론적 수득량 ____________________ g

05 실험에서 얻은 벤조산의 질량 ____________________ g

06 벤조산의 퍼센트 수득률 ____________________ %

07 벤조산의 mp ____________________ ℃

실험 9-4 글리신산 구리(II)의 정량 분석

실험 목적 및 개요

이 실험에서는 정량 분석에서 쓰이는 아이오딘 적정법(iodometric titration)을 이해할 것이다.

앞 실험에서 얻은 구리 이온의 착물인 글리신산 구리(II) 일수화물에 들어 있는 구리 성분의 질량 백분율을 아이오딘 적정법으로 결정하고자 한다. 구리 착물을 묽은 산에 녹인 후 과량의 KI와 반응시키면 다음의 식에 따라 트라이아이오딘화 이온이 생긴다.

$$2Cu^{2+}(aq) + 5I^-(aq) \rightarrow 2CuI(s) + I_3^-(aq)$$

이 반응에서 생기는 I_3^- 이온을 농도를 아는 싸이오황산 용액으로 적정한다.

$$I_3^-(aq) + 2S_2O_3^{2-}(aq) \rightarrow 3I^-(aq) + S_4O_6^{2-}(aq)$$

위의 두 식을 더하면

$$2Cu^{2+}(aq) + 2I^-(aq) + 2S_2O_3^{2-}(aq) \rightarrow 2CuI(s) + S_4O_6^{2-}(aq)$$

가 얻어지며, 아이오딘화 이온은 변화하지 않는다. I_3^- 이온의 색깔이 점점 엷어짐을 관찰하여 적정의 종말점을 알 수 있으나, 더 예리한 종말점을 얻기 위하여 아이오딘의 색이 엷어지기 시작한 후에 녹말 용액을 가한다. 아이오딘은 녹말과 착화합물을 형성하여 진한 보라색을 만든다. 이 색이 사라지는 순간이 모든 I_3^- 이온이 I^- 이온으로 환원된 종말점이다.

실험 준비물

- **실험 기구 :** 10.00 mL 피펫, 뷰렛, 100 mL 부피 측정용 플라스크, 250 mL 삼각 플라스크, 50 mL 눈금 실린더
- **시약 :** 약 0.3 g의 글리신산 구리(II) 일수화물(0.01 g까지 질량 측정), 0.05 M H_2SO_4 35 mL, KI 1.0 g, 1% 녹말 용액, 0.1 M 싸이오황산 소듐 용액

실험 방법

1) 0.3 g 정도의 글리신산 구리(II) 일수화물을 0.01 g까지 질량을 잰 후, 250 mL 삼각 플라스크에 넣고 35 mL의 0.05 M H_2SO_4를 가하여 녹인다.
2) 1.0 g의 KI를 넣고 잘 젓는다.
3) 0.1 M 정도의 싸이오황산 소듐으로 아이오딘의 색이 사라지기 시작할 때까지 적정한다.
4) 이 점에서, 2 mL의 녹말 용액을 가하고 녹말-아이오딘 착물의 색이 사라질 때까지 적정을 계속한다(종말점에서는 반 방울에 의하여 색이 변한다).
5) 적정을 다시 한번 반복한다.

memo

실험 절차

실험 절차를 매우 간략하게 요약할 것.

memo

관찰

각 실험 과정에서 관찰한 변화나 주요 사항을 메모할 것. 깨끗이 쓰는 것은 중요치 않음.

담당조교 확인:

실험 보고서 9.4

글리신산 구리(II)의 정량 분석

성명: ____________ 학번: ____________ 실험조: ____________ 실험 일자: ______________

실험 결과

01 싸이오황산 소듐의 몰농도

______________ ______________

02 글리신산 구리(II)의 질량(g)

______________ ______________

03 최종 뷰렛 눈금(mL)

______________ ______________

04 처음 뷰렛 눈금(mL)

______________ ______________

05 싸이오황산 용액의 부피(mL)

______________ ______________

06 싸이오황산 소듐의 몰수(mol)

______________ ______________

memo

memo

07 Cu^{2+}의 몰수(mol)

08 Cu^{2+}의 그램수(g)

09 구리의 질량 백분율(%)

10 구리의 평균 질량 백분율(%)

11 구리의 이론 질량 백분율(%)

12 백분율 오차(%)

제 10 장

분리 및 분석

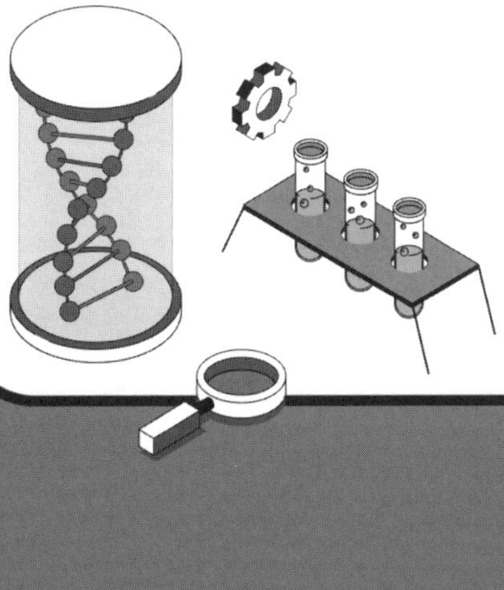

실험 10-1 얇은층 크로마토그래피에 의한 엽록체 색소의 분리

실험 목적 및 개요

이 실험에서는 얇은층 크로마토그래피(Thin-layer Chromatography, TLC)를 이용하여 식물의 엽록체 색소를 분리한다.

화학자가 흔히 만나게 되는 문제 중의 하나는 어떠한 특정 물질이 시료에 들어 있는지를 알아내는 일이다. 예를 들어, 혈중에 알코올이 있는지, 우리가 먹는 물고기에 PCB (polychlorinated biphenyl) 같은 유독 물질이 있는지, 음료수에 납이 들어 있는지의 여부를 알아야 할 경우가 있을 것이다. 이러한 문제를 다루는 화학의 분야를 분석화학, 더 자세히 말하는 정성 분석이라고 한다. 특히 어떠한 오염 물질들은 공기나 식용수에 소량만 존재하여도 인간의 건강을 위협하기 때문에, 이러한 물질이 있는지를 아는 것은 매우 중요하다. 현재, 피코그램 이하의 양까지 측정할 수 있는 다양한 방법이 개발되어 사용되고 있다.

원리

영국의 화학자 마틴(Archer Martin)과 싱(Richard Synge)은 1941년에 함께 분배 크로마토그래피법(partition chromatography)을 창시하였고, 1944년 종이 크로마토그래피를 발명하였다. 이 두 사람은 크로마토그래피 개발에 대한 공로로 1952년에 공동으로 노벨 화학상을 수상하였다. 이와 같은 획기적인 분리법은 조작이 간단하며 특별한 장치가 필요 없다는 큰 장점으로 현대의 실험실에서도 광범위하고 유용하게 사용되고 있다. 생어(Frederick Sanger)는 단백질의 아미노산 서열을 분석하는 방법을 개발해 인슐린의 아미노산 서열을 밝혀 1958년 노벨 화학상을 받았다. 그리고 20여 년 뒤 핵산(DNA와 RNA)의 염기서열을 해독하는 방법을 고안해 1980년 두 번째 노벨 화학상을 받았다. 생어가 사용한 방법 역시 크로마토그래피의 확장된 원리로 설명할 수 있다.

크로마토그래피(chromatography)는 혼합물에 들어 있는 매우 작은 양의 물질을 분리하고 확인하는 데 쓰이는 방법이다. 이 방법은 혼합물에 있는 서로 다른 성분들이 두 개의 서로 섞이지 않는 상(相) 사이에 서로 다르게 분배되는 현상에 근거하고 있다. 이때 두 개의 서로 섞이지 않는 상을 고정상과 이동상이라고 한다. 고정상은 고체 혹은 액체일 수 있고, 이동상은 액체 혹은 기체일 수 있다. 이 두 상 사이에서의 각 물질의 분배 계수가 서로 다르기 때문에 물질이 서로 분리된다. 만약에 한 물질이 다른 물질보다 이동상에 더 잘 녹고 고정상에 덜 녹는다면, 그 물질은 이동상을 따라 더 멀리 이동할 것이다. 얇은층 크로마토그래피에서는 용매가 이동한 거리에 대하여 용질이 이동한 거리를 R_f값으로 나타낸다.

$$R_f = \text{용질이 이동한 거리}/\text{용매가 이동한 거리}$$

얇은층 크로마토그래피는 소량의 물질의 존재를 알아낼 수 있는 간단하지만, 매우 효과적인 방법이다. 이 방법에서는 실리카 젤(silica gel) 혹은 알루미나(alumina) 같은 고체가 고정상으로 작용한다. 분리하고자 하는 혼합물을 TLC 판의 한 끝에 작은 점으로 점적하고, 이동상

memo

역할을 하는 용매(전개 용액)에 담근다. 그러면 모세관 현상에 의하여 용매는 얇은층 위로 이동하고, 동시에 혼합물에 있는 각 성분이 위로 이동한다. 이때 한 성분이 얇은층에 흡착되는 것보다 용매에 더 잘 녹는다면, 그 성분은 다른 성분보다 위로 더 이동할 것이다.

따라서 각 성분이 주어진 용매에서의 용해도가 서로 다르고, 얇은층에 흡착되는 정도가 서로 다르다면, 각 성분은 서로 다른 속도로 위로 이동할 것이며, 따라서 각 성분을 분리할 수 있을 것이다.

용매가 TLC 판의 다른 쪽 끝에서 0.7 cm까지 도달하였을 때, TLC 판을 용매에서 꺼내고 말린다. 각 성분이 색이 있으면 직접 분리된 물질을 볼 수 있다. 색깔이 없다면 다른 방법으로 확인해야 한다. 형광물질이 이미 들어 있는 TLC 판을 사용한 경우에 성분들이 자외선을 흡수한다면, 자외선을 쪼여 주었을 때 그 성분들은 검은색으로 나타날 것이다. 많이 쓰이는 다른 방법으로는 아이오딘을 사용하는 것이다. 즉, TLC 판을 몇 개의 아이오딘 결정이 들어 있는 병에 넣고 뚜껑을 덮는다. TLC 판에 유기 물질이 흡착되어 있으면 아이오딘의 증기가 여기에 달라붙게 되어 노란색 혹은 갈색을 띠게 된다. TLC 판을 아이오딘 병에서 꺼낸 후, 색깔을 띤 점을 연필로 표시하면 된다. 공기 중에 놓아두면 아이오딘이 기화하기 때문에 점점 색이 사라지게 된다.

원래, 크로마토그래피라는 방법은 식물의 색깔을 띤 염료 성분을 분리하기 위하여 처음 사용되었기 때문에 크로마토그래피(chromatography)라는 말은, 색을 나타내는 그리스어 크로마(chroma)와 쓴다는 의미인 그라페(graphein)에서 유래되었다.

이번 실험에서는 식물의 광합성이 일어나는 기관인 엽록체에 들어 있는 색소(chlorophyll a, chlorophyll b, xanthophyll, pheophytin, β-carotene)를 얇은층 크로마토그래피를 이용하여 분리하고자 한다.

실험 준비물

- **실험 기구 :** 모세 유리관, TLC 병(6 × 8 cm), TLC 판(폴리에스터, 20 × 20 cm), 비커, 막자, 사발, 드라이기, 연필, 자.
- **시약 :** 시금치, 당근, 모래, 엽록소 추출물, 석유 에터, 아세톤, 거름종이.

실험 방법

1) 깨끗한 막자 사발에 1 g의 시금치, 1 g의 모래, 아세톤 : 석유 에터 = 1 : 1 비율의 추출액을 넣고, 시금치를 충분히 갈아서 녹색의 엽록소가 유기 용매로 추출이 되도록 한다.
2) 10 × 2 cm 크기의 TLC 판에 양쪽 끝에서 0.7 cm 거리에 연필로 선을 긋는다(볼펜, 사인펜 등으로 하면 안되는 이유는 무엇인가?).
3) 모세 유리관을 사용하여 엽록소 추출액을 연필로 그은 선 중앙에 점적한다. 이때 점적한 부분이 가능한 한 작은 원이 되도록 한다. 점적 후 드라이기를 이용하여 완전히 말린 후, 녹색이 뚜렷하게 보일 때까지 반복하여 4회 정도 점적한다.
4) TLC 병에 TLC 판을 넣은 다음, 전개 용매(석유 에터와 아세톤의 3 : 1 혼합 용액)를 3 mm 깊이로 붓고, 앞에서 점적한 TLC 판을 병 안에 넣고 마개를 닫는다.
5) 전개 용매가 TLC 끝부분의 0.7 cm 정도에 도달했을 때 TLC 판을 꺼내 전개 용액이 올라

간 부분을 연필로 표시하고, TLC 판이 마를 때까지 기다린다.

6) R_f 값이 가장 작은 곳에 노란색을 띤 초록색 밴드가 엽록소 b이며, 그 위에 푸른색을 띤 녹색 밴드가 엽록소 a이고, 가장 위에는 카로틴이 노란 주황색 밴드로 나타난다. 잔토필 밴드는 엽록소 b 아래쪽에 노란색으로 몇 개가 나타나고, pheophytin은 카로틴 밑에 짙은 녹색 또는 회색으로 나타나기도 한다.각각의 색소의 R_f 값을 구하라.

7) 다른 조성의 전개 용매(석유 에터와 아세톤의 9 : 1 혼합 용액)를 사용하여 위의 실험을 반복한다.

8) 당근에 대해서도 위와 같은 방법으로 실험한다.

memo

참고 문헌

Hao T. Quach, Robert L. Steeper, and G. William Griffin," An Improved Method for the Extraction and Thin-Layer Chromatography of Chlorophyll a and b from Spinach", J. Chem. Educ., 2004, 81 (3), p 385

제목

memo

실험 절차

실험 절차를 매우 간략하게 요약할 것.

memo

관찰

각 실험 과정에서 관찰한 변화나 주요 사항을 메모할 것. 깨끗이 쓰는 것은 중요치 않음.

담당조교 확인:

실험 보고서 10.1

얇은층 크로마토그래피에 의한 엽록체 색소의 분리

성명: __________ 학번: __________ 실험조: __________ 실험 일자: __________

실험 결과

01 엽록소 a와 엽록소 b, 카로틴의 분자 구조는 다음과 같다. 엽록소의 R_f 값이 카로틴의 값보다 작은 이유를 설명하라.

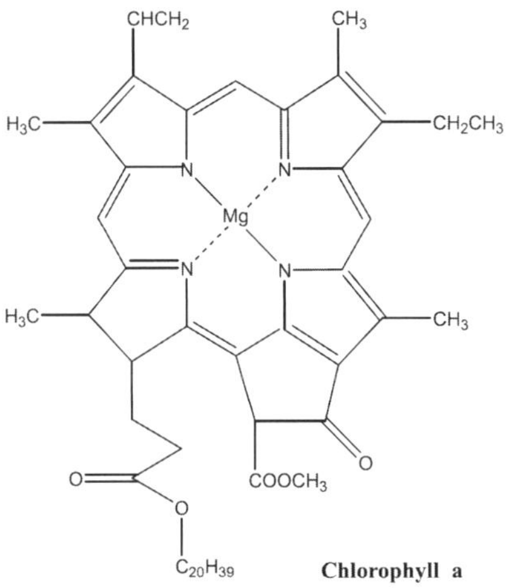

Chlorophyll a

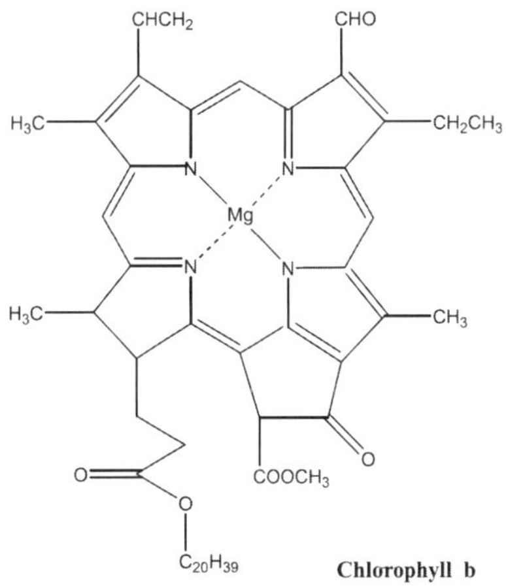

Chlorophyll b

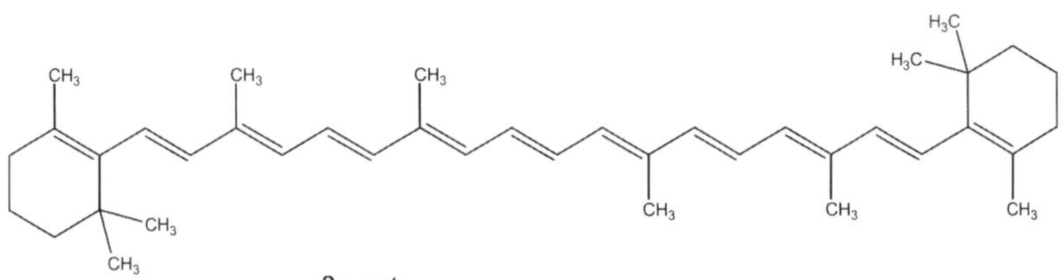

β-carotene

02 엽록소 a의 최대 흡수 파장은 663 nm이다. 엽록소 a의 최대 흡수 파장과 색깔의 관계를 설명하라.

memo

memo

03 잔토필(xanthophyll), 페오피틴(pheophytin)의 화학 구조와 색을 찾아보아라.

실험 10-2 차에서 카페인 분리

실험 목적 및 개요

이 실험은 차에서 천연물인 카페인(caffeine)을 용해도 차이를 이용하여 추출해 분리하여 보는 것이다.

원리

의약으로 사용되는 많은 천연물(natural product)들은 주로 식물에서 얻어진다. 1803년에 아편(opium)에서 모르핀(morphine)을 분리한 이래, 스트리키닌(strychnine, 1817년), 카페인(1820년), 니코틴(nicotine, 1828년), 코카인(cocaine, 1855년), 디지탈린 (digitaline, 1868년)등의 천연물이 식물에서 분리되었다. 이러한 천연물은 알칼리 성질이 있고 질소를 포함하고 있기 때문에 알칼로이드(alkaloid)라고 부른다.

이번 실험에서 분리할 카페인은 차, 커피, 콜라 등의 식물에 들어 있으며, 차의 마른 잎에는 2~3% 정도가 들어 있다. 카페인은 뜨거운 물에 잘 녹아나기 때문에 뜨거운 물에 찻잎을 담그면 물에 녹게 된다. 이때 카페인 이외에 떫은 맛을 가진 디닌(tannin) 성분도 물에 녹게 된다. 물에 녹아 있는 카페인을 얻기 위하여 수용액을 유기 용매인 이염화 메테인으로 추출하면, 카페인과 타닌이 녹아 있는 이염화 메테인 용액을 얻을 수 있다. 타닌은 산성기인 카복실기(carboxy group)를 가지고 있기 때문에 염기성 용액에 녹는 성질이 있다. 따라서 앞에서 얻은 이염화 메테인 용액을 NaOH 용액으로 씻어 주면 타닌 성분을 쉽게 제거할 수 있고, 유기 용매를 증발시키면 흰색의 카페인을 분리할 수 있다.

순수한 카페인은 흰색이며, 녹는점은 235~237°C이다.

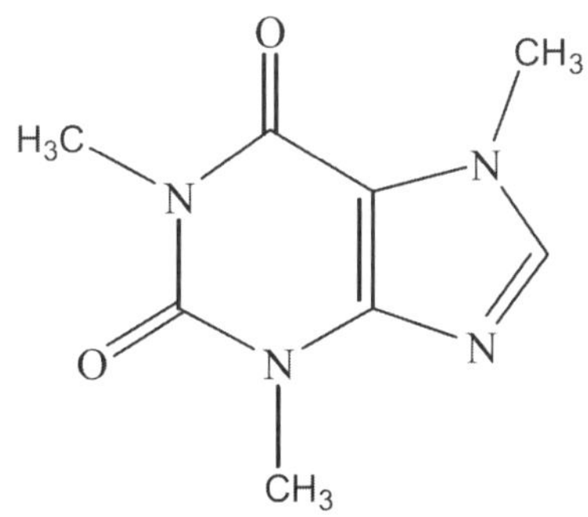

카페인

실험 준비물

- **실험 기구 :** 가열판 한 개, 비커(200 mL, 세 개), 비커(100 mL, 두 개), 플라스크(100 mL, 한 개), 시계 접시 두 개, 유리 막대 한 개, 분별 깔때기(200 mL 정도, 한 개), 분별 깔때기용 스탠드 및 고리 한 개, 파스퇴르 피펫 및 고무 벌브 한 개, 감압 플라스크(125 mL) 및 부흐너깔때기 한 개
- **시약 :** 카페인 음료, 이염화 메테인(CH_2Cl_2), 3 M NaOH 용액, 무수 황산 소듐

memo

실험 방법

1) 200 mL 비커에 증류수 100 mL를 붓고 가열판을 사용하여 97~99°C로 온도를 올린다.
2) 이 온도가 되면 카페인 음료 70 mL를 넣고, 1분 정도 잘 저어준다. 1분 후 용액을 얼음물이나 수돗물에 담가 실온으로 식힌다.
3) 식힌 용액을 분별 깔때기에 붓고, 20 mL의 이염화 메테인으로 세 번 추출한다(이염화 메테인층은 아래층이다). 모아진 이염화 메테인 추출액을 다시 분별 깔때기에 붓고(추출이 끝난 차 용액은 버린다), 차가운 6 M NaOH 용액 20 mL로 두 번, 그리고 차가운 증류수 20 mL로 한번 씻어준다.
4) 이염화 메테인 용액을 무수 황산 소듐(2~3스푼 정도)을 넣어 건조시키고, 미리 세 자리수 저울로 무게를 재어 건조시킨 100 mL 플라스크에 붓는다. 이때 황산 소듐이 따라 나오지 않도록 주의한다.
5) 후드에서 이염화 메테인 용액을 가열판 위에 올려놓고 농축시키면 고체가 얻어진다(이때 너무 온도가 높으면 카페인이 승화한다). 이 고체가 카페인이다.

제목

memo

실험 절차

실험 절차를 매우 간략하게 요약할 것.

memo

관찰

각 실험 과정에서 관찰한 변화나 주요 사항을 메모할 것. 깨끗이 쓰는 것은 중요치 않음.

담당조교 확인:

실험 보고서 10.2

차에서 카페인 분리

성명: ____________ 학번: ____________ 실험조: ____________ 실험 일자: ____________

실험 결과

01 스트리키닌(strychnine), 니코틴(nicotine), 코카인(cocaine), 디지탈린(digitaline) 등의 천연물이 들어 있는 식물의 이름과 이러한 알칼로이드의 약리 효과를 조사하라.

02 카페인은 어떠한 약리 효과가 있는지 찾아보아라.

03 디카페인 커피(decaffeinated coffee)는 카페인이 들어 있지 않은 커피를 말한다. 전에는 이염화메테인을 사용하여 커피에서 카페인을 제거하였으나, 이염화 메테인의 독성 문제로 현재에는 다른 방법을 사용하고 있다. 어떠한 방법을 사용하는지 찾아보아라.

memo

memo

04 커피의 향은 커피에 들어 있는 다양한 종류의 화합물(휘발성 산, 알칼로이드, 페놀, 알데하이드, 아민, 피리딘, 피롤, 머캅탄 등) 때문이다. 약 200개 이상의 화합물이 발견되었는데, 이러한 화합물은 커피를 만드는 과정에서 생긴다고 한다. 이 과정이 어떠한 과정인지 알아보자. 또한 커피를 만드는 과정을 조사하라.

05 1) 사용한 차에 대한 자료

차의 종류	
색	
제조회사	
사용량	
기타	

2) 추출한 카페인에 대한 자료

	정제하기 전	정제한 후
카페인의 양		
색		
녹는점		
기타		

실험 10-3 비타민 C의 분석

실험 목적 및 개요

비타민 C(Vitamin C)의 역사는 괴혈병의 역사이며, 괴혈병은 아마도 결핍증으로 인식된 최초의 질병일 것이다. 괴혈병은 피로, 살과 잇몸에서의 출혈, 설사 등의 증상을 보이며, 이로 인하여 사망하는 경우가 보통이었다. 괴혈병은 돼지쥐(guinea pig), 영장류, 사람에게만 있는 유일한 질병이다. 다른 모든 동물은 L-글루코락톤(L-glucolactone)을 L-아스코브산(L-ascorbic acid, 비타민 C)로 산화시키는 효소를 가지고 있어서 대사 과정에 필요한 양만큼의 비타민 C를 합성할 수 있다.

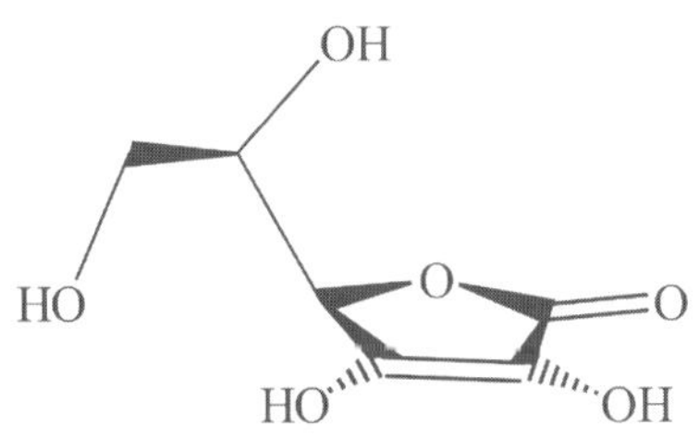

L-아스코르브산--비타민 C

1536년 초에 프랑스의 과학자인 카르티에(Jacques Cartier)는 아메리카 원주민이 쓰던 소나무 껍질과 잎에서 우려낸 액이 괴혈병 치료에 놀랄만한 효과가 있다고 보고하였다. 오늘날에는 이러한 종류들이 아스코브산의 좋은 공급원으로 알려져 있다. 그러나 비타민 C를 분리하고, 특성을 알아내고, 합성하는 데는 약 400년의 세월이 흘렀다. 18세기 후반기에 영국 해군은 괴혈병을 예방하기 위해서 함상에서 라임을 사용하도록 지시하였다. 상선들은 이러한 처방을 엉터리 의술로 여겼으며, 해병들을 'Limey'라고 빗대기도 하였다. 그 당시에 괴혈병은 항해 중인 선박에서는 심각한 문제였으며, 장기 항해 중인 선박의 승무원 반 정도가 괴혈병으로 사망하기까지 하였다.

비타민 C의 권장량은 성인이 하루에 60 mg이며, 임신 중에는 20 mg을 더 섭취해야 한다. 아기에게 젖을 먹이는 부인들은 모유에 충분한 비타민 C를 유지하기 위해서 하루에 40 mg을 더 섭취할 것을 권장한다(어른의 경우 괴혈병 예방에 하루에 10 mg의 비타민 C가 필요하다). 감기나 독감을 예방하기 위해서는 일일권장량보다 더 많이 섭취해야 한다는 논의가 많이 있어 왔다. 노벨 화학상 수상자인 폴링(Linus Pauling)은 그의 저서 '비타민 C와 감기'에서 개인은 생리 상황에 따라 250 mg에서 10 g의 비타민 C를 섭취해야 한다고 주장하였다.

비타민 C는 육탄소 사슬로, 화학적으로는 글루코스와 밀접하다. 이는 1928년 헝가리 태생의 과학자인 센트 죄르지(Szent-Gyrgyi)에 의해 처음 분리되었으며, 1933년 하워스(Walter Haworth)에 의해 그 구조가 밝혀졌다. 1934년 라이히슈타인(Tadeus Reichstein)은 글루코스로부터 비타민 C를 합성하는 4단계의 저렴한 합성법을 알아내었으며, 이 방법은 비타민 C를 상업적으로 합성하는 데 사용되어 왔다. 비타민 C는 신선한 과일이나 채소류에 많이 들어 있으며, 식료품에 들어 있는 비타민 C의 함량은 표 10.1과 같다.

표 10.1 식료품에 들어 있는 비타민 C의 양.

비타민 C(mg/100g)	식료품
100 ~ 350	고추, 피망, 파슬리, 무
25 ~ 100	오렌지주스, 토마토주스, 겨자, 시금치, 양배추
10 ~ 25	푸른콩, 완두콩, 옥수수, 아스파라거스, 파인애플, 덩굴 월귤, 오이, 상추
10 이하	달걀, 우유, 당근, 사탕무, 조리된 쇠고기

이 실험에서 사용할 분석법은 비타민 C가 쉽게 산화되는 성질을 이용한다. 식 (1a)에 보인 것과 같이 비타민 C는 산성 조건에서 데하이드로아스코브산으로 쉽게 산화된다. '데하이드로'의 의미는 밑줄로 표시한 수소 원자가 제거된 구조를 말한다(산화는 염기성 조건에서 더 쉽게 일어난다. 그 이유는?). 이 실험에서는 비타민 C를 산화시키기 위해서 산화제로 아이오딘을 사용하며, 식 1b의 환원 반응을 이용할 것이다. 적정이 진행되면서 비타민 C가 완전히 소진된 후에는 I_2가 누적되면서, 이미 용액 중에 존재하는 I^- 이온과 반응하여 진한 붉은색의 I_3^-/전분 착물을 형성하게 된다.

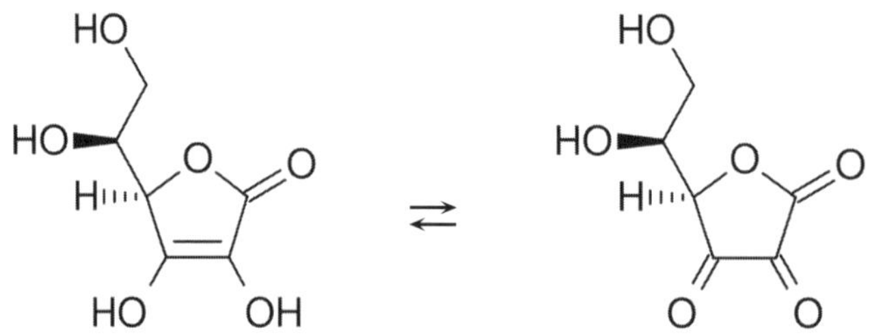

ascorbic acid　　dehydroascorbic acid　　$+ 2H^+ + 2e^-$　(1a)

$$E^0_{(ox)} = 0.127\ V \quad \text{at pH} = 5$$

$$I_2(s) + 2e^- \rightleftarrows 2I^-(aq) \qquad E^0_{(red)} = 0.536\ V \tag{1b}$$

그러나 아이오딘은 물에 잘 녹지 않는다. 아이오딘에 아이오딘화 이온을 가하면 아이오딘이 I^- 이온과 결합하여 물에 잘 녹는 I_3^- 이온을 만들게 되어 결국 I_2가 물에 녹게 된다(이 이온이 I_2의 역할을 하는 것이다. 식 2).

$$I^-(aq) + I_2(s) \rightarrow I_3^-(aq) \tag{2}$$

적정 과정에서 아스코브산이 모두 아이오딘에 의하여 산화된다면, 추가로 가하는 I_3^- 이온, 즉 I_2가 미리 첨가한 전분 지시약 용액과 반응하게 되어 암청색의 I_3^-/전분 착물을 만들게 되므로 종말점에 도달하였다는 사실을 알 수 있게 된다.

이번 실험에서는 I_2 대신에 아이오딘산 포타슘(KIO_3)을 사용할 것이다. 그 이유는 시약병에 있는 I_2는 공기나 수분 등에 안정하지 않아 신선하게 승화 정제하지 않는다면 적정용 표준 용액으로 사용하기에 농도를 확실하게 보장할 수 없기 때문이다.

KIO_3는 산성 조건에서 I^-와 반응하여 I_2를 빠르게 만들기 때문에(식 3). 이 반응을 이용

하면 적정할 비타민 C 용액에서 정량적으로 I_2를 발생시킬 수 있다.

$$IO_3^- + 6H^+ + 5I^- \rightarrow 3I_2 + 3H_2O \qquad (3)$$

실험 준비물

- **실험 기구 :** 뷰렛(50 mL), 삼각 플라스크(250 mL), 자석 교반기, 자석 교반바.
- **시약 :** 비타민 C가 들어 있는 물질(각자가 준비해 올 것), KI(고체), 1 M HCl 용액, 1% 전분 용액, 0.01 M KIO_3 용액, 증류수.

실험 방법

1. 비타민 C 정제

1) 뷰렛에 0.01 M KIO_3 용액을 채운다.
2) 준비된 비타민 C 가루 0.12 g의 질량을 재어서 250 mL 삼각 플라스크에 넣고, 증류수 50 mL를 가한다.
3) 수분 동안 저어 비타민 C를 완전히 녹인다. 아스코브산은 물에 쉽게 녹으므로 물 위에 떠 있는 것은 아마도 아스코브산이 아닐 것이다.
4) 플라스크에 KI 1 g을 넣고 플라스크를 흔들어서 KI를 완전히 녹인다.
5) 1 M HCl 5 mL와 1% 전분 용액 1~2 mL를 가한 후, 플라스크를 흔들어 완전히 혼합시킨다.
6) 이제 아스코브산 용액을 0.01 M KIO_3 용액으로 적정하게 된다. 적정하기 전에 뷰렛의 눈금을 읽어 기록한다.
7) KIO_3 용액을 서서히 가하여 종말점 근처에 도달하면 암청색이 나타난다. KIO_3를 가하면서 플라스크를 흔들어 주면 색이 없어지게 된다. 20초 이상 플라스크를 흔들어도 암청색이 유지되면 종말점에 도달한 것이다. 이때의 뷰렛의 눈금을 기록한다.
8) 동일한 방법으로 두 번 더 실험한다.

2. 과일 주스와 분말 음료 혼합물

과일 주스에 대해서도 본질적으로 동일한 방법으로 실험한다. 분말 음료일 때는 비타민 C가 20 mg 이상 함유하도록 충분한 양을 취하여 물 50 mL가 들어 있는 플라스크에 넣는다(음료 혼합물이 짙은 색일 때는 시료가 용해되었는지 확인하기 위해서, 시료를 물에 가하기 전에 KI를 물에 녹여야 한다). HCl과 전분 용액을 위에서와 같이 넣은 후 적정한다. 액체 또는 신선한 과일에 대해서는 적정하기 전에 주스를 최소한 50 mL 이상 취해야 한다. 과일 주스를 짜서 만들거나 건더기가 있는 주스는 먼저 거즈로 걸러줘야 한다. 액체의 양을 눈금 실린 재어 주스 1 mL당 아스코브산의 양을 계산하게 된다. 주스를 플라스크에 넣고 KI, HCl 및 전분 용액을 전과 같이 넣고 적정한다. 주스의 경우 용액의 색이 없어질 때까지 시간이 길어질 수 있다. 종말점에서는 색이 더 이상 없어지지 않아야 한다.

분말주스일 때는 시료 그램당 비타민 C의 mg 수를 계산할 필요가 있다.

memo

memo

실험 절차

실험 절차를 매우 간략하게 요약할 것.

memo

관찰

각 실험 과정에서 관찰한 변화나 주요 사항을 메모할 것. 깨끗이 쓰는 것은 중요치 않음.

담당조교 확인:

실험 보고서 10.3

비타민 C의 분석

성명: ____________ 학번: ____________ 실험조: ____________ 실험 일자: ____________

실험 결과

01 아스코브산(비타민 C) 적정에서 균형된 전체 반응식을 써라.

02 각자 준비한 시료 중에 들어 있는 비타민 C의 %를 구하라.

03 최근의 연구에 의하면 산화 방지제(생화학적으로)가 노화를 늦추고 암을 예방하는 것으로 보인다. 오늘날에는 비타민 C가 산화 방지제로 권유되고 있다. 이것이 사실인지 설명하라.

memo

실험 10-4 기체 크로마토그래피에 의한 혼합물 분리

실험 목적 및 개요

두 가지 이상의 순수한 물질들이 섞여 있는 혼합물에서 순수한 물질로 분리하는 물리적 방법으로는 녹임, 얼림, 끓임 또는 물이 아닌 다른 용매에 용해시켜서 분리시키는 방법이 있다.

이 실험에서는 기체 크로마토그래피(gas chromatography)를 이용하여 기체 혼합물, 액체 혼합물로부터 순수한 물질로 분리하고자 한다.

원리

분배 평형은 중요한 분리 방법 중의 하나인 크로마토그래피의 기초가 된다. 이 단어는 색을 뜻하는 그리스어인 크로마(chroma)로부터 유래된 것으로, 초기에 크로마토그래피가 색을 띤 물질들의 분리에 사용되었기 때문이다. 이 방법은 혼합물을 분리하는 데 광범위하게 적용될 수 있다.

크로마토그래피의 기본 원리는 관속에서의 두 개의 상 사이에서 용질이 분배되는 추출과정이 연속적으로 일어나는 것이다. 첫째상(이동상)은 다른 상(고정상)에 대해 상대적으로 이동한다. 기체 크로마토그래피에서 이동상은 기체(운반 기체)이고, 고정상은 관에 충전된 고체 물질이다. 고정상은 다공질 고체 위에 흡착된 액체나 고체이지만, 이동상은 헬륨이나 질소 같은 비활성 기체이며, 이들에 의해서 기화된 시료 물질들이 운반되어 관(column)을 통해 운반된다. 이 과정에서 시료들의 관에서 머무름 시간(retention time)은 용질의 분배계수에 의존하며, 혼합물의 효율적인 분리를 결정한다.

분배 평형에 도달되었을 때, Nernst의 분배 법칙은 다음과 같다.

$$K = \frac{a_A^{\mathrm{I}}}{a_A^{\mathrm{II}}}$$

K: 분배 계수

a_A^{I} : 상 I에서 물질 A의 활동도

a_A^{II} : 상 II에서 물질 A의 활동도

실험 준비물

- **실험 기구:** 그림 10.1과 같은 장치, 주사기(10 mL, 1 mL), 초시계, 파스퇴르 피펫, 둥근 바닥 플라스크(500 mL), 깔때기, 비커(150 mL), 압축기계.
- **시약 :** 프탈산 다이노닐(dinonyl phthalate), 아세톤(acetone), 사이클로헥세인(cyclohexane), *n*-펜테인, 다이에틸 에터, 메탄올, 에탄올, 비눗물.

memo

실험 방법

1. 그림 10.1과 같은 장치를 준비한다.

규조토 50 g을 둥근 바닥 플라스크에 넣고, 충분한 양의 아세톤을 가해서 기체 분리관을 만들기 위한 분리 매질을 준비한다. 그 다음에 프탈산 다이노닐(dinonyl phthalate) 5.55 g을 아세톤 30 mL에 가하고 수분간 심하게 흔들어준 후, 물중탕에서 아세톤을 완전히 증발시킨다(후드 내에서 할 것). 완전히 건조된 분리 매질을 분리관에 넣는다.

그림 10.1, 그림 10.2와 같이 장치한다.

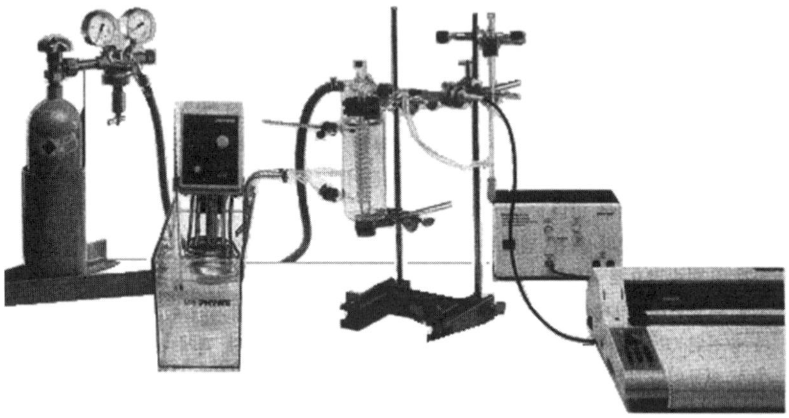

그림 10.1 기체 크로마토그래피 장치.

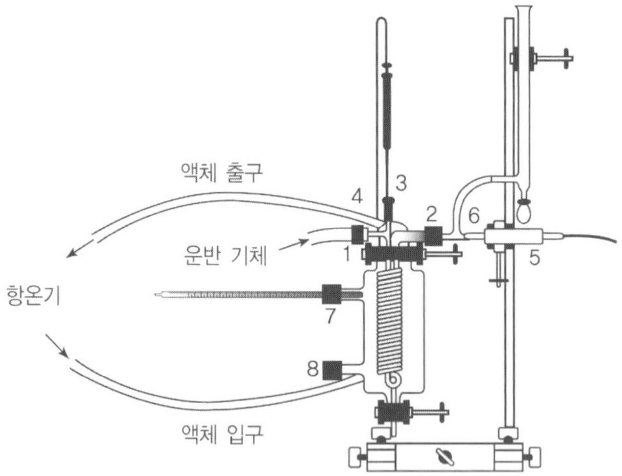

그림 10.2 기체 크로마토그래피 조립.

측정 온도는 기체 시료에 대해서는 실온이면 적당하나, 액체 혼합물 시료일 경우에는 보통 높은 온도에서 해야 한다. 적정한 온도에 도달했을 때 운반 기체(carrier gas), 헬륨, 질소를 서서히 분리관 속으로 적절한 속도로 통해 준다. 이때 유속은 비누 방울의 이동 속도로 측정할 수 있다. 적당한 속도는 30 mL/min이다.

마지막으로 조절 장치(control unit)와 플로터(plotter)의 전원을 켠 다음, 플로터로 0점을 대략 맞추고, 전위차계(potentiometer)로 정확하게 맞춘다. 몇 분 후에 다시 이 조작을 되풀이한다.

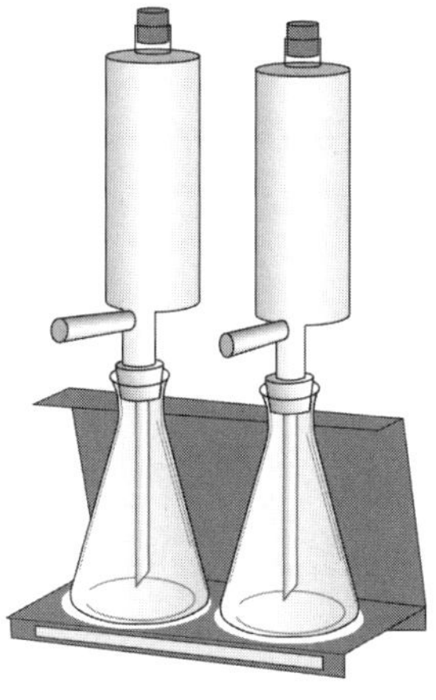

그림 10.3 기체 저장 용기.

2. 시료의 분리

A. 뷰테인(butane) 기체 혼합물의 분리와 확인

분석할 기체 혼합물을 그림 10.3과 같은 기체 저장 용기에 보관한다. 이렇게 하기 위해서는 플라스크를 물로 채우고, 고무관으로 압축 기체 용기에 연결하여 플라스크에 넣는다(n-뷰테인, 아이소-뷰테인, 캠핑 가스(camping gaz) 등이 적당하다). 이렇게 해서 플라스크 내로 들어온 기체는 플라스크 내의 물을 플라스틱 깔때기 속으로 밀어 올려 보내서, 플라스크 내에는 기체로 치환된다. 기체를 다 채운 다음에는 배출구관을 고무 마개로 막는다. 물의 압력에 의해 기체가 새어 나가지 못하도록 플라스틱 깔때기 위의 구멍을 고무 마개로 막아야 한다.

실험은 실온에서 실시하기 때문에 항온조의 히터는 켜지 말고, 순환 펌프를 작동하여 온도를 22℃로 일정하게 한다. 이외의 실험조건은 다음과 같다.

플로터의 감도: 1V/250 cm
플로터의 속도: 3 cm/분
운반 기체의 유속: 30 mL/분

항온조의 온도가 일정하게 조절된 후 가스 저장 용기에 있는 n-뷰테인과 아이소-뷰테인을 각각 5 mL씩 주사기에 취하여 이 혼합물을 재빨리 기체 크로마토그래피에 주입하고 플로터로 신호를 기록한다(그림 10.4 참조).

실험 결과 두 개의 피크를 볼 수 있으나 어느 피크가 n-뷰테인이고, 어느 것이 아이소-뷰테인인지 확인해야 한다. 확인하기 위해서는 다음과 같은 새로운 혼합물을 만든다. 0.4 mL의 n-뷰테인과 0.6 mL의 아이소-뷰테인 혼합 기체, 0.6 mL의 n-뷰테인과 4 mL의 아이소-뷰테인 혼합 기체에 대해 같은 실험을 하여 본래의 기체 혼합물(1:1)의 기체 크로마토그래피와 비교하여 확인한다(그림 10.4 참조). 연료용 뷰테인 가스(부탄가스)도 같은 방법으로 분리해 볼 수 있다.

memo

memo

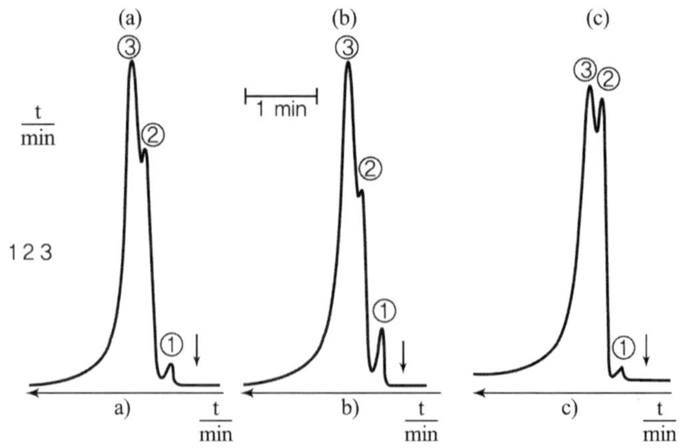

그림 10.4 뷰테인 가스 혼합물의 크로마토그램.

(↓ 표는 시료를 주입한 시간임). n-butane(피크 ③), 아이소-뷰테인(피크 ②)

a) 0.5 mL *n*-뷰테인 + 0.5 mL 아이소-뷰테인

b) 0.6 mL *n*-뷰테인 + 0.4 mL 아이소-뷰테인

c) 0.4 mL *n*-뷰테인 + 0.6 mL 아이소-뷰테인

• 분석 조건: 분리관 온도: 22°C
　　플로터 감도: 1V/25 cm
　　플로터 속도: 3 cm/분
　　운반 기체 유속: 30 mL/분 He

B. 메탄올, 에탄올, 아세톤, n-펜테인, 다이에틸 에터, 사이클로헥세인 등의 액체 혼합물의 분리와 확인

다이에틸 에터, *n*-펜테인, 아세톤, 메탄올, 에탄올 등을 각각 동일한 부피를 취하여 파스퇴르 피펫(pasteur pipette)과 마개가 달린 유리병에 넣고 세게 흔들어서 균일하게 한다.

항온조의 히터를 켜서 분리관의 온도를 50°C로 일정하게 조정한다.

실험 조건: 분리관 온도: 50°C
　　플로터 감도: 1 V/25 cm
　　플로터 속도: 1 cm/분
　　운반 기체 유속: 29 mL/분 He

그 다음에는 마이크로리터(microliter) 주사기로 10 μL를 취하여 기체 크로마토그래프에 주사하고 주사기를 재빨리 뺀다. 크로마토그램의 시작점(시료를 주사한 후 바로)은 플로터에 연필로 표시해 둔다.

피크(peak)를 확인하고 어떤 물질인지를 확인하기 위해서는, 액체 혼합물 10 μL 대신에 순수한 물질을 각각 2 μL를 취해서 같은 방법으로 실험한다(그림 10.5 참조).

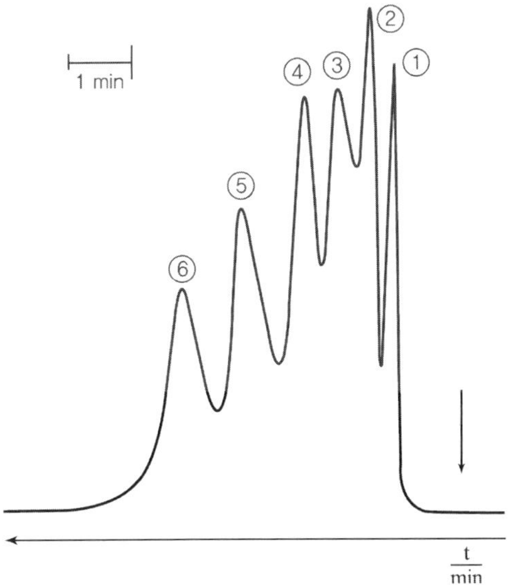

n-펜테인(피크 ①),
다이에틸 에터(피크 ②), 메탄올(피크 ③),
아세톤(피크 ④),
에탄올(피크 ⑤),
사이클로헥세인(피크 ⑥)

그림 10.5 혼합물의 크로마토그램.

memo

memo

실험 절차

실험 절차를 매우 간략하게 요약할 것.

memo

관찰

각 실험 과정에서 관찰한 변화나 주요 사항을 메모할 것. 깨끗이 쓰는 것은 중요치 않음.

담당조교 확인:

실험 보고서 10.4

기체 크로마토그래피에 의한 혼합물의 분리

성명: ____________ 학번: ____________ 실험조: ____________ 실험 일자: ____________

memo

실험 결과

01 실험 자료를 해석하여 아이소-뷰테인, *n*-뷰테인, *n*-펜테인, 다이에틸 에터 등의 순수한 물질의 머무름 시간(retention time)을 써라.

02 혼합물에서 각 물질의 머무름 시간을 써라.

03 미지 시료에는 어떤 물질들이 들어 있는가를 확인하고, 설명하라.

memo

04 혼합물에서 순수한 물질을 분리하는 방법에 대해 설명하라.

05 증류에 의해 분리할 수 없는 혼합물을 분리하는 방법에 대해 설명하라.

제 11 장

정성 분석

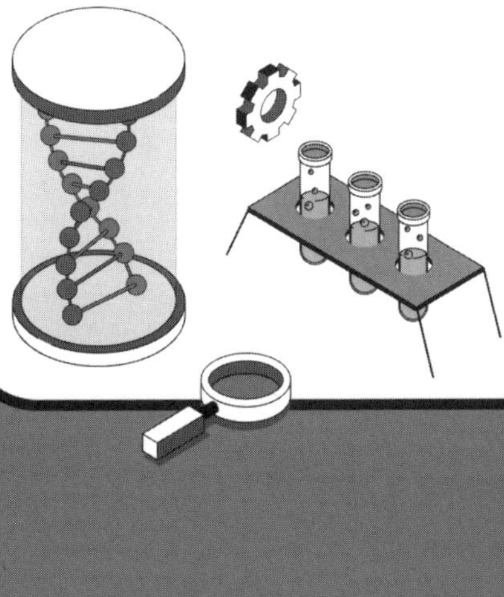

실험 11-1 양이온의 정성 분석

실험 목적 및 개요

수용액에서의 화학 반응은 이온들의 반응으로 생각할 수 있으므로, 양이온 및 음이온의 정성 분석실험을 함으로써 화학 반응을 이해하도록 한다. 또한, 학생들이 각자의 실험에서 판단을 해야 하는 경우, 자신의 판단에 대한 신뢰감을 키워주고 실험에 대한 자신감을 갖도록 하는 것을 목표로 한다.

원리

1. 양이온의 정성 분석

약 80종의 금속 원소 중, 일반적인 화학 반응에 많이 이용되는 양이온들은 약 25종이 된다. 양이온을 계통적으로 분리한다는 것은 각 족(group)의 이온들을 침전시키는 데 기초를 두고 있다. 모든 양이온들은 화학적으로 같은 양상을 띤 다섯 개의 족으로 나눌 수 있다. 양이온을 각 족으로 분리하는 데 중요한 역할을 하는 것은 용해도곱(solubility product) 상수이다. 용해도곱 상수는 잘 녹지 않는 이온성 고체의 용해도를 결정하는 평형 상수이다. 즉, 적당한 침전 시약을 가해 생성된 화합물들의 용해도에 의해 침전되는 것과 이온으로 용해되는 것들을 나누어 각 족을 구분하고, 각 족을 다시 침전 여부로 분리시키고 확인하는 실험을 하게 된다. 이와 같은 방법을 양이온의 계통 분석법이라고 한다.

혼합 양이온들의 침전 분리 시약을 분족 시약이라고 하는데, 이들은 3 M HCl, H_2S, NH_4OH-NH_4Cl, $(NH_4)_2S$, $(NH_4)_2CO_3$로, 이들 분족 시약에 의해 양이온들을 다섯 개의 족(group)으로 분리할 수 있는 것을 그림 11.1에 체계적으로 나타내었다.

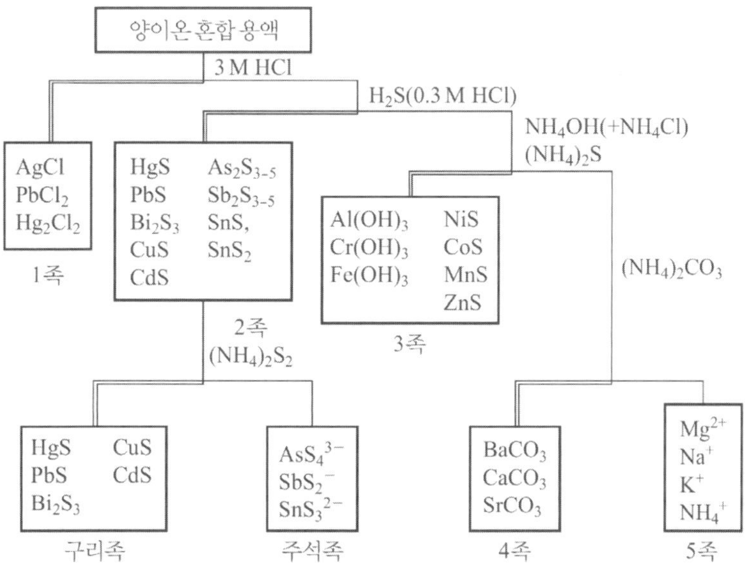

그림 11.1 양이온의 계통분석 분족표.

memo

2. 양이온 I족

양이온 I족에 속하는 것은 Ag^{+}, Hg^{2+}, Pb^{2+}인데, 이들의 염화물인 AgCl, Hg_2Cl_2, $PbCl_2$는 차가운 용액에서는 모두 녹기 어렵다. 그러므로 이 이온들이 들어 있는 혼합 용액에 HCl을 가하면 완전히 침전시킬 수 있다. 이 침전을 걸러 내면 다른 이온들과 분리할 수 있다. 이 실험에서 염산을 필요 이상으로 너무 많이 가할 경우에는 AgCl의 침전이 $AgCl_2^-$와 같은 착이온을 형성하면서 얼마간 녹기 때문에 주의해야 한다.

I족 이온의 염화물 중에서 $PbCl_2$는 뜨거운 물에는 잘 녹기 때문에 이 성질을 이용하면 이것을 다른 염화물과 분리할 수 있다. $PbCl_2$를 뜨거운 물로 녹여 낸 용액에 K_2CrO_4 용액을 가하면, CrO_4^{2-} 이온과 Pb^{2+} 이온이 반응하여 $PbCrO_4$의 노란색 침전이 생성되므로 Pb^{2+} 이온을 확인할 수 있다. 침전으로 걸러진 AgCl 및 Hg_2Cl_2의 혼합 침전은 암모니아수를 가하면 이들을 분리할 수 있는데, 이때 AgCl은 착이온인 $Ag(NH_3)_2^+$로 녹고, Hg_2Cl_2는 암모니아와 반응하여 회색 또는 검은색 침전으로 남게 되어 Hg^{2+} 이온이 확인된다. Hg_2Cl_2는 불균등화 반응을 하여, 일부는 산화되는 동시에 일부는 환원된다. 이 반응에서 생성되는 물질은 염화 아마이드 수은(II), 즉 $HgNH_2Cl$과 금속 수은이기 때문에 침전은 회색 또는 검게 보인다. $Ag(NH_3)_2^+$ 착이온이 들어 있는 무색 용액에 질산을 가하면, 은-암모니아

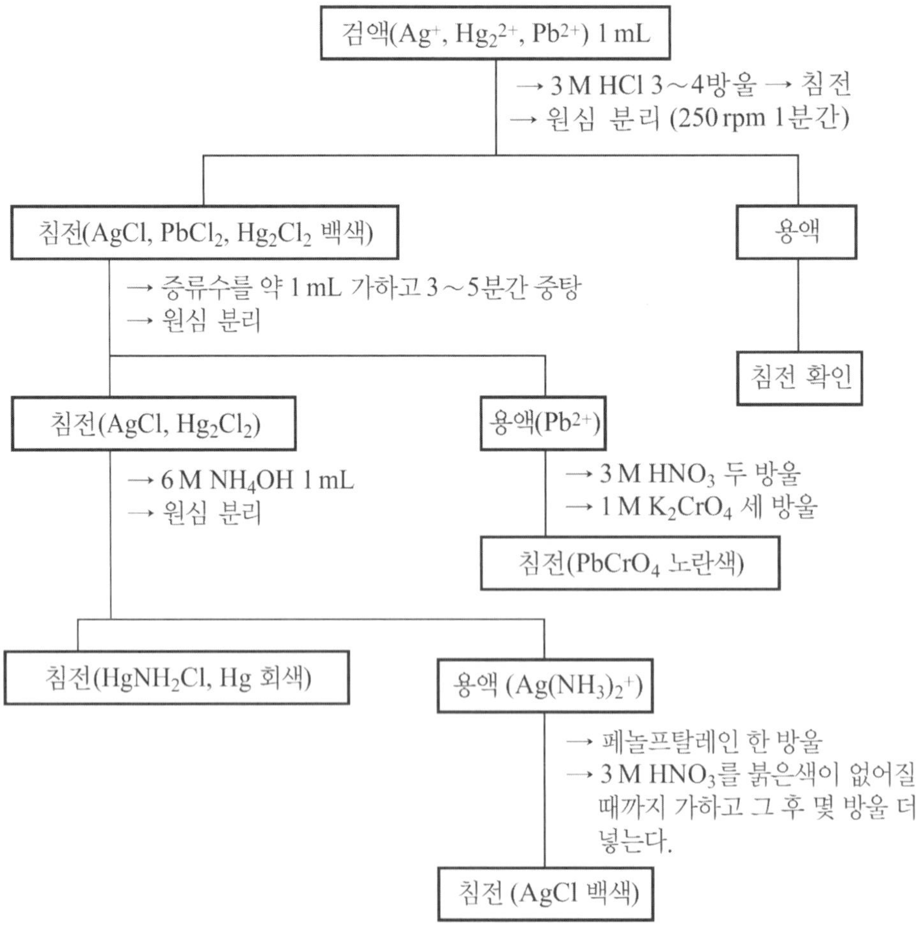

그림 11.2 양이온 I족 정성 분석 계통실험도.

착이온이 파괴되어 AgCl의 흰 침전이 다시 나타나기 때문에 Ag^+ 이온을 확인할 수 있다.

I족 이온 염화물의 용해도곱 상수 K_{sp}를 비교해 보면, 다음과 같이 $PbCl_2$ > AgCl> Hg_2Cl_2 순서로 용해도가 커진다.

$AgCl$: 1.0×10^{-10} (25℃) 215×10^{-10} (100℃)
Hg_2Cl_2 : 2.0×10^{-18} (25℃)
$PbCl_2$: 1.7×10^{-5} (25℃) 거의용해 (100℃)

양이온 I족 정성 분석 원리를 체계적으로 이해하고 실험하는 데 도움이 되는 실험 절차를 정리하면 그림 11.2와 같다.

양이온 I족 정성 분석을 이해하는 데 도움이 되는 화학 반응식들은 다음과 같다.

1) 염화물 침전의 형성(산성 용액에서)—HCl 용액 사용

$$Pb^{2+}(aq) + 2Cl^-(aq) \rightarrow PbCl_2(s) \quad \text{흰색 침전}$$
$$Ag^+(aq) + Cl^-(aq) \rightarrow AgCl(s) \quad \text{흰색 침전}$$
$$Hg_2^{2+}(aq) + 2Cl^-(aq) \rightarrow Hg_2Cl_2(s) \quad \text{흰색 침전}$$

주의 및 참고사항

HCl을 너무 과량 넣어 주면 $PbCl_2(s)$와 $AgCl(s)$이 다음과 같은 반응에 의해 착이온을 형성하면서 녹게 되므로 주의한다.

$$PbCl_2(s) + 2Cl^-(aq) \rightleftarrows PbCl_4^{2-}(aq)$$
$$AgCl(s) + Cl^-(aq) \rightleftarrows AgCl_2^-(aq)$$

2) $PbCl_2(s)$의 용해 및 확인($PbCrO_4(s)$의 형성) 과정

$$PbCl_2(s) \xrightarrow[\text{뜨거운 물}]{} Pb^{2+}(aq) + 2Cl^-(aq)$$

$$Pb^{2+}(aq) + CrO_4^{2-}(aq) \rightarrow PbCrO_4(s) \quad \text{노란색 침전}(K_{sp} = 2.0 \times 10^{-5})$$

3) $AgCl(s)$의 용해 및 확인

$$AgCl(s) + 2NH_3(aq) \rightarrow Ag(NH_3)_2^+(aq) + Cl^-(aq)$$
$$Ag(NH_3)_2^+(aq) + 2H^+ + Cl^-(aq) \rightarrow AgCl(s) + 2NH_4^+(aq)$$

4) $Hg_2Cl_2(s)$의 불균등화 반응(disproportionation reaction)

$$Hg_2I_2(s) + 2NH_3(aq) \rightarrow \underset{\text{(흰색 침전)}}{HgNH_2Cl(s)} + \underset{\text{(검은색)}}{Hg(l)} + NH_4^+(aq) + Cl^-(aq)$$

memo

memo

실험 준비물

- **실험 기구 :** 원심분리기, 원심분리관(두 개), 젓개(길이 : 10 cm 이상), 적하피펫, 스포이트 붙은 지시약병(50 mL), 스포이트 붙은 지시약병(50 mL, 갈색), 리트머스 시험지, 물중탕 냄비, 가열판, 씻기병(500 mL), 시험관(네 개), 시험관용 솔, 시험관 집게.
- **시약 :** 0.1 M $AgNO_3$, 0.1 M $Hg_2(NO_3)_2$, 0.1 M $Pb(NO_3)_2$, 3 M HCl, 6 M HN_3, 1 M K_2CrO_4, 3 M HNO_3, 증류수.

실험 방법

1. 침전의 분리 및 거르기

침전을 용액으로부터 분리하는 데는 원심분리기(centrifuge)나 진공 여과(vacuum filtration) 장치를 사용할 수 있는데, 시료의 양이 1 mL 정도이므로 원심분리기를 사용하여 신속하게 분리하도록 한다. 원심분리기는 원심력을 적용하여 밀도가 다른 두 물질을 분리하는 장치이다. 원심분리로 침전을 분리할 때에는 반드시 시료가 들어 있는 원심분리관과 정반대 쪽에 같은 양의 물을 넣은 시험관을 걸고 평형을 맞추어, 회전축에 작용하는 원심력이 완전히 맞서도록 해야 한다. 평형이 안 맞으면 회전축이 떨게 되고, 심한 경우에는 원심분리기가 실험대 위에서 움직여 다니게 된다.

원심분리로 침전을 가라앉힌 다음에 위의 용액을 적하피펫으로 빨아낸다. 거른액이 다음 실험 과정에 필요할 때에는 표지를 붙여서 다른 시험관에 보관한다. 적하피펫으로 원심분리한 침전 위의 용액을 뽑을 때에는, 원심분리관을 약간 비스듬히 쥐고, 피펫의 끝은 액면 바로 밑에 오게 하여 침전이 따라 올라오지 않도록 주의한다.

분석 과정에서 침전을 씻는 일은 매우 중요하다. 그렇지 않으면 용액 중에 들어 있던 다른 이온에 의해 오염되어 분석 결과를 판단하는 데 곤란을 일으키는 원인이 된다. 침전을 용액으로부터 분리한 다음에 침전을 씻을 때에는 증류수 약 0.5 mL를 넣고 젓개로 침전을 잘 저어 준 다음 다시 원심분리기로 침전을 분리한다. 보통 이렇게 두 번만 씻으면 충분하다. 때로는 어떤 특종의 이온을 완전히 제거하여야 되는데, 이때는 씻은 액(washings)을 검사하여 그 이온이 없음을 확인해야 한다. 침전을 저을 때에는 지름 1.5∼2 mm 정도, 길이 10∼11 cm 정도인 가느다란 유리 막대(젓개)로 저어 준다.

1) 양이온 I족의 침전

Ag^+, Hg^{2+}, Pb^{2+}의 질산염의 용액(각각 0.1 정도) 1 mL씩을 취하여 한 개의 시험관에 넣어 혼합 용액을 만든다. 이 용액 1 mL를 원심분리관에 넣고, 3 M HCl 두 방울을 가하여 잘 저어 준 다음, 원심분리기에 걸어 침전을 분리한다. 이 때에는 같은 양의 물을 넣은 시험관을 원심분리기의 반대쪽에 걸어서 균형을 잡아 주어야 하는 것을 잊어서는 안 된다. 침전 반응이 완결되었는가를 확인하기 위해서 원심분리한 시료 용액에 3 M HCl 한 방울을 가하고, 침전이 또 생기면 다시 원심분리기에 걸어야 된다. 윗부분의 맑은 용액을 적하피펫으로 뽑아내면 침전만을 얻을 수 있다. 실제 시료의 경우, 따라 낸 용액 중에 다른 족 이온들이 들어 있을 수 있으므로 다음 단계의 실험을 위하여 잘 보관해 두어야 한다.

우선 I족 이온 이외의 다른 족 이온들을 완전히 제거하기 위하여 침전을 잘 씻어 내야 된다.

그러기 위해서는 차가운 증류수 0.5 mL를 침전이 들어 있는 시험관에 넣고 가느다란 유리 막대로 잘 저은 다음, 원심분리기에 걸고 그 씻은 물은 버린다. 이렇게 2~3회 정도 씻어 내면 다른 족 이온들은 완전히 제거된다(실제 시료의 경우에 해당함). 이 과정에 관련된 반응식을 써보아라.

반응식 : ① ______________________________

② ______________________________

③ ______________________________

2) Pb^{2+} 이온의 분리 및 확인

증류수 1 mL를 침전이 들어 있는 시험관에 넣고, 이 시험관을 끓는 물 속에서 몇 분 동안 중탕으로 가열한 후, 유리 막대로 잘 저어 준다. 이 뜨거운 용액을 원심분리기에 걸어서 윗부분의 맑은 용액은 빨리 다른 시험관에 따라 낸다. 침전은 잘 보관한다. 뜨거운 물로 추출한 용액에 3 M HNO_3 한 방울을 가하고, 다시 1 M K_2CrO_4 용액 2~3방울을 떨어뜨린다. Pb^{2+} 이온이 있으면 $PbCrO_4(s)$의 노란색 침전이 생길 것이다.

반응식 : ______________________________

3) Hg^{2+}의 분리 및 확인

2)에서 남은 침전을 뜨거운 물로 다시 한 번 씻어서, 씻은 액은 버리고 침전에 6 M HN_3 용액 열 방울을 가하고 잘 저어 준다. 이것을 원심분리하여 윗부분의 용액을 다른 시험관에 따라 낸다. 이때 회색 또는 검은색 침전이 생기면 금속 수은이 생긴 것이므로 Hg^{2+} 이온의 존재를 확인할 수 있다.

반응식 : ______________________________

4) Ag^{+}의 확인

3)에서 얻은 용액에 3 M HNO_3를 가하여 산성으로 만들어 페놀프탈레인 지시약으로 확인한다. 젓개에 용액을 찍어서 리트머스 시험지에 묻혀 보면 된다. 용액을 산성으로 만들었을 때 흰 침전이 생기면 Ag^{+} 이온이 있다는 증거가 된다.

반응식 : ______________________________

memo

memo

5) 미지 시료

미지 시료 용액을 실험 지도 선생님으로부터 받아서 위의 4단계 실험을 하고, 단계별로 확인하여 관찰 사항을 기록한다.

주의 및 참고사항

1. 원심분리관에는 각각 표지(label)를 붙여서 실험 결과를 구분하고, 혼동이 일어나지 않도록 한다.
2. 원심분리기의 사용법을 지도 선생님으로부터 충분히 설명을 듣고 실험한다.
3. 여기서 족(group)을 주기표의 족과 혼동하지 않도록 한다.
4. $AgNO_3$는 빛에 의해 환원되므로 갈색 시약 병에 보관한다.
5. 시료 용액을 반응 시약과 혼합하는 과정에서 시험관 입구를 엄지손가락으로 막고 거꾸로 흔들지 말도록 한다.
6. Pb, Hg 염들은 유독하고 크로뮴산 이온은 발암성 물질로 알려져 있으므로 반드시 폐수통에 회수한다.
7. 은(Ag) 이온은 피부에 묻으면 검은색으로 침착되니 주의한다.
8. 진한 암모니아, $NaOH$, HCl 및 HNO_3 용액이 피부나 옷에 묻지 않도록 주의한다.
9. 시약은 모두 스포이트가 붙은 지시약병을 사용하여 여러 조가 공동으로 사용하도록 한다.

실험 절차

실험 절차를 매우 간략하게 요약할 것.

memo

memo

관찰

각 실험 과정에서 관찰한 변화나 주요 사항을 메모할 것. 깨끗이 쓰는 것은 중요치 않음.

담당조교 확인:

실험 보고서 11.1

양이온의 정성 분석

성명: ____________ 학번: ____________ 실험조: ____________ 실험 일자: ____________

실험 결과

01 미지 시료를 사용하여 행한 정석 분석실험 결과, 관측한 사항을 단계별로 기술하라.

- 제1단계:

- 제2단계:

- 제3단계:

- 제4단계:

- 제5단계:

memo

memo

02 따라서 미지 시료에는

- Ag^+가 (있다, 없다). 이유는?

- Hg_2^{2+}가 (있다, 없다). 이유는?

- Pb^{2+}가 (있다, 없다). 이유는?

실험 11-2 음이온의 정성 분석

» 실험 목적 및 개요

산이나 염(salt)이 수용액에서 이온화하여 생성되는 음이온들의 서로 다른 반응성 등에 기인하여, 간단한 점적 시험(spot test)법으로 검출하고 확인하는 방법을 익혀 화학 반응 특성의 원리를 다룬다.

» 원리

1. 음이온의 정성 분석–점적 시험

음이온은 산이나 염이 이온화하여 생성되며 F^-, Cl^-, Br^-, I^-와 S^{2-} 이온을 제외하고 두 개 이상의 원소들이 화학적으로 결합하여 구성되어 있다. 음이온들의 안정성과 반응성은 서로 상당히 다르지만, 일반적으로 음이온들이 양이온들보다 훨씬 더 반응성(예: 산화 환원 반응)이 크다. 음이온들의 정성 분석법은 거의 양이온 정성 분석에 이용한 반응을 역으로 생각하면 가능하다. 양이온의 분석에서는 각 과정에서의 용해도 값이 상당히 달라서 양이온들이 무척 명확히 분리되는 데 반해, 음이온들의 족 분리는 양이온만큼 명확하지 못하다. 몇 가지 음이온은 여러 개의 침전제에 의해 침전된다. 이 실험에서는 몇 가지 대표적인 음이온들을 간단한 점적 시험(spot test)법으로 검출하고 확인하는 방법을 익혀 화학 반응의 특성을 이용하는 원리를 다룬다.

음이온의 정성 분석은 다음과 같은 몇 가지 단계로 분류하여 수행된다.

(가) 중성 및 산성 용액에서 Ag^+ 및 Ba^{2+}와 같은 양이온과 침전을 형성하는가?
(나) 약산 또는 강산의 음이온인가?
(다) 휘발성 산의 음이온인가?
(라) 음이온의 산화제나 환원제, 또는 둘 다로 행동하는가?

불용성 Ag 염을 형성하는 것은 염화물 및 황화물 등이고, 강산의 음이온은 가용성이며, 산화제로는 크로뮴산 이온, 과망가니즈산 이온 등이 있고, 환원제로는 I^-, NO_2^- 등이 있다.

이 실험에서는 NO_3^-, Cl^-, Br^-, I^-, SO_4^{2-}, S^{2-}, PO_4^{3-} 및 CO_3^{2-}의 음이온들을 점적 시험 방법으로 검출, 확인한다. 이 방법은 시료 중의 한 가지 성분을 검출하기 위하여 소량의 시료 용액에 적당한 특정 시약을 떨어뜨려, 그 성분 화학종과 특유한 반응을 일으키게 함으로써 어떤 성분이 포함되어 있는가를 확인하는 방법이다. 이 방법의 결점은 여러 가지 성분이 포함되어 있는 복잡한 혼합 시료인 경우, 한 성분이 다른 성분의 검출을 방해하는 것이다. 그러므로 시료가 복잡할수록 조심스럽게 적당한 조건을 택하여 점적 시험을 하도록 해야 한다. 그러나 서로 방해하는 성분 화학종이 포함되어 있는 시료를 정성 분석하려면, 이들 성분을 점적 시험하기에 앞서, 먼저 이들 성분을 서로 분리하도록 해야 한다. 또한 용액의 pH를 변화시키거나 가림제(masking agent)를 가하여 한 가지 화학종을 반응하지 못하게 하고, 다른 화학종만을 반응시켜 검출하는 방법을 쓴다.

memo

1) 황산 이온(SO_4^{2-})

이 이온은 강산의 음이온으로서 특정 이온과 침전을 형성한다.

$$Ba^{2+} + SO_4^{2-} \rightarrow BaSO_4(s)$$

그 이외에도 Ba^{2+} 이온은 다른 음이온들과 난용성 침전을 형성한다.

$$Ba^{2+} + CO_3^{2-} \rightarrow BaCO_3(s)$$

$$Ba^{2+} + SO_3^{2-} \rightarrow BaSO_3(s)$$

$$3\ Ba^{2+} + 2PO_4^{3-} \rightarrow Ba_3(PO_4)_2(s)$$

이들은 약산의 염으로 강산을 가하면 모두 가용성으로 된다. 따라서 산성 상태에서 Ba^{2+}를 가했을 때 침전을 이루면 황산 이온의 존재를 확인할 수 있다.

2) 아황산 이온(SO_3^{2-}), 황화 이온 (S^{2-}), 탄산 이온 (CO_3^{2-})

이들은 약한 휘발성 산의 음이온으로, 강산을 가함으로써 산무수물로 되어 휘발한다.

$$SO_3^{2-} + 2H^+ \rightarrow H_2SO_3(aq) \rightarrow SO_2(g) + H_2O$$

$$S^{2-} + 2H^+ \rightarrow H_2S(g)$$

$$CO_3^{2-} + 2H^+ \rightarrow H_2CO_3(aq) \rightarrow CO_2(g) + H_2O$$

SO_2 및 H_2S 등을 바로 감지해 낼 수 있다. SO_3^{2-} 이온의 존재는 Br_2나 H_2O_2를 첨가한 후, SO_4^{2-} 이온의 확인 실험으로 검출할 수 있다. S^{2-} 이온은 Pb염을 가하여 검은색 침전으로 확인할 수도 있다.

3) 염화 이온(Cl^-), 브로민화 이온(Br^-), 아이오딘화 이온(I^-)

이들은 강산의 음이온으로서 산성 용액에서 음이온은 이들과 난용성 염을 형성하지만, 기타 다른 음이온들과의 염은 모두 가용성이다. AgCl, AgBr, AgI의 침전에 암모니아를 가하면, AgCl은 가용성 착이온이 되므로 AgBr과 AgI로부터 분리해 낼 수 있다. Br 이온의 존재는 산화제를 가하여 Br_2로 산화시킨 후, 층으로 Br_2를 분배시켜 갈색으로 변색되는 것으로 확인할 수 있다. I^- 이온은 Fe^{3+}를 가하면 선택적으로 I_2로 되어 CH_2Cl_2 층으로 분배시키면 보라색을 띠게 되는 것으로 확인할 수 있다.

4) 인산 이온(PO_4^{3-})

다소 약한 비휘발성 산의 음이온으로서 몰리브데넘산 암모늄 용액(ammonium molybdate solution)을 이용하여 확인할 수 있다.

$$3NH_4^- + 12MoO_4^{2-} + H_3PO_4(aq) + 21H^+ \rightarrow$$

$$(NH_4)_3PO_4 \cdot 12MoO_3(s) + 12H_2O$$

산성 용액에서 과량의 암모늄 이온을 가하면 노란색 침전이 생성되는 것으로 인산 이온의 존재를 확인할 수 있다.

5) 질산 이온(NO_3^-)

모든 질산염은 가용성이기 때문에 침전으로 확인할 수 없으므로, 질산 이온을 일산화 질소로 환원시킨 후, Fe^{2+}와의 갈색 착이온을 형성시켜 확인할 수 있다.

$$1단계 : 4H^+ + NO_3^- + 3Fe^{2+} \rightarrow 3Fe^{3+} + NO + 2H_2O$$

$$2단계 : NO + Fe^{2+} \rightarrow Fe(NO)^{2+}$$

6) 미지 시료

위의 예비 시험이 끝나면 실험 지도 선생님으로부터 미지 시료를 지급 받아 1 mL씩 나누어 위의 시험법을 적용하여 포함된 성분 이온을 모두 알아내도록 한다. 미지 시료에는 이들 이온의 4~5종 포함되어 있을 것이다. 어떤 경우에는 이들 이온이 서로 방해하는 수가 있을 것이므로 조심스럽게 실험하고, 방해할 때는 그 이유를 밝혀 보도록 노력해야 한다.

실험 준비물

- **실험 기구 :** 시험관, 시험관대, 시험관용 솔, 피펫, 리트머스 종이, 스포이트, 물중탕 냄비, 가열 교반기, 씻기병, 스포이트 붙은 지시약병(50 mL), 스포이트 붙은 지시약병(50 mL, 갈색, $AgNO_3$ 용), 시험관용 집게.
- **시약 :** 0.5 M Na_2CO_3, 0.5 M Na_2HPO_4, 1 M $BaCl_2$, 6 M HNO_3, 3% H_2O_2, 0.5 M $(NH_4)_2MoO_4$, 3 M과 6 M HCl, 3 M과 6 M H_2SO_4, 0.1 M $Fe(NO_3)_3$, 0.1 M $AgNO_3$, 0.5 M NaCl, 0.5 M NaBr, 0.5 M NaI, 0.5 M NH_4Cl, 6 M NH_3, 0.1 M $FeCl_3$, CH_2Cl_2, $FeSO_4$ 포화 용액.

실험 방법

각 이온의 0.1 M 시료 용액 2 mL를 사용하라.

1. 황산 이온의 확인

시료 용액에 3 M HCl을 가하여 산성 용액으로 만든 다음, 0.1 M $BaCl_2$ 용액 1 mL를 가하여 흰색 침전 생성 여부를 확인하라.

2. 황화 이온의 확인

시료 용액에 과량의 3 M HCl을 가하고 H_2S의 냄새를 확인하라. H_2S는 매우 유독하고 특유의 계란 썩은 냄새가 나므로 흡입하지 않도록 유의하라. 끓여서 H_2S를 발생시킬 때는 반드시 후드 안에서 수행하라. 더 정확히 확인하려면 초산 납을 묻힌 여과지를 시험관에 대고 검은색으로 변하는지를 확인하라.

memo

memo

3. 염화 이온의 확인

시료 용액에 0.1 M $AgNO_3$ 1 mL를 가하고 생성된 침전을 원심분리한다. 여액에 0.1 M $AgNO_3$ 용액을 한 방울 더 가한다. 아무런 변화가 없으면 여액을 버리고 침전을 증류수로 세척한다. 세척한 침전에 증류수 3 mL, 6 M NH_3 네 방울, 0.1 M $AgNO_3$ 0.5 mL를 정확히 넣은 다음, 이 혼합 용액으로 침전을 녹인다. 원심분리 후 여액을 다른 시험관에 따라 내고, 이 여액에 6 M HNO_3를 가하면 흰색 침전이 생기는지 확인하라.

4. 아이오딘화 이온의 확인

시료 용액에 6 M HCl을 가하여 산성으로 한다. S^{2-}나 SO_3^{2-}의 존재를 확인한 다음, 0.1 M $FeCl_3$ 1 mL를 가한다. CH_2Cl_2 1 mL를 가하여 분배시켰을 때 CH_2Cl_2 층의 색깔이 보랏빛인지 확인하라.

5. 인산 이온의 확인

시료 용액에 0.5 M $(NH_4)_2MoO_4$ 1 mL, 6 M HNO_3 1 mL를 넣고 혼합한다. 노란색 침전이 생성되었는지 확인하라. 아무런 변화가 없다면 40°C에서 몇 분 동안 물중탕을 한 후, 어떠한 변화가 생겼는지를 관찰하라.

6. 질산 이온의 확인

시료 용액에 3 M H_2SO_4를 가하여 산성 용액으로 하라. $FeSO_4$ 포화 용액(0.16 g/mL $FeSO_4 \cdot 7H_2O$)을 1 mL 가하고, 시험관을 기울여 진한 황산 1 mL를 서서히 가한다. 두 액의 경계면에서 갈색 고리가 생성되는지 확인하라.

제목

memo

실험 절차

실험 절차를 매우 간략하게 요약할 것.

memo

관찰

각 실험 과정에서 관찰한 변화나 주요 사항을 메모할 것. 깨끗이 쓰는 것은 중요치 않음.

담당조교 확인:

실험 보고서 11.2

음이온의 정성 분석

성명: __________ 학번: __________ 실험조: __________ 실험 일자: __________

실험 결과

01 Cl^-와 SO_4^{2-} 이온의 정성 분석에서 난용성 은염과 바륨염에 산이 가해지면 가용성이 되고, 중성에서는 반응에 방해가 되는 이유를 설명하라.

02 중성 용액에 $BaCl_2$를 가하였더니 흰색 침전이 생겼다. 침전의 화학종을 써라. 양이온 또는 음이온의 가능한 모든 구조식을 써라.

03 미지 용액 중에 SO_3^{2-}이나 S^{2-} 이온이 검출될 때마다 SO_4^{2-} 이온의 있을 것으로 예상된다. 그 이유는?

04 같은 용액 중에 SO_3^{2-}이나 S^{2-} 이온이 동시에 존재할 수 없다. 그 이유를 설명하고 화학식을 써라.

05 NO_3^- 이온을 측정하는데 과량의 Fe^{2+}가 필요한 이유를 설명하고 화학식을 써라.

memo

memo

06 Br^-나 I^-는 용액의 갈색 고리 경계면에서 NO_3^- 이온 측정을 방해한다. 그 이유를 설명하고 화학식을 써라.

07 탄산 이온 검출시 CO_3^{2-}와 HCO_3^- 이온이 모두 검출된다. 미지 시료 중 이들의 존재를 밝힐 수 있는 근거를 열거하라(힌트: 용액의 pH를 고려하라).

08 다음 각 이온의 정성 분석에 이용되는 특유한 화학 반응의 알짜 이온 반응식(net ionic equation)을 써라.

CO_3^{2-}

SO_4^{2-}

PO_4^{3-}

CrO_4^{2-}

Cl^-

$C_2H_3O_2^-$

SCN^-

NH_4^-

09 위에서 취급한 이온 중 몇 가지만을 포함하는 미지 시료 용액이 있다. 그 성질은 다음과 같다.

① 미지 용액은 색과 냄새가 없었다.
② 6 M HNO_3를 가하여 가열하였더니 식초 냄새가 났다.
③ 이 용액에 0.1 M $AgNO_3$를 가하였더니 흰 침전이 생겼다.
④ 0.1 M $BaCl_2$를 가하여 산성화하였더니 깨끗한 용액을 얻었다.
⑤ 6 M NaOH를 가하였더니 기체를 발생하고, 젖은 붉은 리트머스 종이를 푸른색으로 변화시켰다.

위와 같은 관찰 정보에 따라 이 시료 중에 어떤 이온이 분명히 들어 있고, 어떤 이온이 분명히 들어 있지 않으며, 또 어떤 이온이 들어 있는지 의심스러운가를 밝혀라.

들어 있는 것 ______________________

들어 있지 않은 것 ______________________

들어 있는지 의심스러운 것 ______________________

제 12 장

유기화학

| 실험 12-1 아스피린 합성
| 실험 12-2 나일론 합성
| 실험 12-3 알데하이드 화합물의 확인

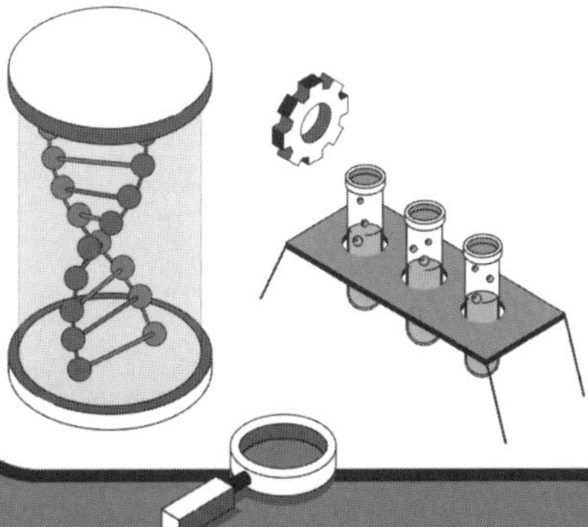

실험 12-1 아스피린 합성

실험 목적 및 개요

아스피린은 1853년에 처음 합성되어 1899년에 의약품으로 이용되기 시작한 아주 오래된 의약품이지만 아직도 세계적으로 가장 많이 팔리는 진통해열제 중의 하나이다. 유기산과 알코올이 반응하여 에스터가 되는 과정을 통해 실생활에 매우 유익한 아스피린을 합성 정제해 본다.

원리

실험실에서도 쉽게 합성할 수 있는 아스피린(아세틸 살리실산)은 다음의 구조를 갖는 유기화합물로, 분자 내에 카복실기와 에스터기를 포함한다.

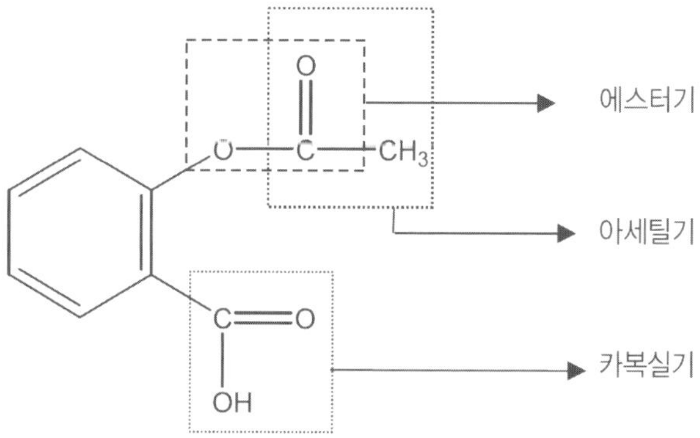

따라서 다음과 같이 유기산과 알코올이 반응하여 에스터가 생성되는 에스터화 반응을 이용하면 아스피린을 쉽게 합성할 수 있다.

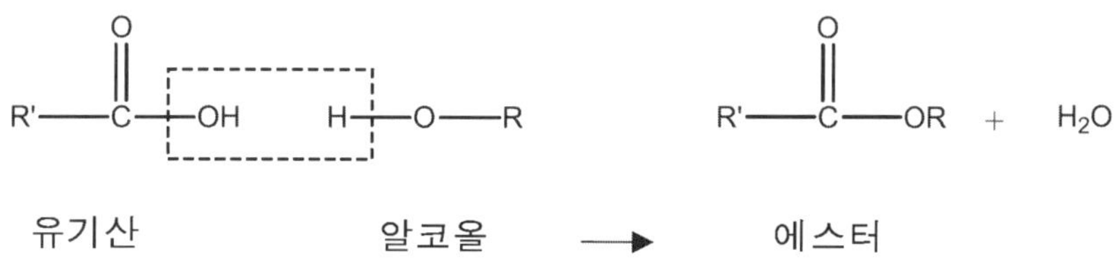

에스터를 만드는 데는 유기산과 알코올이 항상 필요한 것은 아니다. 오히려 유기산(RCOOH) 대신에 유기산 할로젠화물(RCOX) 또는 유기산 무수물(RCOOCOR)을 알코올과 반응시키면 에스터를 더욱 편리하게 만들 수 있다.

memo

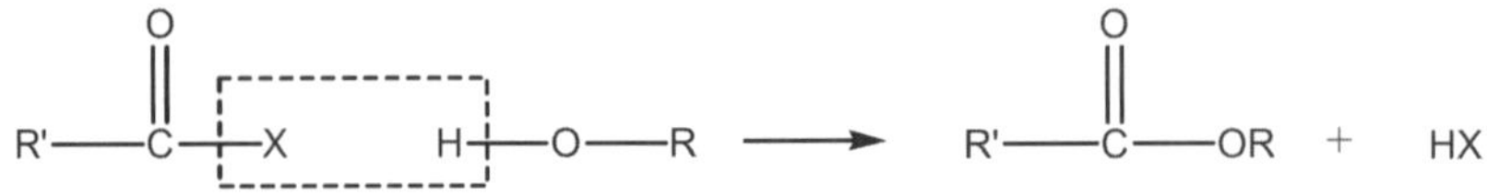

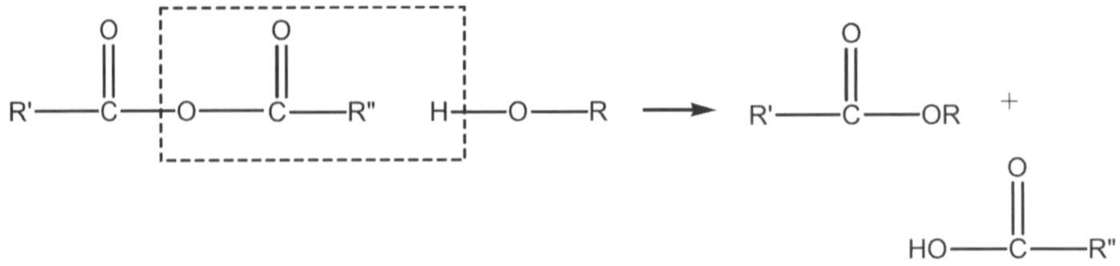

이 실험에서는 소량의 인산을 촉매로 하여 아세트산 무수물과 살리실산을 반응시켜서 아스피린을 합성하고자 한다.

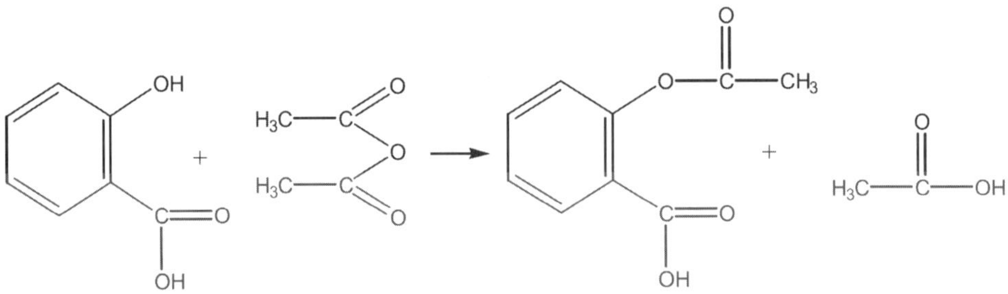

살리실산 아세트산 무수물 아스피린 아세트산

즉, 살리실산의 알코올 부분과 아세트산 무수물이 반응하면 아세트산 한 분자가 떨어지며 에스터 화합물인 아스피린 한 분자가 생성된다. 여기서 합성한 아스피린은 불순물이 많으므로 그대로 의약품으로 사용할 수는 없다. 아스피린은 녹는점이 135°C인 고체 화합물이므로, 재결정을 통하여 아스피린을 정제할 수 있다.

실험 준비물

- **실험 기구 :** 물중탕, 전기 히터, 저울, 삼각 플라스크(50 mL), 비커, 유리 막대, 스탠드, 클램프, 눈금 실린더, 감압 거름 장치, 부흐너깔때기, 감압 플라스크, 녹는점 측정 장치, 온도계(0~150℃), 거름종이.
- **시약 :** 아세트산 무수물, 살리실산, 85% 인산, 석유 에터, 얼음, 에틸 에터.

실험 방법

1. 아스피린 합성

1) 살리실산 1.2 g을 0.01 g 단위로 질량을 측정하여 기록하고 50 mL 삼각 플라스크에 넣어, 여기에 아세트산 무수물 1.5 mL를 용기 벽을 따라 흘러내림으로써 용기 벽에 묻은 살리실산을 모두 씻어 내린다.
2) 이 삼각 플라스크를 그림 12.1과 같이 물중탕 장치를 한다.
3) 촉매로 85% 인산을 소량(두 방울) 가한 후 온도를 70~85°C로 유지하면서 10분간 가열하여 반응을 완결시킨 다음, 증류수 1 mL를 조심스럽게 플라스크에 가하여 과량의 아세트

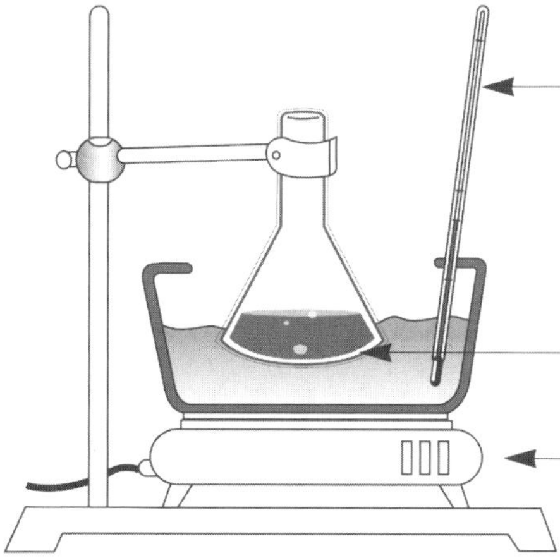

그림 12.1 물중탕 장치

산 무수물을 분해시킨다. 이때 아세트산의 증기가 발생하는가를 관찰하라.

4) 아세트산의 증기가 더 이상 발생되지 않으면 물중탕에서 꺼내어 증류수 10 mL를 가하고 실온까지 냉각시킨다. 이때 아스피린 결정이 생성되는데, 저절로 결정이 생성되지 않으면 유리 막대로 플라스크 안쪽 면을 긁어주면서 시험관을 얼음물에 담가 냉각시킨다.
5) 생성된 결정을 흡입여과기로 걸러낸 후 2.5 mL의 얼음물로 씻는다.
6) 얻어진 결정을 다른 거름종이로 옮겨 10~20분간 오븐에서 말린 후 질량을 측정하여 수득률을 계산하고, 녹는점을 측정하여 순도를 알아본다.

2. 아스피린의 정제 및 녹는점

1) 불순한 아스피린 또는 합성된 아스피린 1.0 g 정도를 삼각 플라스크에 넣고 5 mL의 에틸 에터에 녹인다. 잘 녹지 않으면 물중탕으로 조금 데우면서 저어 준다. 그래도 용액이 맑아지지 않으면 거름종이로 걸러 녹지 않는 물질을 제거한다.
2) 여과된 용액에 석유 에터(끓는점 30~60°C) 15 mL를 가한다.
3) 젓거나 흔들지 않는 상태로 이 시험관 얼음물에 담가 아스피린 침전을 생성시킨다.
4) 생성된 침전을 거르고 소량의 석유 에터로 씻는다.
5) 침전을 다른 거름종이로 옮겨 펼쳐 말린 후 녹는점을 측정한다. 1번 실험에서 얻은 아스피린의 녹는점과 비교한다.

주의 및 참고사항

1. 반응 완결 후, 과량의 아세트산 무수물에 물을 가하여 분해시킬 때 발생하는 뜨거운 증기를 조심하라.
2. 에틸 에터 및 석유 에터는 인화성이 매우 크므로 화기에 특히 주의하여야 한다. 따라서 아스피린을 에틸 에터에 녹여 정제할 때의 가열 조작은 반드시 물중탕에서 해야 한다.
3. 합성한 아스피린은 불순하므로 그대로 먹지 않도록 한다.

memo

memo

실험 절차

실험 절차를 매우 간략하게 요약할 것.

memo

관찰

각 실험 과정에서 관찰한 변화나 주요 사항을 메모할 것. 깨끗이 쓰는 것은 중요치 않음.

담당조교 확인:

memo

실험 보고서 12.1

아스피린 합성

성명: ____________ 학번: ____________ 실험조: ____________ 실험 일자: ____________

실험 결과

01 아스피린의 합성

물중탕의 온도: ____________%

물중탕에서의 반응 시간: ____________분

얼음물로 냉각 후 아스피란이 보이기까지 걸리는 시간: ____________분

	물리량	몰수(mol)
사용한 살리실산	질량: g	
사용한 아세트산 무수물	부피: mL	(밀도 = 1.08g/mL)
사용한 아세트산 무수물	질량: g	
얻은 아스피린	질량: g	
아스피린의 이론적 수득량	질량: g	

실험의 백분율 수득률 ____________%

■ 아스피린의 녹는점 측정

	녹는점(℃)
불순한 아스피린	____________
재결정한 아스피린	____________
문헌값	____________

02 살리실산 1.4 g과 아세트산 무수물 3.1 g을 사용하여 아스피린을 만들었다면, 이론적으로 몇 g의 아스피린을 얻겠는가?

memo

03 아스피린을 가수분해하면 살리실산과 아세트산이 된다. 이것을 반응식으로 써라.

04 실험 중 물을 가하여 과량의 아세트산 무수물을 분해시키는 과정이 있다. 이때 일어나는 변화를 반응식으로 써라.

05 아세트산 무수물과 무수 아세트산의 차이점이 무엇인지 설명하라.

06 불순한 아스피린 1.5 g을 0.10 M NaOH를 사용하여 적정해 보니 종말점에 0.10 M NaOH 용액 70 mL가 소비되었음을 알았다. 적정 과정에서 일어나는 반응식을 쓰고 아스피린의 순도(%)를 계산하라.

실험 12-2 나일론 합성

실험 목적 및 개요

나일론은 직물용의 섬유로서 널리 사용된 첫 번째 합성 고분자이다. 나일론 6,6 또는 나일론 6,10과 같이 다른 나일론들의 이름은 단량체의 탄소수에 따라 붙여졌다. 대부분의 나일론들은 다이아민과 다이카복실산의 축합 반응에 의하여 합성된다. 카복실산과 아민 화합물로부터 나일론을 합성해 본다.

원리

고분자(polymer)란 저분자량의 수많은(일반적으로 최소한 100개) 단위들이 공유 결합으로 연결되어 이루어진 고분자량의 물질을 말한다. 작은 분자들이 반복적으로 합쳐져서 고분자를 형성하는 과정을 중합(polymerization)이라고 하며, 이때 작은 분자들을 단량체(monomer)라고 한다. 두 가지 형태의 중합, 즉 축합 중합과 첨가 중합이 알려져 있다. 단량체들의 결합시에 물이나 알코올과 같은 작은 분자가 제거되는 고분자 형성 반응을 축합 중합이라 하며, 첨가 중합에서는 불포화 혹은 고리 화합물들이 서로 첨가하여 고분자를 만드는 반응으로, 이때는 작은 분자들이 제거되지 않는다. 전형적인 축합 중합 고분자의 일종이 폴리아마이드, 즉 나일론이다.

같은 양의 다이아민과 다이카복실산을 섞으면 아민염을 얻을 수 있다. 이 염을 고온으로 가열하면 한 분자의 물이 빠져나가면서 아마이드 결합이 생긴다.

나일론 6,6은 공업적으로 헥사메틸렌다이아민과 아디프산을 215°C에서 여러 시간 그리고 270°C 진공하에서 약 한 시간 반응시켜 얻는다.

$$HO\overset{\overset{O}{\|}}{C}(CH_2)_4\overset{\overset{O}{\|}}{C}OH + H_2N(CH_2)_6NH_2 \rightarrow \left(\overset{\overset{O}{\|}}{C}(CH_2)_4\overset{\overset{O}{\|}}{C}NH(CH_2)_6NH \right)_n$$

아디프산   헥사메틸렌다이아민   폴리헥사메틸렌 아디프아마이드 [poly(hexamethylene adipamide)] 또는 나일론 6,6

나일론을 만드는 또 다른 방법은 반응성이 큰 산염화물을 이용하는 것으로, 이 산염화물은 실온에서도 아민과 쉽게 반응하여 폴리아마이드를 만들 수 있다(Schotten-Baumann 반응).

즉, 염화 세바코일과 헥사메틸렌다이아민은 실온에서도 다음과 같이 반응하므로 나일론 6,10은 실험실에서도 쉽게 합성할 수 있다.

memo

$$\mathrm{Cl\overset{O}{\overset{\|}{C}}(CH_2)_8\overset{O}{\overset{\|}{C}}Cl + H_2N(CH_2)_6NH_2 \rightarrow \left(\overset{O}{\overset{\|}{C}}(CH_2)_8\overset{O}{\overset{\|}{C}}NH(CH_2)_6NH\right)_n}$$

염화 세바코일 헥사메틸렌다이아민 → 폴리헥사메틸렌 세바크아마이드 poly(hexamethylene sebacamide) 또는 나일론 6,10

ε-카프로락탐 → 나일론 6

헥사메틸렌다이아민은 물에, 염화 세바코일은 물과 섞이지 않는 용매에 녹여 접촉시킴으로써, 두 용액의 계면에서 중합 반응이 일어나게 된다. 따라서 이러한 중합 반응을 계면 중합이라고 한다. 이 계면에서 생긴 중합체(나일론)의 필름을 집게로 집어 올리면 필름이 제거됨과 동시에 그 자리에 새로운 중합체가 계속 생성되는 연속 반응으로 인하여, 끈이나 실 모양의 고분자 중합체를 만들 수 있다. 이것을 나일론 끈 마술이라 부른다. 또한, 섞이지 않는 두 용액은 혼합기를 사용하여 세게 흔들어주면, 두 면의 접촉면이 넓게 되어 짧은 시간에 많은 중합체를 얻을 수 있다. 그러나 이 방법은 산염화물이 비싸기 때문에 공업적으로는 잘 사용되지 않는다. 현재 우리나라에서 많이 생산되고 있는 나일론 6은 한 분자 안에 아민기와 산기를 모두 갖고 있는 단량체인 ϵ-카프로락탐의 중합으로 만든다.

이 밖에도 다양한 용도에 맞게 많은 종류의 나일론들이 개발되어 왔다. 특히 방향족 다이카복실산과 방향족 아민들을 사용하여 만든 아라미드 섬유 같은 것은 매우 강하고 튼튼한 물성을 갖는다.

실험 준비물

- **실험 기구 :** 비커(250 mL), 눈금 피펫(5 mL), 핀셋, 유리 막대, 오븐 또는 진공 오븐, 감압 거름 장치, 진공 펌프, 저울, 녹는점 측정기.
- **시약 :** 헥사메틸렌다이아민, 염화 세바코일, 다이클로로메테인 또는 사염화 탄소, 메탄올, 테트라클로로에틸렌, 아세톤, 수산화 소듐.

실험 방법

1. 염화 세바코일 1.0 mL를 눈금 피펫으로 취하여 다이클로로메테인(또는 사염화 탄소) 20 mL가 들어 있는 50 mL 비커에 용해시킨다. 50 mL 눈금 실린더에서 헥사메틸렌다이아민 0.92 g과 수산화 소듐 0.16 g을 20 mL의 증류수에 용해시킨 다음, 이 용액을 염화 세바코일 용액이 담긴 비커의 기벽을 따라 서서히 부어 넣는다. 나일론 필름이 접촉되는 계면에

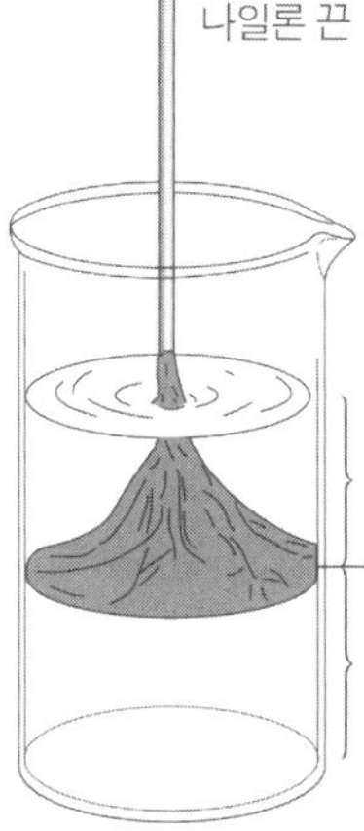

그림 12.2 나일론의 마술.

서 생성될 것이다. 생성된 나일론 필름을 핀셋으로 조심스럽게 끌어올려 유리 막대에 감는다. 유리 막대를 돌려 계면에 생성된 필름을 비커로부터 끌어올리면, 계면에서 계속 중합체가 생성되므로 계속 이어지는 나일론 끈을 얻을 수 있다. 중합체가 더 이상 생성되지 않을 때까지 유리 막대로 나일론 끈을 감아올린다(주의: 이때 감아 올린 나일론 끈은 반응하지 않는 출발 물질을 포함하고 있을 수 있으므로 씻기 전까지는 손으로 만지지 않도록 한다). 생성된 나일론의 끈을 메탄올 또는 아세톤의 1:1 수용액으로 씻은 후 다시 물로 충분히 씻는다. 이것을 100°C 이하의 오븐 또는 50°C 이하의 진공오븐에서 말린다. 얻은 중합체의 질량을 재고, 그 녹는점을 측정한다.

2. 헥사메틸렌다이아민 2.3 g과 수산화 소듐 0.8 g을 물 160 mL에 용해시킨 후 조리용 혼합기(blender 또는 mixer)에 넣어라. 따로 염화 세바코일 2 mL를 테트라클로로에틸렌 100 mL에 녹여라. 혼합기를 세게 돌리면서 이 용액을 15초에 걸쳐 부어 놓고 2분간 교반을 계속한 후, 생성된 나일론을 유리 거르개를 사용하여 걸러라. 주의할 점은 혼합기의 뚜껑을 연 채로 교반하면 액이 밖으로 튀어나올 염려가 있는 점이다. 알루미늄 포일로 혼합기 통의 위를 씌우고, 가운데 조그마한 구멍을 뚫어 세바코일 용액을 부어 넣고 혼합기의 뚜껑을 닫으면 이를 피할 수 있다. 생성된 중합체는 "나일론 끈 마술" 실험 때와 같은 방법으로 씻어 말려 그 질량을 재고 녹는점을 측정하라.

주의 및 참고사항

1. 사염화 탄소, 메탄올 및 염화 세바코일은 독성이 있으므로 증기의 흡입 또는 피부와의 접촉을 피해야 한다.
2. 합성된 나일론을 충분히 씻어주기 전에는 손으로 만지지 않도록 한다.
3. 합성한 나일론 및 사용하고 남은 반응 물질을 싱크대에 버리지 않도록 한다.
4. 한 방울의 메틸 레드 또는 브로민 크레솔 블루를 반응 용액에 가해 주면, 착색된 나일론을 얻을 수 있다.

memo

제목

memo

실험 절차

실험 절차를 매우 간략하게 요약할 것.

memo

관찰

각 실험 과정에서 관찰한 변화나 주요 사항을 메모할 것. 깨끗이 쓰는 것은 중요치 않음.

담당조교 확인:

실험 보고서 12.2

나일론 합성

성명: ___________ 학번: ___________ 실험조: ___________ 실험 일자: ___________

실험 결과

01 실험

시약	사용량(g or mL)	몰수
염화 세바코일	___________	___________
헥사메틸렌다이아민	___________	___________
수산화 소듐	___________	___________

02 실험 결과

나일론의 이론적 생성량	___________ g
실험에서의 수득량	___________ g
실험의 수득률	___________ %
만든 나일론의 녹는점(실험값)	___________ °C
나일론6,10의 녹는점(문헌값)	___________ °C

03 "나일론 끈 마술" 실험에서 헥사메틸렌다이아민 수용액에 수산화 소듐을 넣는 이유는 무엇인가?

memo

memo

04 "나일론" 다음의 숫자는 무엇을 뜻하는 숫자인가?

05 왜 나일론은 두 액체의 표면에서 합성하는가?

06 나일론은 무엇에 쓰이는가?

07 염화 아디포일과 헥사메틸렌다이아민을 반응시켜서 나일론 6,6을 만들 수 있다. 이 반응의 반응식을 써라.

08 우리나라에서는 어떤 회사에서 나일론을 만들고 있는지 조사하라.

실험 12-3 알데하이드 화합물의 확인

실험 목적 및 개요

탄수화물, 항생제 등의 천연 화합물은 알데하이드기를 포함하고 있으며, 이들 알데하이드기를 가지는 화합물들은 그 반응이 다양하여 유기화학에서 중요한 위치를 차지하고 있다. 알데하이드는 쉽게 유기산으로 산화되므로, 알데하이드 자체는 환원제로 작용한다. 알데하이드 화합물의 이러한 성질을 이용하여 어떤 화합물이 알데하이드기를 가지고 있는지 알아보며, 또한 미지 시료의 알데하이드 작용기 유무를 실험적으로 알아보고자 한다.

원리

이차 알코올은 쉽게 산화되어 케톤을 생성하며, 케톤은 더 이상 산화되기 어렵다. 그러나 일차 알코올은 알데하이드기를 거쳐 카복실산까지 산화되기 쉽다.

즉, 알데하이드 화합물은 쉽게 산화되므로 Cu^{2+}, Ag^{+} 등과 같은 약한 산화제에 의하여 산화되기도 한다.

$$\mathrm{R\text{-}\overset{\overset{R'}{|}}{C}HOH \xrightarrow{[O]} R-\overset{\overset{R'}{|}}{C}=O}$$

$$\mathrm{R\text{-}\overset{\overset{H}{|}}{C}HOH \xrightarrow{[O]} R-\overset{\overset{O}{\|}}{C}H \xrightarrow{[O]} R-\overset{\overset{O}{\|}}{C}-OH}$$

1. 톨렌스 시약

염기성 용액 중에 있는 Ag^{+}와 암모니아 착화합물은 톨렌스(Tollens) 시약이라고 하는데, 이 착물은 오직 알데하이드와 반응하며, 알데하이드를 산화시키고 자신은 Ag^{+}에서 Ag^{0}로 환원된다. 이때 금속 은이 실험용기 내부표면에 석출되어 은거울을 만든다(은거울 반응).

$$\mathrm{R\text{-}CHO + 2\,Ag(NH_3)_2^{+}OH^{-} \rightarrow RCOO^{-} + 2\,Ag(\downarrow) + 4NH_3 + H_2O}$$

2. 베네딕트 시약

구리(II)의 시트르산 착화합물 용액인 베네딕트(Benedict) 시약이 알데하이드와 반응하면 구리(II)가 환원되어 Cu_2O의 붉은색 침전이 생긴다. 이로써 알데하이드의 유무를 확인할 수 있다.

$$\mathrm{R\text{-}CHO + 2\,Cu(cit)_2 + 5\,OH^{-} \rightarrow RCOO^{-} + Cu_2O(\downarrow) + 3H_2O + 4(cit)}$$

*(cit: 시트르산 이온)

memo

베네딕트 시약과 유사한 것으로 펠링(Fehling) 시약이 있는데, 이것은 구리(II)의 타타르산 착화합물 용액으로서 역시 알데하이드를 산화시켜 Cu_2O의 붉은 침전을 생성시킨다. 이런 시약은 지방족 알데하이드에 대해서는 양성이지만, 종종 방향족 알데하이드에 대해서는 양성이 아닐 수도 있다. 따라서 이들 두 알데하이드를 구별하는 데 사용되기도 한다. 위에서 언급한 것과 같이 알데하이드의 환원성을 이용한 알데하이드의 검출 방법 이외에도 알데하이드만의 유기 반응을 이용하여 알데하이드를 검출하는 방법이 있다. 즉, 알데하이드는 메타아황산수소소듐(sodium metabisulfite)과 부가반응하여 침전을 생성한다.

이 반응은 평형 반응이지만 과량의 메타아황산수소 소듐을 가하면 존재하는 알데하이드 전부를 침전으로 떨어뜨릴 수 있으므로 알데하이드의 정제에 이용되기도 한다.

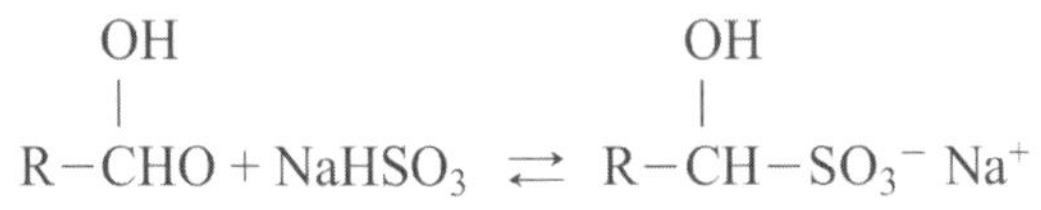

실험 준비물

- **실험 기구 :** 시험관(10 cm), 삼각 플라스크, 비커, 스포이드, 전기 히터, 저울, 눈금 실린더(10 mL, 100 mL)
- **시약 :** 5% $AgNO_3$, 10% NaOH, 2% NH_3, Na_2CO_3, $CuSO_4 \cdot 5H_2O$, 메타아황산수소 소듐, 아세톤, 아세트알데하이드, 벤즈알데하이드, 포도당(D-글루코스), 시트르산 소듐 이수화물

실험 방법

1. 톨렌스 시약

톨렌스 시약은 폭발성이 있으므로 미리 만들어 놓지 않도록 한다.

1) 10 cm 정도의 시험관을 잘 닦은 후, 1 mL의 5% $AgNO_3$ 용액을 넣고, 10% NaOH 용액 한두 방울을 넣는다.
2) 시험관을 잘 흔들어주면서 2% 암모니아 용액을 넣는다. 암모니아 용액을 한 방울씩 떨어뜨리면 Ag_2O의 침전이 생기는데, 이 침전이 전부 녹을 때까지 계속 넣는다. 확인 반응이 예민하게 잘 일어나게 하려면 암모니아 용액을 Ag_2O가 다 녹은 후에는 넣지 않도록 한다.
3) 확인하고자 하는 시료를 한두 방울(또는 5 mg 정도) 떨어뜨리고, 10분간 방치한다. 아무런 반응이 없으면 시험관을 약 40°C 정도의 물에 담구어 5분 기다린다. 시료에 알데하이드가 있으면 시험관 내부에 은거울이 생기며, 이때를 은거울 반응에 양성이라고 한다. 위의 과정을 아세톤, 아세트알데하이드, 벤즈알데하이드, 포도당 등에 대하여도 확인하도록 한다.

memo

2. 베네딕트 시약

1) 17.3 g의 시트르산 소듐 이수화물과 10 g의 무수 탄산 소듐을 70 mL의 물에 녹인다.
2) 다른 비커에서 1.73 g의 황산 구리를 10 mL의 물에 녹인 후, 이를 위의 1)번 용액과 혼합하여 잘 섞은 다음 100 mL로 희석한다. 만일 용액이 균일하지 않으면 여과한다. 이 용액이 베네딕트 시약이다.
3) 확인하고자 하는 시료 두세 방울(또는 5 mg 정도)을 시험관에 넣은 다음 2~3 mL의 베네딕트 시약을 넣어 끓을 때까지 가열한다. 이때 알데하이드가 있으면 Cu_2O의 붉은 침전이 생성된다. 이 과정을 아세톤, 아세트알데하이드, 벤즈알데하이드, 포도당 등에 대하여도 확인하도록 한다.

3. 메타아황산수소 소듐의 첨가 반응

5 mL의 포화 메타아황산수소 소듐 용액에 시료 1 mL를 넣어주고 세게 흔들어준다. 온도가 상승하면 냉각시킨다. 결과를 기록하라. 이 과정을 아세톤, 아세트알데하이드, 사이클로펜탄온, 다이에틸 케톤 등에 대하여도 확인하도록 한다.

4. 지도 선생님으로부터 미지 시료 두세 개를 받아서 1, 2, 3번 실험을 되풀이한다.

주의 및 참고사항

1. 톨렌스 시약은 폭발성이 있으므로 실험하기 직전에 만들어 사용하고, 남은 것은 보관하지 않고 버리도록 한다.
2. 은거울 반응을 한 시험관은 뜨거운 질산 용액으로 씻으면 용이하다.
3. 베네딕트 시약과 포화 메타아황산수소 소듐 용액은 미리 준비하여도 좋다.

제목

memo

실험 절차

실험 절차를 매우 간략하게 요약할 것.

memo

관찰

각 실험 과정에서 관찰한 변화나 주요 사항을 메모할 것. 깨끗이 쓰는 것은 중요치 않음.

담당조교 확인:

실험 보고서 12.3

알데하이드 화합물의 확인

성명: ________ 학번: ________ 실험조: ________ 실험 일자: ________

memo

01 확인 결과(양성에 O표 하라)

	아세톤	아세트알데하이드	벤즈알데하이드	포도당
톨렌스 시약				
베네딕트 시약				

	아세톤	아세트알데하이드	사이클로펜탄온	다이에틸 케톤
메타아황산수소 소듐				

02 미지 시료(양성에 O표 하라)

	I	II	III	IV
톨렌스 시약				
베네딕트 시약				
메타아황산수소 소듐				

memo

03 각 시료에 대하여 반응식을 써라.

04 확인 결과 양성이 아닌 이유는?

05 펠링 시약과 베네딕트 시약의 차이는?

06 프로피온알데하이드에 대한 $NaHSO_3$의 첨가 반응에 대한 메커니즘을 써라.

07 알데하이드에 대한 $NaHSO_3$ 첨가 반응 결과 생성된 침전으로부터 알데하이드를 다시 회수할 수 있는 방법에는 어떤 것이 있는가?

제 13 장

광화학

| 실험 13-1 벤조페논의 광환원 반응

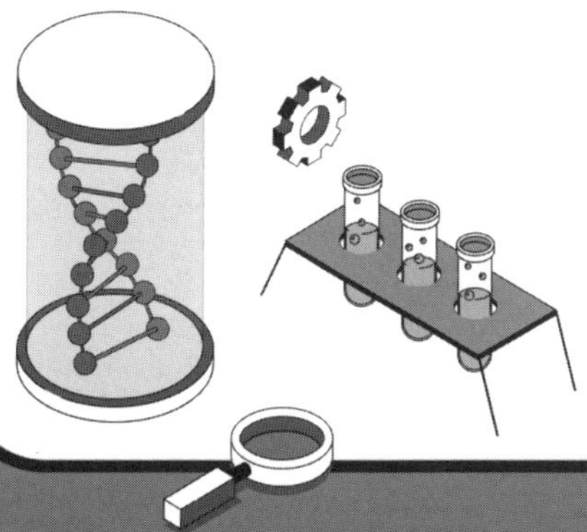

실험 13-1 벤조페논의 광환원 반응

실험 목적 및 개요

이번 실험에서는 벤조페논의 2-프로판올 용액에 빛을 쪼여 벤조피나콜이라는 생성물을 얻는 실험이다.

원리

벤조페논(benzophenone)의 광환원 반응은 가장 오래되고 철저하게 연구된 광화학 반응 중의 하나이다. 광화학이란 이름이 의미하듯이 빛을 이용한 반응이다. 광화학 역사상 초기인 1900년에 벤조페논의 용액은 빛에 불안정하다는 사실이 발견되었다. 벤조페논을 2-프로판올(2-propanol) 같은 "수소 주개" 용매에 녹이고 자외선을 쪼이면, 2-프로판올에 녹지 않는 벤조피나콜(benzopinacol)이 크고 두꺼운 프리즘 형태의 결정으로 얻어진다. 이 반응의 반응식은 다음과 같다.

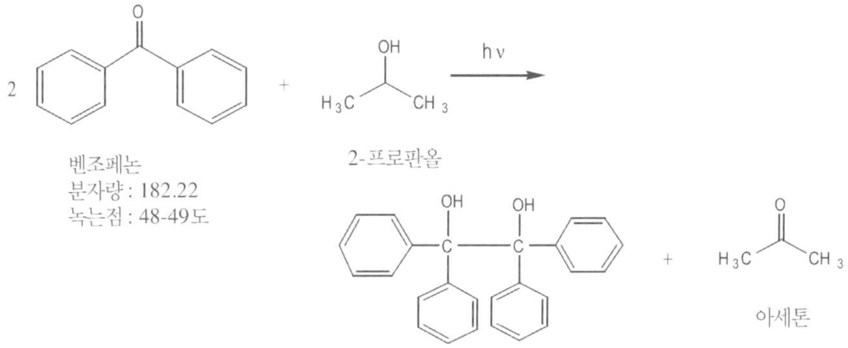

벤조페논
분자량 : 182.22
녹는점 : 48-49도

2-프로판올

벤조피나콜
분자량 : 366.46
녹는점 : 188-9도

아세톤

이 반응을 이해하기 위해서는 광화학의 기초이론을 알아야 한다. 정상적인 유기 분자에서 점유 오비탈(occupied orbital)에 있는 모든 전자는 짝을 이루고 있다. 그러한 분자가 적당한 파장의 빛을 흡수한다면 가장 높은 에너지 상태의 점유 오비탈에 있는 하나의 전자가 가장 낮은 비어 있는 분자 궤도로 들뜨게 된다. 이러한 전이에서 전자는 스핀값을 유지하여야 하는데, 그 이유는 전자적 전이 과정에서 스핀의 변화는 양자 역학적으로 금지되어 있기 때문이다. 따라서 전자가 점유하고 있는 오비탈 중에서 가장 에너지가 높은 오비탈에 있었던 전자가 원래 짝을 이루고 있었던 것처럼(즉, 서로 반대의 스핀을 가지고 있었던 것처럼) 첫 번째 들뜬 상태(first excited state)에 있는 두 전자도 짝을 이루고 있을 것이다. 이 점은 두 전자가 전이 후에 서로 다른 오비탈에 있을 경우에도 마찬가지이다. 이러한 첫 번째 들뜬 상태의 스핀 다중도(spin multiplicity), (2S + 1)가 1이기 때문에, 이 상태를 단일항 상태(singlet state), (S_1)라고 한다. 들뜨기 전의 상태도 전자들이 짝을 이루기 때문에 단일항 상태이며, 이

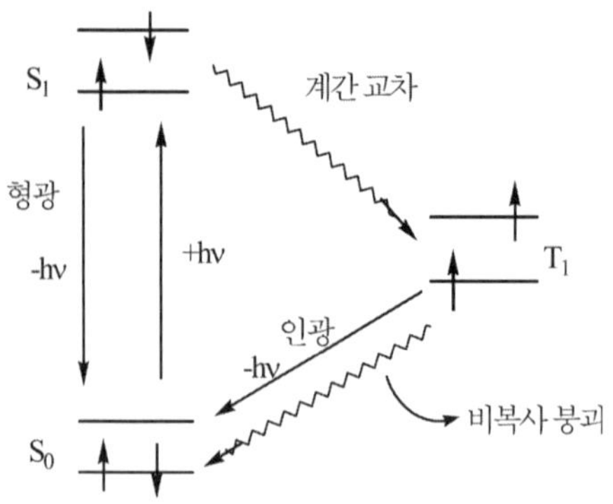

러한 상태를 바닥 상태, (S_0)라고 한다.

들뜬 단일항 상태(excited singlet state)(S_1)는 흡수한 빛을 재방출하여 바닥 상태(S_0)로 돌아 갈 수 있으며, 이 과정을 형광(fluorescence)이라고 한다.

다른 방법으로는 들뜬 전자가 스핀이 바뀌면서 들뜬 삼중항 상태(excited triplet state)(T_1)로 갈 수 있다. 여기에서 삼중항은 이 상태의 스핀 다중도(2S + 1)가 3임을 의미한다. 첫 번째 들뜬 단일항 상태가 삼중항 상태로 변환하는 과정을 계간 교차(intersystem crossing)라고 한다. 훈트 규칙(Hund's rule)에 의하여 삼중항 상태는 들뜬 단일항 상태보다 에너지가 더 낮다. 정상적으로 계간 교차는 양자역학적으로 금지된 과정이다. 그러나 단일항 상태와 삼중항 상태의 에너지가 서로 비슷하면(ΔE = 10 kcal/mol), 계간 교차는 형광보다 더 빠른 속도로 일어나게 되고, 그러한 분자는 들뜬 단일항 상태에서 삼중항 상태로 빨리 변환하게 된다. 벤조페논의 경우 S_1은 K_{isc} = 10^{10} sec^{-1}의 속도로 T_1으로 변환하며, 이는 S_1의 수명이 10^{-10}초임을 의미한다. 벤조페논의 경우 형광의 속도는 10^6 sec^{-1}이며, 따라서 계간 교차는 형광보다 만 배 정도 빠르게 일어난다. 따라서 S_1에서 T_1으로의 변환은 거의 정량적인 과정이라고 할 수 있다. S_1과 T_1 사이에 큰 에너지 차이가 있는 분자의 경우 이러한 사정이 역전되며, 나프탈렌(naphthalene)이 이 예에 속한다.

들뜬 삼중항 상태는 그 에너지가 단일항 상태보다 낮기 때문에 단일항 상태로 갈 수 없다. 또한 전이 $T_1 \rightarrow S_0$는 스핀의 반전이 일어나기 때문에 금지된 과정이며, 따라서 일어날 수 없다. 그러므로 들뜬 삼중항 상태는 상당히 긴 수명을 가지고 있다. 전이 $T_1 \rightarrow S_0$가 금지된 과정이라고 하여도 결국에는 비복사 전이(radiationless transition)라는 과정에 의하여 T_1은 S_0로 돌아가게 된다. 이 과정에서는 삼중항 상태의 여분의 에너지가 주위의 용액에 열로써 방출된다. 삼중항 상태가 바닥 상태로 돌아갈 수 있는 두 번째 과정은 인광(phosphorescence)이라는 과정이며, 이 과정에서는 들뜬 삼중항 상태가 빛을 방출하면서 바닥 상태로 돌아간다. 이 과정은 금지된 과정이지만 분자가 여분의 에너지를 방출할 만한 다른 방법이 없을 때에는 이러한 과정이 일어나게 된다. 벤조페논의 경우 비복사 붕괴(radiationless decay)(K_d = 10^5 sec^{-1})가 인광(K_p = 10^2 sec^{-1})보다 더 빠른 과정이다.

벤조페논은 케톤의 일종이다. 케톤은 두 개의 가능한 들뜬 단일항 상태를 가지며, 따라서 두 개의 들뜬 삼중항 상태를 가진다. 벤조페논의 경우, 카보닐 π 결합의 π전자 중 하나를 가장 에너지가 낮은 비어 있는 오비탈인 π^* 오비탈로 들뜨게 하는 것이 가능하고 ($\pi - \pi^*$ 전이), 또한 산소의 비공유 전자쌍에 있는 전자 하나를 같은 오비탈로 들뜨게 하는 것이 가능하다($n - \pi^*$ 전이). 이러한 전이를 그림으로 표시하면 다음과 같다.

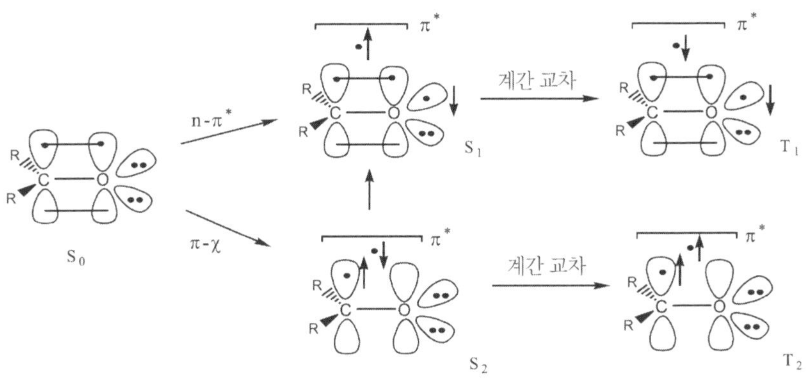

분광학적 연구에 의하면 벤조페논과 대부분의 다른 케톤의 경우, $n - \pi^*$ 들뜬 상태 S_1과 T_1이 $\pi - \pi^*$ 들뜬 상태보다 더 낮은 에너지 상태에 있다고 한다. 벤조페논과 나프탈렌의 들뜬 상태를 묘사하는 에너지 그림이 아래에 있다.

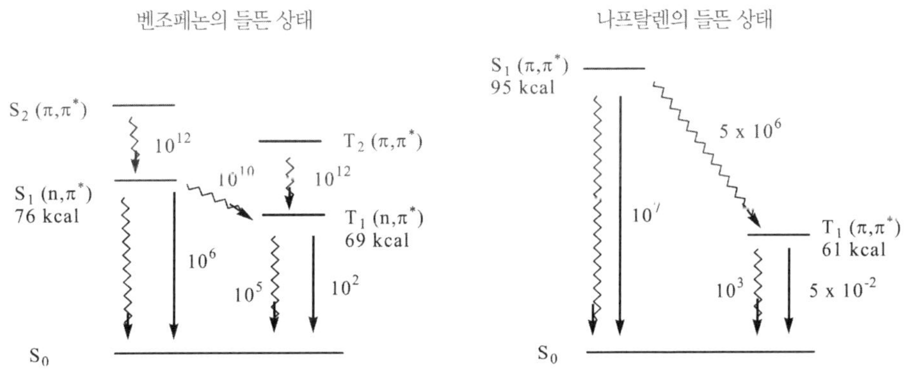

벤조페논의 광환원은 벤조페논의 $n - \pi^*$ 삼중항 상태(T_1)의 반응이라고 알려져 있다. $n - \pi^*$ 들뜬 상태에서는 짝을 이루지 않는 전자 때문에 카보닐기의 산소 원자가 라디칼 성격을 가지게 된다. 따라서 라디칼과 유사하고 반응성이 큰 T_1-들뜬 상태에 있는 분자는 적당한 수소 원자 주개 분자로부터 수소 원자를 받아 다이페닐하이드록시메틸(diphenylhydroxymethyl) 라디칼 A를 형성하게 된다. 이 라디칼이 서로 결합하게 되면 벤조피나콜(benzopinacol)이 생기게 된다.

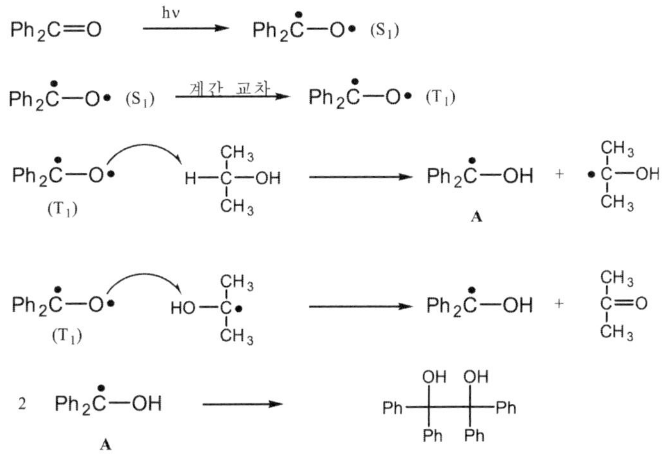

memo

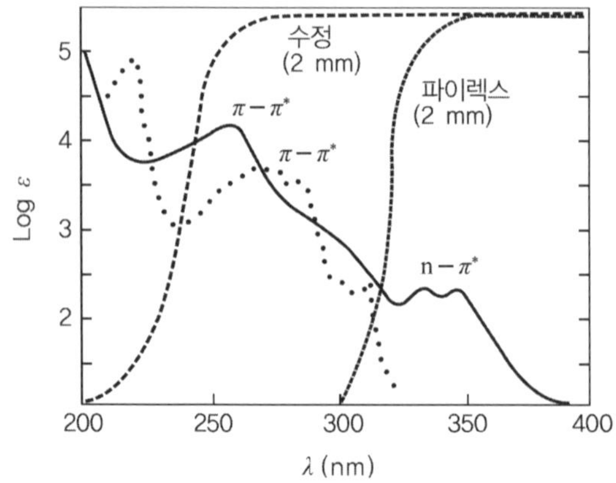

그림 13.1 벤조페논의 광환원 반응.

많은 광화학 반응은 파이렉스(Pyrex) 유리를 통과하는 파장보다 더 단파장의 자외선을 필요로 하기 때문에 수정(quartz) 기구를 사용하여 행해야 한다. 그러나 벤조페논의 경우에는 $n - \pi^*$ 단일항 상태로 들뜨기 위하여는 대략 350 nm의 자외선이 필요하며 이러한 파장의 빛은 파이렉스를 쉽게 통과한다. 다음의 그림은 벤조페논과 나프탈렌의 자외선 흡수 스펙트럼과 파이렉스와 수정을 통과하는 파장을 보여 주고 있다. 이 그림에서 알 수 있듯이 파이렉스는 300 nm보다 단파장의 빛을 통과시키지 못하나, 수정은 200 nm까지 짧은 빛을 통과시킨다. 따라서 벤조페논을 파이렉스 플라스크에 넣을 때 일어나는 유일한 전자적 전이는 350 nm에서 일어나는 $n - \pi^*$ 전이임을 쉽게 알 수 있다. 하지만 두 번째 들뜬 단일항 상태(S_2)를 만드는 데 필요한 자외선으로 벤조페논을 쪼였다하더라도, 이 단일항 상태는 수명이 극히 짧은 관계로 10^{-12}초 빨리 조금 낮은 상태인 S_1으로 변환한다. $S_2 \rightarrow S_1$의 변환과정을 내부 전환(internal conversion)이라고 한다.

유리의 투과도(%)
벤조페논
나프탈렌

간단한 에너지 전달(energy transfer) 실험에 의하여 벤조페논의 광환원이 S_1 들뜬 상태가 아니라 T_1 들뜬 상태를 통하여 이루어진다는 것을 알 수 있다. 나프탈렌을 반응액에 가하면 벤조페논의 삼중항 상태의 들뜬 에너지가 나프탈렌으로 이동하기 때문에 광환원 반응은 정지된다. 이때 나프탈렌은 광반응을 소광(quench)하였다고 말한다. 이러한 소광은 다음과 같이 일어난다.

한 분자의 들뜬 상태가 상당히 긴 수명을 가지고 있다면 그 들뜬 에너지를 다른 분자에 주는 것은 가능하다. 이러한 에너지의 전달이 일어나는 과정은 매우 복잡하나, 이러한 전달이 가능하기 위해서는 두 가지의 조건이 충족되어야 한다. 첫 번째는 이러한 에너지의 전달 과정에서는 에너지가 감소하는 방향으로 반응이 진행한다는 것이고, 다른 하나는 전체 분자의 스핀 다중도가 보존되어야 한다는 점이다. 이 두 가지 사항은 에너지 전달 중에서 가장 흔한 두 가지의 예[단일항 상태 전달(singlet transfer)과 삼중항 상태 전달(triplet transfer)]를 들어 설명할 수 있다. 이 두 예에서 위 첨자 1은 들뜬 단일항 상태, 3은 들뜬 삼중항 상태, 0은 바닥 상태 분자를 나타내고 A와 B는 서로 다른 분자를 나타낸다.

memo

단일항 상태 전달에서는 들뜬 에너지가 A의 들뜬 단일항 상태로부터 B의 바닥 상태로 이동하며, 삼중항 상태 전달에서도 비슷하게 들뜬 상태와 바닥 상태 사이에 에너지의 이동이 일어난다. 단일항 상태 전달은 쌍극자-쌍극자 상호작용(dipole-dipole coupling mechanism)에 의하여 공간적으로 일어나나, 삼중항 상태 에너지 전달은 에너지의 전달에 개입하는 두 분자 사이의 직접적인 충돌을 필요로 한다. 보통의 유기 용매에서는 초당 10^9개의 충돌이 일어난다. 따라서 삼중항 상태 A_3이 10^{-9}초보다 더 긴 수명을 가지고 있고, 수용체 분자(acceptor molecule)인 B_0의 삼중항 상태 에너지가 A_3의 삼중항 상태 에너지보다 낮다면 에너지 전달이 일어날 수 있을 것이다. 삼중항 상태 A_3가 용액에서의 충돌 속도보다 더 느린 속도로 광환원 같은 반응을 수행한다고 하면 소광제(quencher, 또는 반응 정지제)라고 하는 수용체 분자를 용액에 가하면 그 반응은 종료될 것이다. 이 소광제는 삼중항 상태가 반응할 기회를 갖기 전에 삼중항 상태를 소광하여 반응을 종결시키는 것이다. 나프탈렌은 이러한 방법으로 벤조페논의 삼중항 상태를 소광하여 광환원 반응을 종결시키는 것이다.

나프탈렌 자신은 벤조페논의 단일항 상태 에너지(76 kcal/mol)보다 큰 95 kcal/mol의 단일항 상태 에너지를 가지고 있기 때문에 벤조페논의 들뜬 단일항 상태를 소광할 수 없다. 또한 벤조페논의 경우 $S_1 \rightarrow T_1$ 과정은 매우 빠르게(10^{-10}초) 일어난다. 따라서 나프탈렌은 벤조페논의 삼중항 상태만을 소광할 수 있다. 벤조페논의 삼중항 상태 들뜬 에너지(69 kcal/mol)는 나프탈렌과의 충돌 과정에서 나프탈렌(T_1 = 61 kcal/mol)에 전달되며, 이 과정은 발열 반응이다. 마지막으로, 나프탈렌은 파이렉스 유리를 통과하는 빛을 흡수하지 않기 때문에, 나프탈렌이 용액에 들어 있다 하더라도 벤조페논은 빛을 흡수할 수 있다. 따라서 나프탈렌이 벤조페논의 광환원 반응을 소광한다는 사실은 이 반응이 벤조페논의 T_1을 거쳐 일어나고 있음을 나타내고 있다.

실험 준비물

- **실험 기구 :** 시험관(18 × 150 mm), 고무 마개, 비커 (250 mL), 가열판, 여과지, 여과 깔때기
- **시약 :** 벤조페논 2 g, 2-프로판올 50 mL, 빙초산 한 방울

실험 방법

1) 18 × 150 mm 시험관에 2 g의 벤조페논(benzophenone)을 넣고 8 mL의 2-프로판올(2-propanol)에 가한다.
2) 이 시험관을 더운 물에 담가 녹이고, 한 방울의 초산을 가한다[주의: 한 방울 이상의 초산을 가하지 않도록 한다. 초산을 가하는 이유는 소량의 알칼리를 제거하기 위해서이며, 알칼리가 있으면 피나콜 생성물이 벤조페논과 벤조하이드롤(benzohydrol)로 분해한다].
3) 시험관 위까지 2-프로판올을 더 가하여 공기가 반응 중에 들어가지 않도록 한다.
4) 이 플라스크를 고무마개로 잘 막고, 뒤집은 상태로 비커에 놓아 두고 햇빛에 직접 쪼인다.
5) 서너 시간 후에 벤조피나콜(benzopinacol)의 결정이 생기기 시작하며, 7일 후에는 플라스크에 벤조피나콜의 결정이 채워지게 된다.
6) 반응 용액을 얼음물에서 식히고 여과지로 여과한다.
7) 모아진 결정을 소량(5 mL)의 2-프로판올로 씻어주고 공기 중에서 말린다. 녹는점 188~

memo

190°C(벤조피나콜은 녹는점 근처에서 분해하기 때문에 녹는점은 가열 속도에 따라 다르다. 앞에 나와 있는 온도는 천천히 가열하였을 때 얻어진 온도이다).

8) 녹는점과 수득률을 기록한다.

벤조피나콜의 합성법에는 다른 방법도 있다.

한 방법은 브로민화 페닐마그네슘(phenylmagnesium bromide, PhMgBr)을 벤질(benzil, $C_6H_5COCOC_6O_5$) 혹은 벤질산 메틸[methyl benzilate($(C_6H_5)_2C(OH)COOCH_3$)]과 반응시키는 것이며, 다른 하나는 벤조페논을 아연과 황산, 알루미늄 아말감 혹은 마그네슘으로 환원시키는 것이다. 여기 소개된 방법은 1900년에 Ciamician과 Silber가 발견한 방법으로서 광화학적 방법으로 벤조페논을 환원시키는 방법이다.

memo

실험 절차

실험 절차를 매우 간략하게 요약할 것.

memo

관찰

각 실험 과정에서 관찰한 변화나 주요 사항을 메모할 것. 깨끗이 쓰는 것은 중요치 않음.

담당조교 확인:

실험 보고서 13.1

벤조페논의 광환원 반응

성명: ___________ 학번: ___________ 실험조: ___________ 실험 일자: ___________

실험 결과

01 벤조피나콜의 합성

사용한 벤조페논의 질량 ______________________g

사용한 2-프로판올의 부피 ______________________mL

얻은 벤조피나콜의 질량 ______________________g

벤조피나콜의 이론적 수득량 ______________________g

벤조피나콜의 실험적 백분율 수득률 ______________________%

02 벤조피나콜의 녹는점 측정

가열속도 ______________________°C/분

실험값 ______________________°C

문헌값 ______________________°C

memo

제 14 장

화학과 컴퓨터

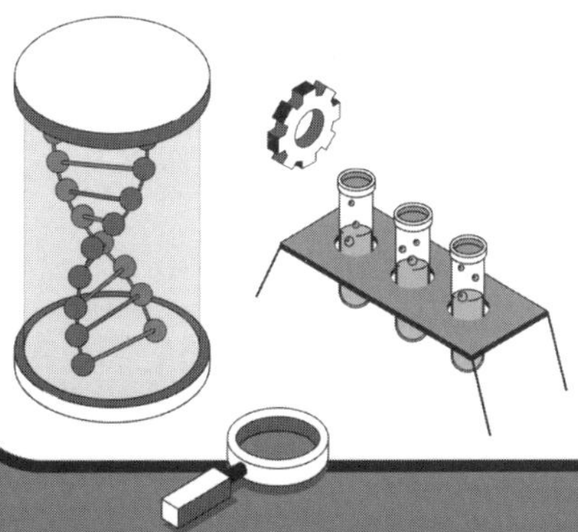

실험 14-1 원자 오비탈, 분자 오비탈 및 분자의 모형 1

실험 목적 및 개요

현대 화학은 양자화학의 발전으로 새로운 역사를 쓰고 있다. 물질의 성질과 구조 및 그 변화는 원자와 분자의 화학으로 설명할 수 있고, 그 바닥에는 원자와 분자의 파동함수가 기본이 되고 있다. 원자들의 파동함수는 분자 내에서의 결합뿐만 아니라 분자 간의 결합도 설명할 수 있다. 따라서 현대의 화학을 하려면 이들 원자와 분자의 오비탈을 잘 알아두는 것이 그 출발점이라 할 수 있다.

이 컴퓨터 실험에서는 원자 오비탈을 양자수에 따라 표시하여 보고 또한 잘 알려진 몇 가지 분자의 모형을 컴퓨터 프로그램을 통해 살펴보기로 한다.

1. Orbital Viewer

1.1 Orbital Viewer를 이용한 원자 오비탈 보기

1.1.1 $s(l = 0)$ 오비탈

$1s$, $2s$, $3s$ 오비탈을 살펴보고, 그 공간 분포 모양을 그려보라.

$1s$　　　　$2s$　　　　$3s$

1.1.2 $p(l = 1)$ 오비탈

$2p$ 오비탈을 살펴보라. 이들은 각각 세 개의 공간상에 다른 오비탈이 존재한다.

$2p_+$　　　　$2p_0$　　　　$2p_-$

1.1.3 $d(l = 2)$ 오비탈

$3d$ 오비탈을 살펴보라. $3d$ 오비탈은 다섯 개의 다른 모양이 있다.

memo

$3d_{2+}$ $3d_{+}$ $3d_{0}$ $3d_{-}$ $3d_{2-}$

1.1.4 $f(l = 3)$ 오비탈

4*f* 오비탈을 살펴보라. 4*f* 오비탈은 일곱 개의 다른 모양이 있다.

$4f_{3+}$ $4f_{2+}$ $4f_{+}$ $4f_{0}$ $4f_{-}$ $4f_{2-}$ $4f_{3-}$

1.2 Orbital Viewer를 이용한 혼성 원자 오비탈 만들기

1.2.1 *sp* 혼성 오비탈

$2s(n = 2, l = 0, m = 0)$와 $2p_z(n = 2, l = 1, m = 0)$를 이용하여 *sp* 혼성 오비탈 두 개($sp_A$, sp_B)를 만들어보라.

다음과 같이 만들면 된다. Orbital option에서 sp_A의 경우 Atom1은 2*s*, Atom2는 $2p_z$를 더하면 되고, sp_B의 경우 Atom1은 2*s*, Atom2는 $2p_z$를 빼면(factor에 -1을 입력) 된다.

이들 두 개의 혼성 오비탈을 한 화면에 표시하여 보고(이때 Atom1과 Atom2는 *z*축으로 –10 Å, Atom3와 Atom4는 *z*축으로 10 Å 중심을 이동하면 된다), 두 개의 혼성 오비탈의 공간상 상호 간의 방향을 살펴보라. 제대로 만들면 다음과 같은 공간 분포를 얻게 된다. 시간이 제법 걸린다. 시간을 단축하려면 화면을 회전시키지 않고, Orbital option에서 원자들의 양자수 조합만 바꾸면 상호간의 방향성을 알 수 있다.

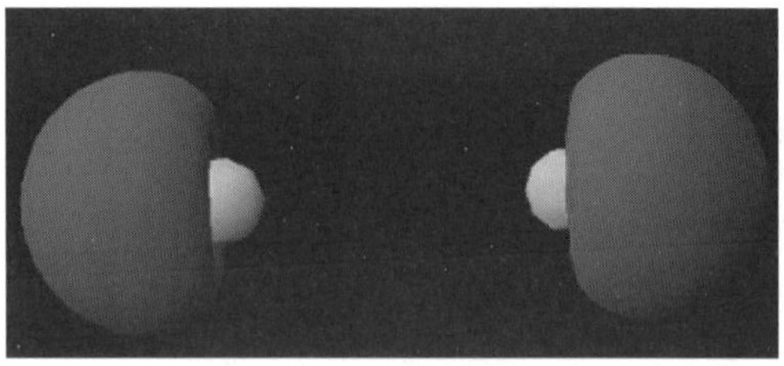

위에 여러분이 만든 오비탈을 그려라.

1.2.2 sp^2 혼성 오비탈

$2s(n = 2, l = 0, m = 0)$와 $2p_+(n = 2, l = 1, m = 1)$와 $2p_-(n = 2, l = 1, m = -1)$를 이용하여 sp^2 혼성 오비탈 세 개($sp^2{}_A$, $sp^2{}_B$, $sp^2{}_C$)를 만들어 보라.

이들 혼성 오비탈은 다음과 같이 만들면 된다.

$sp^2{}_A = (2s) + (2)^{1/2}(2p_y)$,

$sp^2{}_B = (2s) + (3/2)^{1/2}(2p_x) - (1/2)^{1/2}(2p_y)$,

$sp^2{}_{\mathrm{C}} = (2s) - (3/2)^{1/2}(2p_x) - (1/2)^{1/2}(2p_y)$.

여기서 대칭적으로 $2p_x$는 $2p_-$, $2p_y$는 $2p_+$로 생각해도 좋다.

제대로 만들면 위와 같은 결과를 얻게 된다.

위에 여러분이 만든 sp^2 오비탈을 그려라.

1.2.3 sp^3 혼성 오비탈

$2s(n = 2, l = 0, m = 0)$와 $2p_x(n = 2, l = 1, m = 1)$, $2p_y(n = 2, l = 1, m = -1)$ 및 $2p_z(n = 2, l = 1, m = 0)$를 이용하여, sp^3 혼성 오비탈 네 개($sp^3{}_{\mathrm{A}}$, $sp^3{}_{\mathrm{B}}$, $sp^3{}_{\mathrm{C}}$, $sp^3{}_{\mathrm{D}}$) 중에서 하나를 만들어보라.

$sp^3{}_{\mathrm{A}} = (2s) + (2p_x) + (2p_y) + (2p_z)$
$sp^3{}_{\mathrm{B}} = (2s) - (2p_x) + (2p_y) + (2p_z)$
$sp^3{}_{\mathrm{C}} = (2s) + (2p_x) - (2p_y) + (2p_z)$
$sp^3{}_{\mathrm{D}} = (2s) + (2p_x) + (2p_y) - (2p_z)$

이 네 개의 혼성 오비탈의 공간에서의 방향은 중심에서 정사면체의 꼭지점을 향하게 된다. 시간이 있다면 이들의 방향을 살펴보라.

여기에서도 대칭적으로 $2p_x$는 $2p_-$, $2p_y$는 $2p_+$, $2p_z$는 $2p_0$로 생각해도 좋다.

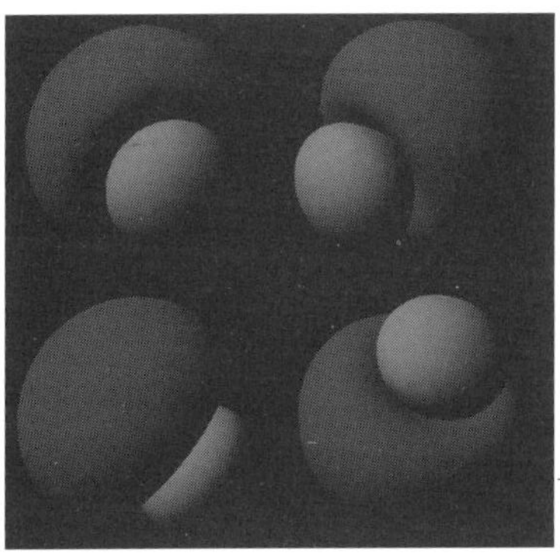

위에 여러분이 만든 sp^3 오비탈을 그려라.

위 그림은 네 개의 sp^3 혼성 오비탈을 모아 놓은 것이다.

memo

memo

1.3 Orbital Viewer를 이용한 분자 오비탈 만들기

1.3.1 σ_{1s}와 σ_{1s}^* 분자 오비탈

1s와 1s* 분자 오비탈은 공간적으로 떨어져 있는 두 개의 1s 원자 오비탈을 이용한다.

$\sigma_{1s} = 1s + 1s$

$\sigma_{1s}^* = 1s - 1s$

위의 그림은 2 Å 떨어진 1s 함수들로 구성된 σ_{1s}와 σ_{1s}^* 함수로, Cutaway Plane option으로 표현한 것이다.

수소 분자에 대하여 원자 간의 거리를 바꾸어 가면서 시그마 오비탈의 모양을 살펴보아라.

σ_{1s}

거리 = 1 Å	거리 = 2 Å	거리 = 3 Å	거리 = 4 Å

σ_{1s}^*

거리 = 1 Å	거리 = 2 Å	거리 = 3 Å	거리 = 4 Å

memo

1.3.2 σ_{2p}와 σ_{2p}^* 분자 오비탈

σ_{2p}와 σ_{2p}^* 분자 오비탈은 공간적으로 떨어져 있는 두 개의 $2p$ 원자 오비탈을 이용한다.

$\sigma_{2p} = 2p_z - 2p_z$
(이때 $2p_z$ 함수는 공간적으로 서로 z축으로 떨어져 있어야 한다.)

$\sigma_{2p}^* = 2p_z + 2p_z$
(이때 $2p_z$ 함수는 공간적으로 서로 z축으로 떨어져 있어야 한다.)

위의 그림은 5 Å 떨어진 $2p$ 함수들로 구성된 σ_{2p}와 σ_{2p}^* 분자 오비탈로서 Cutaway Plane option으로 표현한 것이다.

1.3.3 π_{2p}와 π_{2p}^* 분자 오비탈

π_{2p}와 π_{2p}^* 분자 오비탈은 공간적으로 떨어져 있는 두 개의 $2p$ 원자 오비탈을 이용한다.

$\pi_{2p} = 2p_z \ 0 \ 2p_z$
(이때 $2p_z$ 함수는 공간적으로 서로 x나 y축으로 떨어져 있어야 한다.)

$\pi_{2p}^* = 2p_z - 2p_z$
(이때 $2p_z$ 함수는 공간적으로 서로 x나 y축으로 떨어져 있어야 한다.)

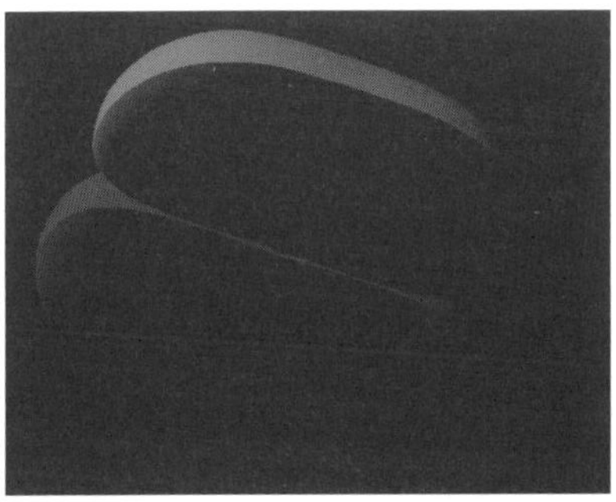

위의 그림은 5Å 떨어진 2p 함수들로 구성된 π_{2p}와 π_{2p}^* 분자 오비탈로서 Cutaway Plane option으로 표현한 것이다.

2. Jmol을 통한 분자 모형 보기

웹페이지(http://www.ajou.ac.kr/~chem/jmol)에서 다음 분자들을 지시한 대로 찾아보아라.

2.1 BeH_2의 분자 모형

이 분자는 선형의 분자이다. 마우스를 화면에 대고 왼쪽 버튼을 누른 채로 움직이면서 분자

memo

의 모형을 살펴보라.

공-막대 모형과 공간채움 모형을 각각 클릭하여 분자를 살펴보고 각 모형의 차이를 확인한다. 분자를 오른쪽 클릭하여 속성–형식에서 모형을 바꿀 수도 있다.

2.2 에테인(ethane)의 분자 모형

상온에서 에테인의 분자는 탄소-탄소 단일 결합을 중심으로 자유롭게 회전할 수 있다. 에테인 분자에서 가장 에너지가 낮은 엇갈린(staggered) 형태는 가장 에너지가 높은 가림(eclipsed) 형태보다 약 12 kJ/mol만큼 그 에너지가 낮다. 두 모형을 비교하여 보고 각각의 형태를 뉴먼 투시법(Newman projection)으로 그려보라.

2.3 사이클로알케인(cycloalkane)의 분자 모형

다음의 분자들을 살펴보자. 이들 분자에서 탄소 원자들은 평면을 이루는가?

2.3.1 사이클로프로페인(cyclopropane)

2.3.2 사이클로뷰테인(cyclobutane)

2.3.3 사이클로헥세인(cyclohexane)

사이클로헥세인은 여러 형태(conformation)를 가질 수 있지만 대표적으로 낮은 에너지를 한 형태가 의자(chair)형과 보트(boat)형이다. 분자를 오른쪽 클릭하여 속성–원자–수소보기를 끄면 각 형태를 쉽게 구별할 수 있다. 다시 수소보기를 켜고 각 형태에서 축방향(axial) 수소와 적도방향(equatorial) 수소를 구별해 보라. 사이클로헥세인의 의자 형태와 보트 형태를 아래에 그려 보라.

2.4 방향족 분자(aromatic molecule)

방향족 분자들에서 분자 내의 원자들이 평면상에 있음을 주목해 보라.

2.4.1 벤젠(benzene)

2.4.2 나프탈렌(naphthalene)

2.5 바이페닐(biphenyl)

분자를 회전시켜 두 개의 벤젠 고리가 같은 평면 위에 있는지 확인하라.
바이페닐 분자의 공간채움 모형으로부터 바이페닐 분자가 평면이 아닌 이유를 설명하라.

2.6 스테아르 산(stearic acid)

2.7 테플론 조각(teflon fragment)

테플론 분자와 스테아르산 분자를 공간 채움 모형으로 표시하여 보고, 탄소 사슬의 모양으로부터 테플론의 안정성을 추론할 수 있는지 논의해 보라.

실험 14-2 원자 오비탈, 분자 오비탈 및 분자의 모형 2

실험 목적 및 개요

현대 화학은 양자 화학의 발전으로 새로운 역사를 쓰고 있다. 물질의 성질과 구조 및 그 변화는 원자와 분자의 화학으로 설명할 수 있고, 그 바닥에는 원자와 분자의 파동함수가 기본이 되고 있다. 원자들의 파동함수는 분자 내에서의 결합뿐만 아니라 분자 간의 결합도 설명할 수 있다. 따라서 현대의 화학을 하려면 이들 원자와 분자의 오비탈과 친근하는 것은 그 출발점이라 할 수 있다.

이 컴퓨터 실험에서는 14-1에서 실험한 분자 오비탈을 복습하고, 거대 생체 분자인 DNA와 헤모글로빈의 모형을 살펴본다. 대표적인 화학 그래픽 프로그램인 ChemDraw와 Chem3D로 분자의 모양을 그리는 법을 학습한다.

1. Orbital Viewer

1.3 Orbital Viewer를 이용한 분자 오비탈 만들기

1.3.1 σ_{1s}와 σ_{1s}^* 분자 오비탈

1*s*와 $1s^*$ 분자 오비탈은 공간적으로 떨어져 있는 두 개의 1*s* 원자 오비탈을 이용한다.

$\sigma_{1s} = 1s + 1s$ $\sigma_{1s}^* = 1s - 1s$

위의 그림은 2 Å 떨어진 1*s* 함수들로 구성된 σ_{1s}와 σ_{1s}^* 함수로, Cutaway Plane option으로 표현한 것이다.

수소 분자에 대하여 원자 간의 거리를 바꾸어 가면서 시그마 오비탈의 모양을 살펴보아라.

memo

σ_{1s}

거리 = 1 Å	거리 = 2 Å	거리 = 3 Å	거리 = 4 Å

σ_{1s}^*

거리 = 1 Å	거리 = 2 Å	거리 = 3 Å	거리 = 4 Å

1.3.2 σ_{2p}와 σ_{2p}^* 분자 오비탈

σ_{2p}와 σ_{2p}^* 분자 오비탈은 공간적으로 떨어져 있는 두 개의 $2p$ 원자 오비탈을 이용한다.

$\sigma_{2p} = 2p_z - 2p_z$
(이때 $2p_z$ 함수는 공간적으로 서로 z축으로 떨어져 있어야 한다.)

$\sigma_{2p}^* = 2p_z + 2p_z$
(이때 $2p_z$ 함수는 공간적으로 서로 z축으로 떨어져 있어야 한다.)

위의 그림은 5 Å 떨어진 $2p$ 함수들로 구성된 σ_{2p}와 σ_{2p}^* 분자 오비탈로서 Cutaway Plane option으로 표현한 것이다.

1.3.3 π_{2p}와 π_{2p}^* 분자 오비탈

π_{2p}와 π_{2p}^* 분자 오비탈은 공간적으로 떨어져 있는 두 개의 $2p$ 원자 오비탈을 이용한다.

memo

$\pi_{2p} = 2p_z \; 0 \; 2p_z$
(이때 $2p_z$ 함수는 공간적으로 서로 x나 y축으로 떨어져 있어야 한다.)

$\pi_{2p}^{*} = 2p_z - 2p_z$
(이때 $2p_z$ 함수는 공간적으로 서로 x나 y축으로 떨어져 있어야 한다.)

위의 그림은 5Å 떨어진 2p 함수들로 구성된 π_{2p}와 π_{2p}^{*} 분자 오비탈로서 Cutaway Plane option으로 표현한 것이다.

2. 생체 분자의 모형

웹페이지(http://www.ajou.ac.kr/~chem/jmol)에서 다음 분자들을 지시한 대로 찾아보시오.

2.1 DNA 염기 결합(DNA base pairing)

2.1.1 DNA 염기쌍과 수소 결합

A. double helix by element: base pairs, hydrogen bonding을 클릭하여 DNA 이중 나선 구조를 살펴보라.

DNA →AT pair를 선택하여 아데닌과 타이민 사이에 몇 개의 수소 결합이 있는지 알아보자. Show H를 눌러 수소를 표시하고, 수소 결합은 어떤 원자들 사이에 형성되는지 그려보라. 원자들(C, H, O, N, P)의 색상표를 참고한다.

DNA → GC pair를 선택하여 구아닌과 사이토신 사이에 몇 개의 수소 결합이 있는지 알아보자. 어떤 원자들 사이에 수소 결합이 형성되는지 그려보라.

2.2 헤모글로빈(Hemoglobin)

● 단백질의 구조

2.2.1 글리신의 구조

가장 간단한 아미노산인 글리신의 구조를 여러 방법으로 살펴 보고, 펩타이드의 뼈대 구조가 무엇인지 알아 본다.

2.2.2 펩타이드와 뼈대

단일 아미노산(글리신)으로부터 시작해서 네 개의 아미노산(라이신, 알라닌, 아이소루신, 트레오닌)이 연결된 테트라펩타이드가 생기는 과정을 살펴본다. 이러한 아미노산의 서열을 단백질의 일차 구조라고 한다.

단백질의 구조를 나타낼 때 뼈대 구조만 그리는 이유가 무엇인가?

memo

● 헤모글로빈

2.2.3 헤모글로빈과 헴(Hemoglobin & Heme)

헤모글로빈 단백질 분자의 모양을 차례로 살펴 보고, 다음 물음에 답하라.

헤모글로빈 한 분자에는 몇 개의 폴리펩타이드 사슬이 존재하고, 각각의 폴리펩타이드 사슬에는 몇 개의 헴-철 착물이 존재하는가? 헴에서 철 이온을 붙잡고 있는 원자는? 헴-철 착물에서 산소와 결합하는 원자는?

2.2.4 헤모글로빈의 이차 구조(Hemoglobin Secondary Structure)

알파 나선, 베타 병풍 등의 규칙적이고 반복되는 구조를 단백질의 이차 구조라고 한다. 헤모글로빈의 펩타이드 사슬은 대부분 알파 나선 구조를 가진다. 보기를 차례로 클릭하여 알파 나선 구조의 모양을 살펴 보라.

알파 나선 구조가 안정화되는 이유는 무엇인가?

2.2.5 알파 나선의 양극성(Amphipathic Nature of the Alpha Helix)

알파 나선이 친수성과 소수성의 양극성을 가지는 이유는 무엇인가?

2.2.6 소수성, 극성, 전하 (Hydrophobicity, Polarity, Charge)

이차 구조가 삼차원적으로 배열된 단백질의 전체적인 형태를 삼차 구조라고 한다. 여기서는 헤모글로빈을 이루는 네 가지 펩타이드 사슬 중 하나인 베타 사슬의 삼차 구조를 보여 주고 있다.

베타 사슬의 삼차 구조에서 외부에 많이 존재하는 아미노산들은 어떤 것들인가? 이들의 역할은? 베타 사슬의 내부에 존재하는 아미노산들은 어떤 것들인가?

2.2.7 겸상 헤모글로빈(Sickle Hemoglobin)

헤모글로빈을 이루는 아미노산 중 하나가 변형되면 겸상 헤모글로빈이 된다. 겸상 헤모글로빈은 낫 모양으로 찌그러진 적혈구를 만들고, 이 때문에 겸형 적혈구 빈혈증(sickle cell anaemia)이 생긴다.

헤모글로빈의 베타체인 표면에 있는 6번 위치의 글루타메이트가 발린으로 바뀌면, 표면에 소수성을 띠는 부분이 생긴다. 이 소수성 부분이 서로 달라붙어 중합체를 형성하여 찌그러진 모양의 적혈구가 생긴다.

3. ChemDraw를 이용한 분자 그리기

ChemDraw는 분자의 그림을 그리는 데 매우 유용한 소프트웨어이다. 이를 이용하여 다음 분자들을 평면 위에 그려보라.

3.1 에테인[Ethane(C_2H_6)]

3.2 사이클로헥세인[Cyclohexane(C_6H_{12})]

3.3 벤젠[Benzene(C_6H_6)]

3.4 나프탈렌[Naphthalene($C_{10}H_8$)]

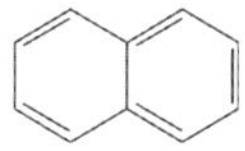

3.5 콜레스테롤[Cholesterol($C_{27}H_{46}O$)]

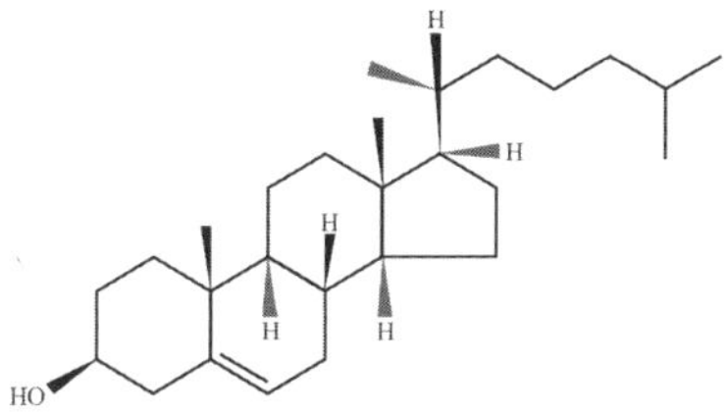

4. Chem3D를 이용한 분자 모델링 및 분자의 구조 살펴보기

Chem3D는 분자 모델링에 매우 유용한 소프트웨어 중 하나이다. 이를 이용하면 분자의 삼차원적 구조를 추론하여 볼 수 있다.

다음 분자들을 Chem3D 상에서 만들고 분자의 안정한 형태를 만든 다음 지시한 대로 살펴보라.

4.1 에테인의 분자 모형

실온에서 에테인의 분자는 탄소-탄소 단일 결합을 중심으로 자유롭게 회전할 수 있다. 에테인 분자에서 가장 에너지가 낮은 엇갈린 (staggered) 형태는 가장 에너지가 높은 가림(eclipsed) 형태보다 약 12 kJ/mol 만큼 그 에너지가 낮다. 두 모형을 비교하여 보고 각각의 형태를 뉴먼(Newman) 투시법으로 그려보라.

4.2 과산화 수소(H_2O_2)의 분자 모형

안정한 형태의 과산화 수소는 평면을 이루는가? H–O–O–H의 이면각(dihedral angle)의 크기는 얼마인가? 원자가 껍질 전자쌍 반발(VSEPR) 모형 및 원자가 결합(valence bond) 이론으로 예측한 구조와 실제 구조가 다른 이유를 분자 오비탈(molecular orbital) 이론으로 설명하여 보라.

4.3 사이클로알케인의 분자 모형

다음의 분자들을 살펴보자. 이들 분자에서 탄소 원자들은 평면을 이루는가?

사이클로프로페인(cyclopropane)
사이클로뷰테인(cyclobutane)

4.4 사이클로헥세인

사이클로헥세인(cyclohexane)은 여러 형태(conformation)를 가질 수 있지만, 대표적으로 낮은 에너지를 한 형태가 의자(chair)형과 보트(boat)형이다. 각 형태에서 축방향(axial) 수소와 적도방향(equatorial) 수소를 구별해 보라. 사이클로헥세인의 의자 형태와 보트 형태를 아래에 그려 보라.

memo

memo

4.5. 방향족 분자(aromatic molecule)

방향족 분자들에서 분자 내의 원자들이 평면상에 있음을 주목해 보라.

벤젠(benzene)

나프탈렌(naphthalene)

4.6. 바이페닐(biphenyl)

바이페닐 분자는 왜 평면이 아닌가?

제 15 장

촉매 반응

실험 15-1 과산화 수소의 촉매 분해 반응

실험 목적 및 개요

불균일계 촉매 반응(heterogeneous catalytic reactions)은 질소와 수소로부터 암모니아를 만드는 하버-보쉬(Haber-Bosch) 공정이라든지 액체 탄화수소를 만드는 피셔-트롭쉬(Fischer-Tropsch) 공정과 같이 오늘날의 화학 산업에서 매우 중요한 요소이기 때문에 이와 관련하여 촉매 반응성(catalytic reactivity)이 촉매-반응물 간의 화학적 상호 작용(chemical interaction)의 세기와 어떠한 연관성이 있는지를 이해하는 것은 화학을 공부하는 데 매우 중요한 부분이라고 할 수 있다.

1909년 노벨화학상을 수상한 빌헬름 오스트발트(Wilhelm Ostwald)의 정의에 의하면 촉매(catalysts)는 화학 반응 속도를 향상시키지만, 반응 생성물의 일부가 되지 않는, 즉 화학 반응 과정에서 생성되지도 소멸되지도 않는 물질을 의미한다. 이와 같은 촉매 작용이 가능한 것은, 촉매가 반응물(reactants)과 화학 결합을 통한 상호 작용을 하면서 반응물의 화학 결합을 끊고 새로운 화학 결합을 형성하여 생성물(products)을 만드는 데 넘어야 하는 에너지 장벽(energy barrier)을 낮추는 데 도움을 주기 때문이다. 따라서 촉매-반응물 간에 얼마나 강한 화학 결합을 하는지 하는 문제는 촉매 반응성과 매우 밀접한 관계가 있을 것이라는 것을 예상할 수 있다.

촉매 반응이 잘 일어나기 위해서는 촉매-반응물 간의 결합 에너지의 크기가 너무 커서도 또는 너무 작아서도 안 된다. 반응물이 촉매와 충분히 강하게 결합을 하여서 화학 반응에 필요한 에너지 장벽을 낮추는 데 영향을 주어야 하지만, 너무 강하게 결합하면 생성물을 만들어서 탈착시키는 데 방해가 될 것이다. 또한, 반응물이 촉매와 너무 약하게 결합을 하면 반응물을 생성물로 변환시키는 데 크게 영향을 줄 수 없을 것이다. 따라서 좋은 촉매는 반응물과 '적당히' 강한 상호작용을 해야 한다. 이와 같은 좋은 촉매의 조건을 설명하는 정성적인 개념을 프랑스의 화학자 폴 사바티에(Paul Sabatier)의 이름을 따서 "사바티에 원리(Sabatier principle)"라고 한다.

여러 가지 촉매의 반응성(catalytic activity)을 촉매-반응물 간의 결합 에너지(binding energy)의 크기에 대해서 *xy* 그래프상에 나타내면, 결합 에너지가 점점 증가하며 반응성이 따라서 증가하는 영역이 보이다가 어느 정도 결합 에너지가 커지면, 반응성이 점점 감소하는 영역이 보이는 그래프를 얻게 된다. 이와 같은 그래프를 그 모양을 따서 '화산 플롯(volcano plot)'이라고 한다.

그림 15-1은 다양한 전이 금속 표면에서 폼산(formic acid)이 분해되는 온도를 금속-폼산염의 생성 엔탈피(ΔH_f)에 대해서 그래프로 나타낸 것이다. 그래프를 구성하는 점들의 분포가 화산 모양으로 배열되어 있음을 알 수 있다. 낮은 생성 엔탈피를 갖는 금속의 경우 반응물이 촉매와 약한 결합을 하기 때문에 반응 확률이 낮아 반응물이 흡착하는 과정이 속도 결정단계 rate-determining step)가 된다. 따라서 촉매 반응을 진행시키기 위해서 더 높은 온도가 필요하다. 반면에 높은 생성 엔탈피를 갖는 금속의 경우에는 생성물이 강하게 결합하기 때문에 표면에서 탈착(desorption)하는 과정이 속도 결정 단계로 작용하여 반응 속도가 낮아져

memo

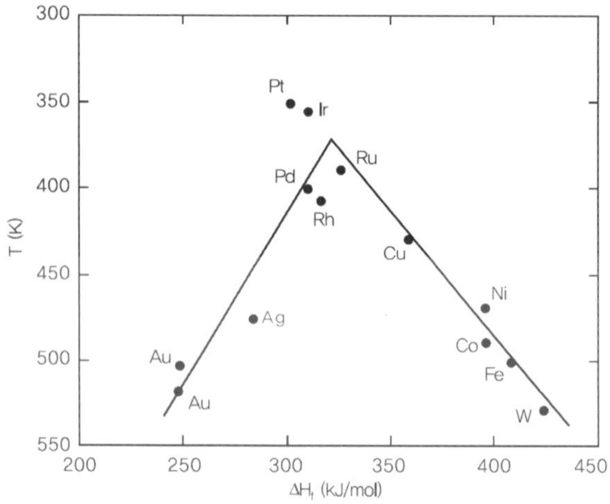

그림 15-1 폼산 분해 반응에 대한 화산 플롯.

서 촉매 반응이 진행되기 위해서 높은 온도가 필요하게 된다. 최대의 촉매 반응 속도는 백금과 같은 금속에서 나타나는데, 이 경우 적당한 크기의 생성 엔탈피를 갖는 것을 알 수 있다.

이번 실험에서는 여러 가지 전이 금속 조각을 촉매로 사용하고, 과산화 수소가 그 금속 표면에서 분해되어 산소가 발생하는 촉매 반응에 대한 반응 속도를 측정할 것이다. 이 실험 결과를 가지고, 금속-반응물 간의 결합 에너지에 대한 이론적인 계산 결과를 가지고, 사바티에 원리를 설명할 수 있는지 확인해 보고자 한다.

과산화 수소(H_2O_2)의 촉매 분해 반응식은 다음과 같다.

$$2H_2O_2(aq) \rightarrow 2H_2O(l) + O_2(g) \quad (1)$$

최근 컴퓨터의 발전에 따라 고체 금속-분자 간의 결합 에너지의 계산과 같은 복잡한 계산도 density functional 이론(DFT 이론)을 적용하여 비교적 적은 오차 범위 내에서 얻을 수 있게 되었는데, 표 15-1에서는 DFT 계산 방법을 이용하여 얻은, 다양한 전이 금속 표면에 흡착한 OH의 결합 에너지의 크기를 보여 준다.

표 15-1 금속-OH 간 결합 에너지에 대한 DFT 계산 결과(ref. 1)

Catalyst	Binding Energy/ (kJ/mol)
Ni	−42.45
Cu	−7.72
Pt	36.66
Ag	63.68
Au	162.09
TiO_2	324.52

참고 문헌

1. A. B. Laursen, I. C. Man, O. L. Trinhammer, J. Rossmeisl, and S. Dahl. "The Sabatier Principle Illustrated by Catalytic H_2O_2 Decomposition on Metal Surfaces", *J. Chem. Educ.* 2011, 88, 1711-1715
2. R. Barlag and F. J. Nyasulu. "Wash Bottle Laboratory Exercises: Iodide-Catalyzed H_2O_2 Decomposition Reaction Kinetics Using the Initial Rate Approach", *J. Chem. Educ.* 2010, 87, 78-80

실험 준비물

- **실험 기구 :** 초시계, 부흐너 플라스크, 고무마개, 자석 젓개, 고무 호스, 10 mL 눈금 실린더, 수조, 스탠드
- **시약 :** 금속 포일 조각(> 99%, 1 cm × 2 cm, Ti, Au, Pt, Ni, Cu), 30% H_2O_2, 0.1 M KOH.

실험 방법

1) 0.1 M KOH 수용액 250 mL와 금속 조각, 그리고 자석 젓개를 부흐너 플라스크 안에 넣고, 고무마개를 막는다. 고무 호스의 한쪽 끝을 플라스크에 연결하고 다른 한 끝은 수직으로 세워둔 10 mL의 눈금 실린더에 연결한다. 눈금 실린더에는 미리 증류수로 가득 채운 후 그림 15-2와 같이 수직으로 세워 둔다.
2) 준비가 되었으면 30% H_2O_2 수용액 10 mL를 부흐너 플라스크에 넣고 재빨리 고무마개를 막은 후 초시계의 시작 버튼을 누른다. 일정한 시간 간격으로 눈금 실린더의 위치를 기록한다.
3) 또 다른 금속 조각을 가지고 실험을 반복한다. 두 개 조 이상이 각각 서로 다른 금속 조각을 가지고 실험을 하여 얻은 데이터로부터 하나의 '화산(volcano)' 플롯을 얻어 보자.

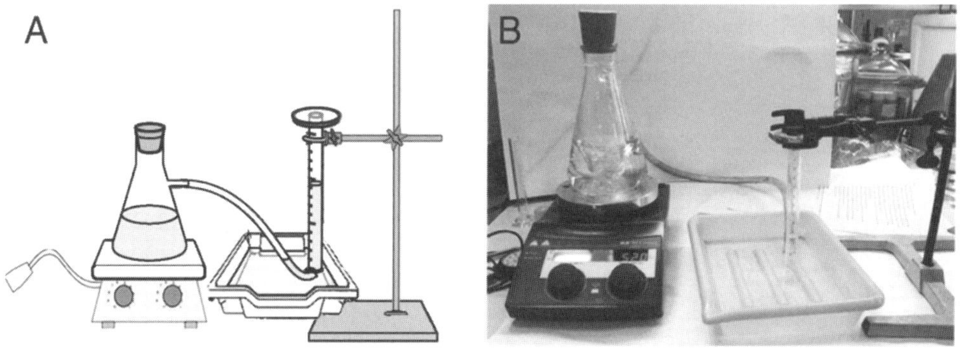

그림 15-2 실험 장치(ref. 1).

주의 및 참고사항

과산화 수소는 강한 산화제이며 부식성이 강하기 때문에 눈이나 피부, 호흡기에 화상을 입을 수 있으므로 반드시 장갑이나 보호대를 착용하고 실험하여야 한다.

제목

memo

실험 절차

실험 절차를 매우 간략하게 요약할 것.

memo

관찰

각 실험 과정에서 관찰한 변화나 주요 사항을 메모할 것. 깨끗이 쓰는 것은 중요치 않음.

담당조교 확인:

memo

실험 보고서 15.1

과산화 수소의 촉매 분해 반응

성명: __________ 학번: __________ 실험조: __________ 실험 일자: __________

실험 결과

01 반응 속도의 측정(1차)

사용한 금속 촉매 A: ______________________

사용한 금속 조각의 표면적: ______________________ m^2

실험실의 온도: ______________________ ℃

시간(s)	눈금 실린더의 눈금(mL)	발생한 산소의 부피(mL)	발생한 산소의 양(mmol)

계산된 초기 반응 속도: ______________________ ($mmol/m^2 \cdot s$)

반응 속도의 측정(2차)

사용한 금속 촉매 A: ______________________

사용한 금속 조각의 표면적: ______________________ m^2

실험실의 온도: ______________________ ℃

시간 (s)	눈금 실린더의 눈금(mL)	발생한 산소의 부피(mL)	발생한 산소의 양 (mmol)

계산된 초기 반응 속도: ______________________ ($mmol/m^2 \cdot s$)

memo

02 위의 데이터를 바탕으로 시간에 따라 발생한 산소의 양(O_2 mmol/m^2)의 그래프를 구하라.

03 서로 다른 조에서 다른 금속 조각을 가지고 실험했다면 각각의 결과들을 모아서 '화산 플롯'을 만들어 보라. 또는 한 반에서 얻은 모든 실험 결과를 토대로 화산 플롯을 완성하고 그 결과를 토론해 보자.

memo

04 실험 결과에 오차를 줄 수 있는 요소들에 대해서 논하라.

05 초기 반응 속도를 사용하는 이유에 대해서 논하라.

06 본 실험 결과는 과산화 수소의 분해 반응이 일어나는 반응 메커니즘에 대하여 어떻게 설명할 수 있는가?

07 금속 조각의 표면적이 촉매 반응 속도에 미치는 영향에 대해서 토론하고, 어떻게 하면 반응 속도를 향상시킬 수 있을지 생각해 보자.

실험 15-2 염료의 광촉매 분해 반응

실험 목적 및 개요

촉매 중에 특히 빛의 에너지를 받아서 이를 이용하여 촉매 화학 반응을 유도하는 물질을 광촉매(photocatalyst)라고 한다. 특히 불균일계 광촉매 (heterogeneous photocatalyts)를 이용한 광촉매 반응은 유기물의 산화/분해 반응을 이용한 폐수 정제, 항균, 탈취 등의 응용 분야나 광촉매 표면 개질을 이용한 오염 방지, 자외선 차단, 항균, 항산화 기능성 제품을 만드는 등, 다양한 분야에 응용되고 있다. 특히 TiO_2 나노 입자의 광촉매에 의한 물 분해 반응은 빛에너지를 이용하여 수소를 생산할 수 있는 방법의 하나로서, 미래 수소 경제를 위한 친환경적 수소 생산 가능성을 보여 주고 있고 할 수 있다.

광촉매의 반응 메커니즘은 광촉매의 독특한 반도체로서의 전자 구조와 밀접한 관련이 있다. 반도체의 전자 구조에는 전자가 채워진 VB(valence band)와 전자가 채워져 있지 않은 CB(conduction band)가 있고 그 두 에너지 준위 사이의 차이인 띠간격(band gap, E_g)이 존재한다. 이 띠간격과 크기가 같거나 높은 에너지의 빛을 받으면 VB에 있는 전자가 CB로 이동하여 VB에는 전자가 빠진 빈사리(hole)와 CB에는 들뜬 상태의 전자가 생성이 된다. 대부분의 경우 이러한 홀과 전자는 다시 재결합되면서 에너지를 열 또는 빛의 형태로 방출하게 되지만, 표면으로 이동하여 재결합되지 않고 살아남은 홀과 전자는 표면에 흡착한 분자를 산화 또는 환원시키면서 광촉매 반응을 일으키는 원인이 된다.

이번 실험에서는 TiO_2 분말의 광촉매 반응을 이용하여 염료로 사용되는 화학 물질의 분해 반응을 실험을 통해서 확인해 보기로 한다. 상용화된 염료(dyes)들은 일반적으로 aromatic azo compound의 형태를 하고 있는데, 대표적인 예의 하나로 메틸 오렌지(methyl orange, MO^-)를 들 수 있다. 이 화합물은 가시광선이나 근자외선(near-UV) 영역의 빛에 비교적 안정적이며 pH에 따라 빨간색 또는 노란색을 띤다.

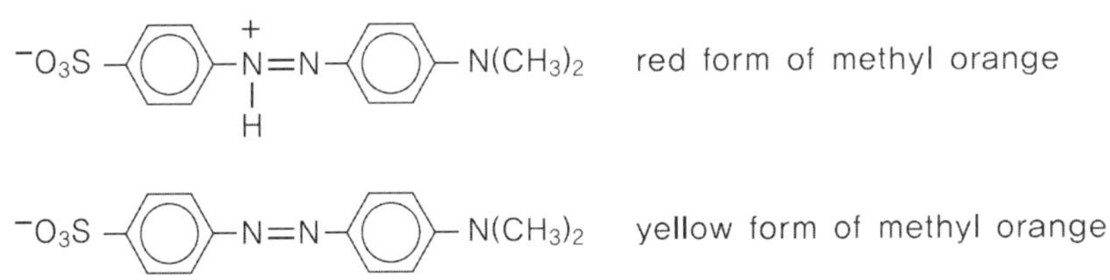

하지만, 용액 중에 환원제가 있으면 무색의 hydrazine 유도체(derivative)가 만들어진다.

$$MO^- + 2H^+ + 2e^- \rightarrow H_2MO^- \qquad (2)$$

이 화학 반응의 반응 속도는 일반적으로 매우 느린데, TiO_2 분말과 같은 광촉매를 사용하면 이 반응을 매우 빠르게 진행하도록 만들 수 있다.

TiO_2는 띠간격이 약 3.2 eV인 n-type 반도체이다. 수용액에 TiO_2 분말을 넣고 약 400 nm 이하의 짧은 파장을 갖는 빛을 쪼여 주면, 표면에 홀-전자쌍이 생성되는데 환원 전위

memo

(reduction potential)가 비슷한 화학종을 환원시키는 촉매 반응을 일으킬 수 있다. TiO_2 표면에 빛에 의해 생성된 전자의 환원 전위는 약 -0.04 eV 정도로 MO^-/H_2MO^- 쌍의 환원 전위인 0.067 eV보다 더 음의 값을 갖기 때문에 메틸오렌지의 광환원 반응은 열역학적으로 자발적으로 일어난다. 또한 빛에 의해 생성된 홀의 환원 전위는 약 3.1 eV 정도(pH 3인 경우)로 물을 산화시켜서 산소를 만드는 반응을 유도할 수 있다.

이와 같은 광촉매 반응은 빛에 의해 여기된 전자-홀의 재결합(recombination)이 일반적으로 우세하기 때문에 효율이 높지 않다. 따라서 이와 같은 광촉매 반응 효율을 높여 주기 위한 방법으로 쉽게 산화되는 물질을 용액에 넣어 주기도 한다. 그러면, 이러한 물질들이 빛에 의해 들뜬 홀과 빠르게 반응하여 전자-홀 재결합 반응을 방해하는 역할을 해 주는데, 이러한 물질을 희생 인자(sacrificial agent)라고 한다.

참고 문헌

1. J. Peral, M. Trillas, and X. Domenech. "Heterogeneous Photochemistry", *J. Chem. Educ. 1995*, 72, 565-566
2. Fujishima and Honda. "Electrochemical photolysis of water at a semiconductor electrode", *Nature*, 1972, 238, 37

실험 준비물

- **실험 기구 :** 초시계, 200 mL 비커, 자석 젓개, UV 램프, UV-vis 분광기(spectrometer).
- **시약 :** TiO_2 분말(Degussa P-25, 평균 입자 크기 = 27 nm, 표면적(surface area) = 57 m^2/g, reagent grade), 아스코브산(ascorbic acid), 메틸오렌지.

실험 방법

1) 아스코브산(Ascorbic acid)의 농도가 0.01 M, $[MO^-]$ 농도가 각각 20 μM, 50 μM인 수용액에 TiO_2 분말을 0.05 g/L의 농도로 첨가한다.
2) 용액 중의 분말이 골고루 분포하도록 잘 섞은 후 그 중 각각 50 mL씩 취하여 하나는 그냥 실온에 방치하고, 다른 하나는 일정한 시간 동안(1~2분) UV 램프에 노출시킨다. 이때 항상 UV 램프와 용액 사이의 거리는 일정하게 유지한다. UV 램프에 노출시킨 후, UV-vis 분광기를 사용하여 463 nm에서의 흡광도 (absorbance)를 측정하여 기록한다. 이와 같은 과정을 반복한다.
3) UV의 세기를 조절한 후 UV를 쪼여준 시간에 따른 메틸오렌지의 흡광도를 측정한다. UV 램프와 용액 사이의 거리를 조절하여 빛의 세기를 조절할 수도 있다.
4) 각각의 측정 결과를 바탕으로 시간에 따른 흡광도의 변화 그래프를 그리고 결과에 대해 토의해 보자.

주의 및 참고사항

UV 램프를 사용할 때는 UV가 피부나 눈에 노출이 되지 않도록 주의한다.

제목

memo

실험 절차

실험 절차를 매우 간략하게 요약할 것.

memo

관찰

각 실험 과정에서 관찰한 변화나 주요 사항을 메모할 것. 깨끗이 쓰는 것은 중요치 않음.

담당조교 확인:

실험 보고서 15.2

염료의 광촉매 분해 반응

성명: ___________ 학번: ___________ 실험조: ___________ 실험 일자: ___________

memo

실험 결과

01 반응 시간에 따른 흡광도의 변화(1차)

메틸오렌지의 농도: ______________________________M
UV 램프의 파장: ______________________________nm
용액과의 거리: ______________________________m
TiO_2 분말의 농도: ______________________________g/L

시간 (min)	463 nm 에서 흡광도 (a. u.)	시간 (min)	463 nm 에서 흡광도 (a. u.)

기울기로부터 구한 반응 속도: ______________________________(a.u./min)

반응 시간에 따른 흡광도의 변화(2차)

메틸오렌지의 농도: ______________________________M
UV 램프의 파장: ______________________________nm
용액과의 거리: ______________________________m
TiO_2 분말의 농도: ______________________________g/L

시간 (min)	463 nm 에서 흡광도 (a. u.)	시간 (min)	463 nm 에서 흡광도 (a. u.)

기울기로부터 구한 반응 속도: ______________________________(a.u./min)

memo

02 위의 데이터를 바탕으로 시간에 따라 흡광도의 변화 그래프를 구하라.

03 메틸오렌지의 농도에 따라 반응 속도가 어떻게 달라지는가? 이 결과로부터 메틸오렌지의 광촉매 분해 반응은 메틸오렌지의 농도에 대하여 몇차 반응이라고 생각하는가?

04 빛의 세기가 달라짐에 따라 광촉매 반응 속도는 어떻게 변하였는가? 이로부터 어떤 사실을 알 수 있는가?

05 실험 결과에 영향을 줄 수 있는 요인에 대하여 기술하라.

memo

저자 소개

박영동

서울대학교 화학과 졸업
미국 시카고대학교 화학과 박사
프린스턴대학교 화학과 연구원
MIT 분광연구소 연구원
현) 아주대학교 화학과 명예교수
E-mail: ydpark@ajou.ac.kr

일반화학실험 제3판

저 자	박영동
발 행 인	김지영
발 행 처	자유아카데미
주 소	경기도 파주시 회동길 37-42 파주출판도시
전 화	031-955-1321
팩 스	031-955-1322
홈페이지	www.freeaca.com
전자우편	main@freeaca.com (대표) editor@freeaca.com (편집) crm@freeaca.com (영업)
등 록	제406-2003-017호, 1980. 7. 12
제3판1쇄	2025년 2월 25일 발행
제3판2쇄	2025년 7월 15일 발행

저자와의 협의하에 인지생략

ISBN 979-11-5808-675-6 93430

Physical Constants

Term	symbol	Value	
Elementary Charge	e	1.602 176 634(exact)	$\times 10^{-19}$ C
Speed of Light in Vacuum	c	2.997 924 58(exact)	$\times 10^{8}$ m/s
Planck's Constant	h	6.626 070 15(exact)	$\times 10^{-34}$ J · s
$h/2\pi$	$\hbar$	1.054 571 817 ...	$\times 10^{-34}$ J · s
Avogadro's Number	N_A	6.022 140 76(exact)	$\times 10^{23}$ mol^{-1}
Gas constant ($R = k_B N_A$)	R	8.314 462 618 ...	J/(mol · K)
		8.205 736 608 ...	$\times 10^{-2}$ L · atm/(mol · K)
Atomic mass unit	m_u	1.660 539 068 92(52)†	$\times 10^{-27}$ Kg
Faraday Constant(=$N_A e$)	F	9.648 533 212 ...	$\times 10^{4}$ C/mol
Boltzmann's Constant	k_B	1.380 649(exact)	$\times 10^{-23}$ J/K
Electron rest mass	m_e	9.109 383 7139(28)†	$\times 10^{-31}$ Kg
Proton rest mass	m_p	1.672 621 925 95(52)†	$\times 10^{-27}$ Kg
Vacuum electric permittivity	ε_0	8.854 187 8188(14)†	$\times 10^{-12}$ $C^2/(N \cdot m^2)$
Rydberg constant(=hcR_∞)	Ry	2.179 872 361 1030(24)†	$\times 10^{-18}$ J

SOURCE : The International System of Units 9th edition(2019) and † 2022 CODATA.

Numbers in parentheses are the one-standard-deviation uncertainties in the last digits.

Concentrated Acids and Bases

Name	Approximate weight %	Molar mass	Approximate molarity	Approximate density(g/mℓ)	ml of reagent needed to prepare 1 ℓ ~1.0M solution
Acids					
Acetic	99.8	60.05	17.4	1.05	57.3
Hydrochloric	37.2	36.46	12.1	1.19	82.4
Hydrofluoric	49.0	20.01	31.8	1.30	31.4
Nitric	70.4	63.01	15.8	1.41	63.5
Perchloric	70.5	100.46	11.7	1.67	85.3
Phosphoric	85.5	97.99	14.7	1.69	67.8
Sulfuric	96.0	98.08	18.0	1.84	55.5
Bases					
Ammonia†	28.0	17.03	14.8	0.90	67.6
Sodium hydroxide	50.5	40.00	19.3	1.53	51.8
Potassium hydroxide	45.0	56.11	11.5	1.44	86.8

† 28.0 wt % ammonia is the same as 56.6 wt % ammonium hydroxide